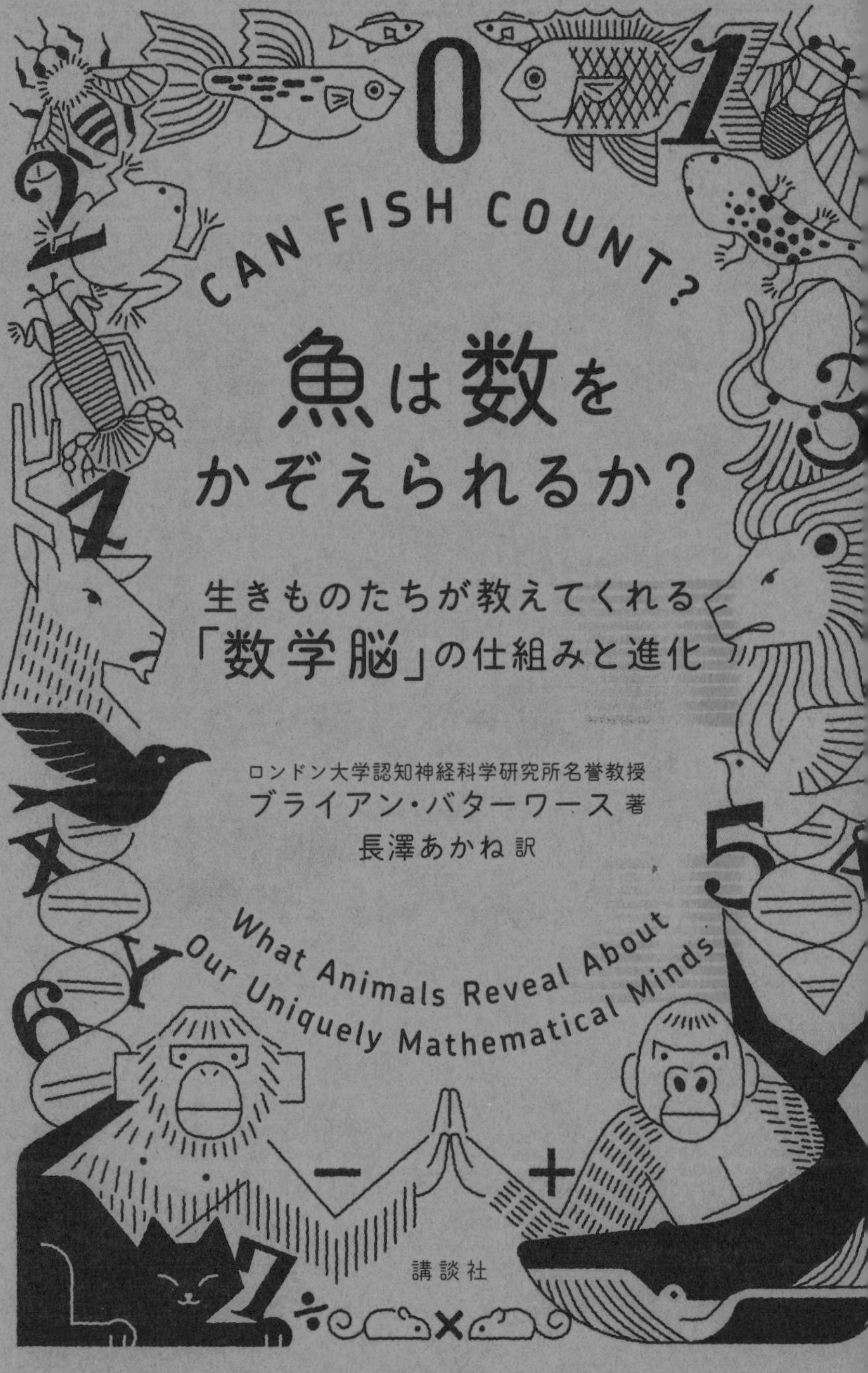

CAN FISH COUNT?

魚は数をかぞえられるか？

生きものたちが教えてくれる「数学脳」の仕組みと進化

ロンドン大学認知神経科学研究所名誉教授
ブライアン・バターワース 著
長澤あかね 訳

What Animals Reveal About Our Uniquely Mathematical Minds

講談社

魚は数をかぞえられるか？
生きものたちが教えてくれる「数学脳」の仕組みと進化

数多《あまた》の愛と感謝に値する、ダイアナとエイミーとアナに

魚は数をかぞえられるか？　目次

第1章　数とは宇宙の言語である

第2章

人間は数をかぞえられるか？

第3章　骨と石と最古の数詞

第4章 サルは計算できるのか？——類人猿とサル

第5章 ライオンとクジラのかぞえ方は？——哺乳類

第6章 鳥は動物界の計算チャンピオン——鳥類

第7章 カエルの婚活は数が決め手――両生類と爬虫類

第8章 デキる魚は最多数の群れに加わる――魚類

第9章 ゼロを知るハチ・足し算するアリ——無脊椎動物

第10章 あらゆる生きものは数をかぞえる

第１章 数とは宇宙の言語である

ガリレオ（１５６４～１６４２年）は言った。「宇宙は、数学という言語で書かれている。だから、書かれた文字に親しむまで、読むことはできない」。その８００年前、ペルシアの偉大な数学者、アル＝フワーリズミー（ラテン語では、アルゴリトミ）（７８０年頃～８５０年頃）は書いた。「神は万物を数の中にはめ込んだ」。１９６０年、ノーベル物理学賞受賞者のユージン・ウィグナー（１９０２～１９９５年）は、「自然科学における数学の不合理な有効性」という有名な記事を書いた。ウィグナーによると、「数学には、物質界の現象を説明したり予測したりする驚異的な能力がある」という。つまり、数学が世界を説明する道具であるだけでなく、世界には大いに数学的な何かがある、という意味だ。この考えは、アル＝フワーリズミーよりさらに古いピタゴラス（紀元前５７０年頃～４９５年）にまでさかのぼる。ピタゴラスは、「万物は数でできている」と語ったとされる。

ある意味、明らかにナンセンスだが、おそらくここにはさらに深い真実がある。ピタゴラスは音程の数学的構造に気づいた、最初の人物だったのかもしれない。そして私たちは今なお、「調和平均《ハーモニック・ミーン》」や「調和数列《ハーモニック・プログレッション》」といった言葉を使っている。ピタゴラスはまた、数字間の関係を形状で記録したが、私たちは今も2乗を「スクエア（正方形）」と、3乗を「キューブ（立方体）」と呼び、「三角数」「ピラミッド数」といった彼の言葉を使っている。ピタゴラス学派の心の中に入り込めば、世界は原子・分子的な意味で、数的に定義されたものでできている、と考えられるだろう。

世の中の数学的構造を発見することは、私たちが今科学者と呼んでいる人たちの仕事であり、ガリレオやアル＝フワーリズミーやピタゴラスが語りかけていた相手も、まさに彼らだった。また、宇宙の別の場所にいる科学者たちが――彼らに十分な教養があるなら――宇宙の言語を読めるだろう、と考えられている。本当に教養があることを地球人に示したいなら、数的な何かを発信してくるだろう、と。宇宙人と無線通信するチャレンジは、発明家のニコラ・テスラ（1856～1943年）によって熱心に行われ、テスラは「未知の遠い別世界」からの信号を傍受した、と主張していた。その信号は「ワン……トゥ……スリー……」と数えることから始まっていたという。[1] アメリカの科学者カール・セーガン（1934～1996年）は自作のSF小説『コンタクト』（新潮社）の中で、地球外生命体に素数〔訳注：1より大きな自然数で、1とその数以外で割り切れない数〕の列を送らせている。

1960年、オランダの数学者ハンス・フロイデンタール（1905～1990年）が、著書の中で「リンコス」〔訳注：宇宙語を意味するラテン語、Lingua Cosmicaの略〕を発表した。リンコスでは、パルスの数によって数字が符号化《コード》されているだけでなく、「等しい」「より大きい」などの数字間の関係もコード化されている。受信した知的存在に対して、「私たちも同じように高度な文明人だ」と証明するためである。[1]『コンタクト』の映画版（1997年）では、「SETI（地球外知的生命体探査）研究所」の天文学者たちが宇宙からの無線を受信するが、そのメッセージには、リンコスのような辞書が組み込まれていた。

しかし、宇宙の言語をいくらかでも理解するには、本当に高度な文明人や極めて聡明な人間でなくてはならないのだろうか？　あまり頭のよくない地球人でも、宇宙の言語を読めるのではないだろうか？　少なくとも、リンコスで提案されているたぐいの文字や、0、1、2、3といった整数または自然数、数字間の関係なら、理解できるのではないか？

物質界では、整数が基本だ。たとえば、水の分子（H_2O）は3個の原子――水素原子2個と酸素原子1個――からできている。一酸化窒素（NO）（心臓血管系の重要なシグナル伝達分子）は、2個の原子――窒素原子と酸素原子――からできている。亜酸化窒素（N_2O）は麻酔薬で、3個の原子――2個の窒素原子と1個の酸素原子――からできている。二酸化窒素（NO_2）は危険な汚染物質で、1個の窒素原子と2個の酸素原子からできている。私たちには四肢があり、昆虫の足は6本で、クモやタコの足は8本だ。私たちには2つの目があり、クモの中には8つの目を持つものもいる。

これらは現実世界の現実的な特性である。こうした数が変われば、たとえば、私たちに3本の腕と3つの目があったなら、物事は大きく変わるだろう。世界の数学的構造は、私たち科学者にとって重要なものだが、もしかしたらほかの生物にとっても重要なのかもしれない。では、現実世界の、次の数について考えてみよう。

あの木には熟れた果物が3つ、この木には5つなっているのが見える。自分の縄張りに5頭の侵入者がいる音が聞こえるが、自分たちは3頭しかいない。向こうに自分と同じような3匹の小魚がいて、こちらには5匹いる。あそこでケロケロと一気に5回鳴く声が聞こえるが、スイレンの葉のそばでは6回鳴く声がする。巣から食物源まで行く間に、3本の大きな木を通り過ぎた。

これらの数にはすべて進化的な意義があるし、生物が数を認識できれば、優位に適応できるだろう。食べ物を探しているなら、熟れた果物が3つなっている木より5つなっている木を選んだほうが得をする。メスのカエルなら、一気に5回しか鳴けないオスより6回鳴けるオスと交尾したほうが得になる（第7章を参照）。ライオンは、侵入者に数で勝《まさ》っているときにだけ攻撃したほうが、生き延びて繁殖できる可能性が高まる（第5章を参照）。

この本の出発点となったのは、次のような考えだ。

「人間特有の数学的能力には、進化上の理由があるのだろうか？」

「言語を持たない生物が宇宙の数学的構造に対応できているのかどうか、どうすればわかるのだろう？」

実は、動物が自分の世界の数学的構造を読む能力は、過去１００年にわたって研究されている。とはいえ、今のところ、動物たちの能力が——たとえあるとしても——私たちの能力の進化上の祖先というわけではない。そうであるためには、人間とほかの動物の間に遺伝的なつながりがなくてはならない。手がかりになりそうな例はある。6億年以上保たれてきた、時間を計る遺伝子があることが判明しているのだ。つまりそうした遺伝子は、（昆虫やクモといった）無脊椎動物が（魚類や爬虫類や哺乳類といった）脊椎動物と分かれる前から存在し、「時計遺伝子」として知られている。時計遺伝子はキイロショウジョウバエ（学名：Drosophila melanogaster）にも、人類共通の祖先にも見られる。時間を計ることは、この世界の数学的特性の一つである。持続時間は数で表せるからだ。従って、数的能力にまつわる遺伝子は、時計遺伝子に付随して見つかりそうだ。

そもそも、数とは何か？

さらに深く掘り下げる前に、私が言う「数」や「数を数える」とはどういう意味なのか、明確にしておいたほうがよさそうだ。読者のみなさんは思っていることだろう。「数」が何なのかは知っている、と。「いち、に、さん」という数詞、もしくは「1、2、3」いう記号のことだと考えているかもしれないし、その両方だと思っているかもしれない。数学の基礎知識がある文化で育ち、数詞を使って数えることを学んできたみなさんは、数を数えるとは当然「いち、に、さん……」と唱えることだ、と考えているかもしれない。だが、科学者はもっと明確に答えなくてはならない。

もちろん、数にもさまざまな種類がある。自然数とも呼ばれる正の整数、負の数を含む整数、分数、実数（小数）、虚数（i、つまり−1の平方根）、さらには偉大な数学者、故ジョン・コンウェイの超現実数。整数の中には、本のページ番号や通りの家屋番号［訳注：英米の家に、各戸ごとについている番号］といった、順序通りに連続して並ぶ序数も含まれる。序数は、そのまま大きさを示しているわけではない。つまり、わが家の家屋番号は44だが、ご近所の42番や46番の家とまったく同じ大きさである。それに、このページは次のページと同じサイズだ。また、テレビのチャンネルや電話番号といった数値ラベルもある。これは大きさも順序も表していない。だから、私の電話番号があなたのより大きいか小さいか、前か後ろかを尋ねても意味はない。大きさを表す数字は「基数」だ。基数は、集合の大きさを表している。[2]

基数という観念の根底にある「集合」という観念について、もう少し説明が必要だろう。3つの物の集合——たとえば、噴水に投げ入れられた3つの硬貨の集まり——について考えてみてほしい。集合とその大きさは、集まったものが何であるかに左右されない。つまり、3つの硬貨（物体）でも、ドアへの3回のノック（音）でも、3つの願い（思考）でも構わない。重要なのは、これらの各集合間には、「3であること」以外に何の共通点もないことだ。これは古代哲学のある難問に行き着くので、最終章となる第10章で改めて話をしたいと思う。

本書でこの先、私が数について話すときは、とくに指定しない限り「基数」を意味している。しかし、集合の大きさに言及するときは、論理的・数学的な「基数」という言葉ではなく、「(大きい)数《ニューメロシティ》」という新たな言葉を導入したいと思う。私たちは動物の脳内で何が起こっているかを話しているのであって、論理や数学の話をしているのではないからだ。

私は、動物や人間が実際に脳内で「数」を認識できているかどうかの判断については、著名な学者、ランディ・ガリステルの提案に従っている。[3] ガリステルは、左記の2つの基準を提示している。

(a) その動物は、ある集合に含まれる要素の「数」を、その集合を構成する要素そのものの性質とは独立した概念として認識しているか？

これは、私が説明してきたこととまさに一致している。「数」を思い描くだけでは不十分である。それを何とかできなくてはならない。計算、つまり、ガリステルが「組み合わせ演算」と呼んでいることができなくてはならないのだ。

（b）その動物は、「数」を認識し、その数に種々の操作、すなわち（＝、＞、＜、＋、－、×、÷）といった算術演算に相当する操作を行うことができるか？

従って、こう尋ねればいいのだ。その動物は、何らかの方法で、２つの集合が同じ「数」であること（＝）、集合Ａが集合Ｂより大きいこと（Ａ＞Ｂ）、集合Ａと集合Ｂの合計が集合Ｃと等しいこと（Ａ＋Ｂ＝Ｃ）を認識できているか？　と。割り算と掛け算はそれよりずっと難しいと思うかもしれないが、食物や捕食動物がどのような頻度で出現するかを計算する動物は、割り算をしていることになる（たとえば、１日に３度出現＝24時間÷８時間おき、といったふうに）。動物のナビゲーション能力について言えば――航海用語で言うところの「自律航法」というやつだが――これにはかなり複雑な計算が必要になる。

さて、これらはかなり厳しい基準だ。しかし私なら（a）をさらに発展させて、動物がどの程度、ある集合から数を取り出し、新しい集合に移せるのか、尋ねるだろう。つまり、動物は、違う種類のもので構成される複数の集合が、同じ大きさなのか違う大きさなのか判断できるのだろうか？　たとえば、音の集合が、食べ物の集合と同じ「数」だと気づけるのだろうか？　ほかの種、いや人間の中にも、自分の命に関わる物なら判断できても、ほかの物ならできない者もいるかもしれない。つまり、（1本の花の花びらのような）ある種の集合が、（土地の目印《ランドマーク》のような）別種の集合と同じ「数」かどうか、判断がつかないかもしれない。これについては、もう少しあとで説明したいと思う。

ガリステルの2つの基準は、数学基礎論についての現在の哲学的思考を反映している。[2] また、算数が世界中でどのように教えられているかも映し出している。つまり、「計数は物の性質に左右されない（抽象性）」という前提のもとで、集合内の物をすべて一度だけ数える。それが終わったら、集合に対する算術演算――比較する、組み合わせる、足す、集合を分ける、引くなど――を実行するのである。

「数を数える」とはどういうことか？

この本の読者の大半は――そもそも数を数えることについて考えたことがあればだが――数を数えることは「意図的で、目的があって、意識的な、たいていの場合、数詞を唱えながら行うこと」だと考えているだろう。そして、この行為の意図や目的は、ある集合の「数」を明らかにすることだ、と。今の説明は、人間以外のすべての生物の数え方を無視しているし、次の章でお話しする、一部の人間の数え方も無視している。人間以外の生物は、（鳥について扱う第6章に登場するオウムのアレックスを除いて）数詞を持たないから、人間以外の生物が意図や目的や意識を持って数を数えている、と考えることは、控えめに言っても物議を醸すだろう。類人猿や飼い犬ならともかく、魚や昆虫が？　あり得ない、と。

テーブルの上の人形の数を、「いち、に、さん」と大きな声で数えたとしよう。それによって、テーブル上の人形の集合の大きさは「3」だと明らかにできる。ロシェル・ゲルマンとランディ・ガリステルは1978年に画期的な著書、『数の発達心理学──子どもの数の理解』（田研出版）の中で、人間の物の数え方を特徴づける「計数の原理」を列記している。[4]その中の「基数の原理」とは、物を数えると、最後の数詞が集合全体の濃度（大きさ）を表すことである。もちろん、すべての物を数えること、1つの物は一度しか数えないこと（「1対1対応の原理」）が前提である。つまり、数詞と集合内の物の間には、厳格な1対1対応が存在するのだ。ゲルマンとガリステルはまた、集合の大きさを把握するときは、どれから数え始めても問題ない、と述べている。どれから数えても、集合の大きさは常に同じだからだ。つまり、A、B、Cという3つの物の集合の場合、A、B、Cのどれから数え始めても結局3になるので問題はない、ということだ。彼らはこれを「順序無関係の原理」と呼んでいる。最後に、集合はどのようなものの集合でも構わない。3つの人形でも、3回のチャイムの音でも、3つの願いでもよい、としている。彼らはこれを「抽象の原理」と呼んでいる。こうした原理は、人間が数詞を使って上手に数えられなければ成り立たない。「数詞」という文化的ツールと「集合の大きさ」という概念とを結びつけているからだ。子どもが数詞を使って数えることをどのように学ぶのかを、第2章で、さらに詳しく述べたいと思う。

では、集合のメンバーを数詞を使わずに数える、ある方法について考えてみよう。計数器という極めて単純で安価な道具を使う方法だ（図1参照）。物を1つ数えるたびに、上についているボタンを一度押す（1対1対応の原理）。数えた総数は、最後にボタンを押したときに表示される（基数の原理）。数えられるものは何を数えても構わないし（抽象の原理）、集合内のどのメンバーから数え始めても構わない（順序無関係の原理）。

計数器を使うためには、人も数を数えなくてはならない。ここが難しいところだ。あなたが羊飼いで、ヤギではなくヒツジの数だけ数えなくてはならないとしたら、どれがヒツジでどれがヤギか判断できなくてはならない。また、ヤギよりヒツジのほうが多いかどうか判断しなくてはならない場合は、別の計数器でヤギを数え、計数器のディスプレイをチェックして、どちらの数のほうが大きいか確認しなくてはならない。計数器には記憶機能（ディスプレイ）があり、数えた物の数を教えてくれる。もちろん同じ計数器を、最初はヒツジに、次はヤギにと2回使っても構わないが、その場合は、ヒツジの数を記憶する機能が必要になる。それから計数器をゼロに設定し、またヤギを数え始めなくてはならない。いずれにせよ、比較するというメカニズムも必要になる。これがすべて瞬時にどう働くのかを、お伝えしたいと思う。

イギリスの哲学者ジョン・ロック（1632〜1704年）は、1690年に刊行された『人間知性論』（岩波書店）の中で、計数器を先取りするような形で、数や計数の特徴を述べようと試みている。ロックは、最も単純な観念は「1」だと述べている。「1」を繰り返すことは可能であり、（ボタンを押し続けるように）「その繰り返しを合計することで」、より大きな数の複雑な観念を理解できる、と。

図１　計数器

「つまり、１に１を足すことによって、私たちは対《つい》という複雑な観念を持つのだ」などと述べている。[5]

これは再帰という、自らに同じ動作の繰り返しを命じる手続きや機能の例である。ロックは「末尾再帰」という特定の再帰の形を提案している。つまり、その手続きは１を足すことで最後のアイテム（末尾）を生み出し、さらに自らにその手続きの繰り返しを命じることで、また１が加えられる。

数詞に関しては、ロックは、複雑な観念の一つひとつに「名前か記号を与えるべきだ。そうすれば、前や後ろにあるすべてのものと区別できる」と述べている。計数器は、ロックの提案を具現化したもの、とも考えられる。ボタンを押すことは１の繰り返しであり、押した回数の合計は「記号」——この場合はデジタル形式のディスプレイ——によって提示される。

もう1つの問題は、数や数を数えることにまつわる抽象度である。ビッグ・ベンの鐘は5時に5回鳴り、たいていの人の手にはそれぞれ5本ずつ指があるが、鐘の音と指には、ほかに共通の特性はない。では、脳は――ほんのちっぽけな脳でさえ――一体どのようにして、こんな抽象的な考えを展開できるのだろう？　また、本当に展開できているのかどうか、どうすればわかるのだろう？　相手が人間なら「声に出して数を数えて」とお願いしたり、指の本数と鐘が鳴った回数が同じかどうか答えてもらったりできるが、魚にお願いすることはできない。ほかの生物は一体どの程度、（たとえば、音のような）ある様相の「数」を、（目に映る物や動作のような）ほかの様相の「数」に一般化できるのだろう？これは計数器というより、むしろ「セレクター（選別器）」の領域である。私はこのパーツにセレクターという特別な名前をつけているが、実のところ、認知科学や神経科学の一般的な概念に基づいている。それは、ある物や出来事に焦点を合わせたり、注意を向けたりするやり方だ。この選別のプロセスが意識的・意図的である必要はないが、その考え方を人間以外の動物に当てはめた場合は、物議を醸すだろう。選別のプロセスとは、さらなる行為のために、ただ環境から1つ、あるいはそれ以上の物を選び出す、ということ。[6] 私たちは計数器が1つあれば、鐘の音と指の本数を数えられる。その計数器が2つの記憶場所にアクセスできる限り。

アキュムレータの計数システム

もちろん、人間の頭の中に計数器がそのまま入っているわけではないが、私たちの神経にはそれに相当するものが備わっているのではないだろうか？　この計数器は、記憶機能付きの「アキュムレータ（蓄積器）」だ。つまり、アキュムレータの中身は、計測した物の数に正確に比例する。

人間の脳にはそんなメカニズムが備わっている、という考えは古くからあるが、実は動物の研究に由来している。アキュムレータのメカニズムはまた、動物が出来事の発生率や発生頻度を計算しなくてはならないときに必要な、持続時間も測定できる。[7]

アキュムレータのメカニズムには、次の4つの要素が必要だ。

・オシレーター（発振器）やペースメーカーのような「信号生成器」。脳内に多数存在し、アキュムレータに一定の間隔でパルス信号を送る。
・すべての物や出来事を同等に扱う「正規化処理」。
・オシレーターとアキュムレータの間のパルス信号の伝達を管理する「ゲート」。ある物や出来事の数が数えられるとき、ゲートが開いて、一定数のパルス信号がアキュムレータに送られる。
・パルス信号を一時的に保存する「アキュムレータ」。

こうした要素に加えて、アキュムレータの計数システムには、今数えている結果を保存する「作業記憶」と、あとで利用するための「参照記憶」が必要になる。先ほどの羊飼いに話を戻すと、すでに数えたヒツジの数は参照記憶に送られ、今数えているヤギの数は作業記憶に送られる。図2は、アキュムレータの仕組みを簡単に説明したものだ。

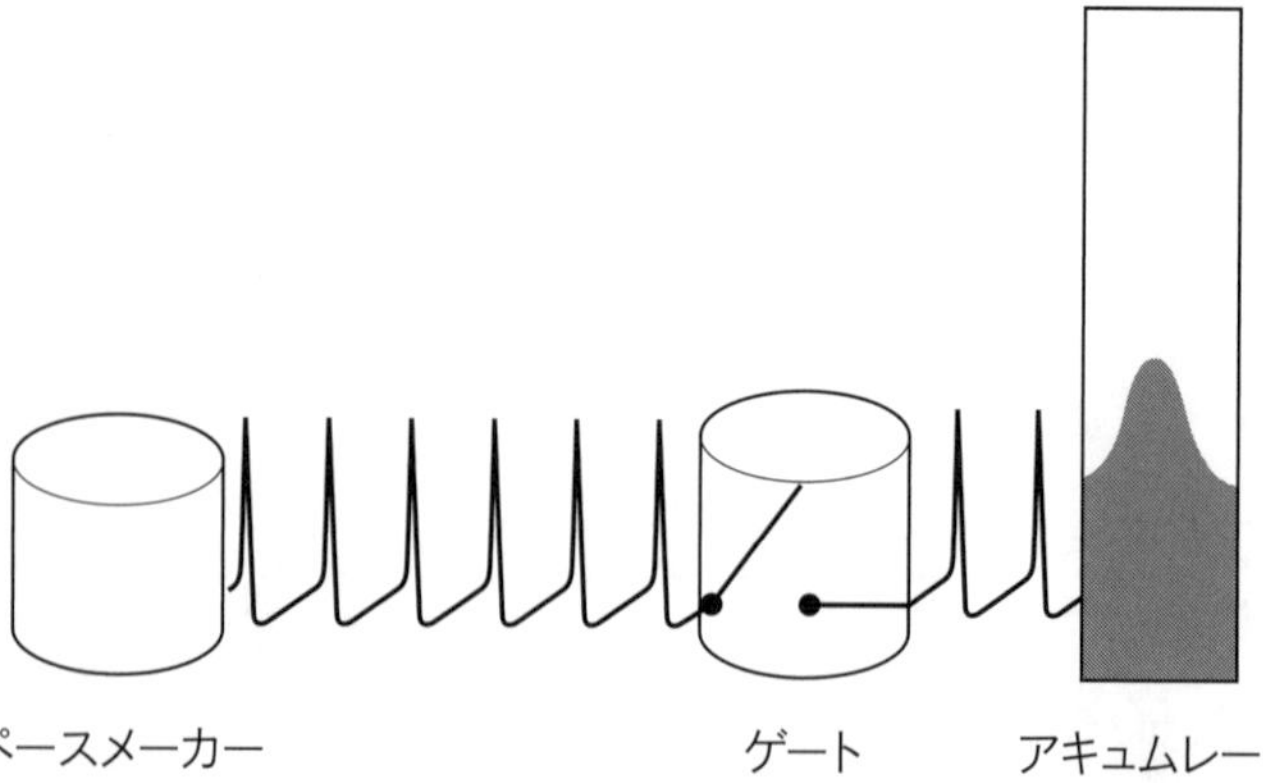

図2　動物心理学者ウォーレン・メックとラッセル・チャーチによる、このモデルの最も初期のバージョン[7]で、2人が「ペースメーカー」、「ゲート」と呼ぶ要素から成る[8]。事物（物や出来事）は一定数のパルスとしてコード化され、アキュムレータに送られる。ここでは、1つの事物が〝2つのパルス〟に相当すると仮定している。「組み合わせ演算」を行うには、アキュムレータの状態を一時的に保持する「作業記憶」と、比較などの演算（<、>、=、+、−、÷、×）を可能にする「参照記憶」が必要だ。

さらに、先ほど述べたように、神経活動という意味でははるかに高くつく、さらなるパーツが必要になる。そう、「セレクター」だ。セレクターは、群れからヤギではなくヒツジをより分けるなど、数える対象を選ぶ機能だ。また、「組み合わせ演算」を行うためのメカニズムも必要だ。たとえば、ヒツジの集合がヤギの集合より大きいかどうか（<、>、あるいは=）や、ヒツジとヤギが合計で何匹いるか（足し算）や、ヒツジはヤギより何匹多いか少ないか（引き算）を判断するための「組み合わせ演算子」などである。

メックとチャーチは、アキュムレータのメカニズムは、持続時間を計る連続モードでも使用できる、と主張した。ゲートは出来事が持続している間は開いているので、アキュムレータの中身は持続時間に直線的に比例する。従って、「数」も出来事もアキュムレータの中身として同じようにコード化され、持続時間のような連続量も、アキュムレータの中身として同じようにコード化される。「数」も持続時間も「共通通貨」——アキュムレータの数値——としてコード化されるから、出来事の発生頻度や発生率（持続時間÷数）など、その生物にとって重要なパラメータを計算することができる。

これは計数器のような極めて単純な道具であり、動かすのに必要なニューロンはごくわずかだ。昆虫やクモの計数能力の話題が出たときにわかるだろう。昆虫やクモの脳は、実にちっぽけだからだ（人間の脳のニューロンは８６０億個あるが、彼らの脳のニューロンは１００万個にも満たない）。このシステムの高くつく要素は、ヒツジとヤギの例で話した「セレクター」である。セレクターは、対象がヒツジやヤギ以外の動物ではないか、本当に単体か（たとえば、ヒツジに乳を飲む子ヒツジがくっついていないか）も判断しなくてはならない。

アキュムレータには、いくつか魅力的な特徴がある。ゲルマンとガリステルの「計数の原理」のうち３つを満たしていることだ。[9]

「抽象の原理」：セレクターが認証するものなら、どんなものでも数えられる。

「順序無関係の原理」：対象のどれから数えても構わない。

「基数の原理」：アキュムレータの最終値が、数えた総数になる。

アキュムレータはまた、数の表現に関するガリステルの２つ目の基準を満たしている。アキュムレータや記憶領域（作業記憶と参照記憶）において行われる操作が、算術演算に相当するのだ。たとえば、複数のアキュムレータ同士、または参照記憶と作業記憶に保存された数値の比較が可能だ（＝、＜、＞）。また、複数のアキュムレータ間の〝足し算〟（＋）や、一方のアキュムレータの値からもう一方のアキュムレータの値を除く〝引き算〟（－）も可能である。割合や確率を計算するために、動物が〝割り算〟や〝掛け算〟だってやってのけることを、のちほどお話しするつもりだ。

4より大きな数はどう数えるか？

多くの科学者が、ここまで述べたようないわゆる「アキュムレータ理論」に同意してはいるものの、現在のところ、人間やほかの動物の基本的な数的能力に関する科学文献の最も一般的なアプローチは、2つの異なるシステムを前提としている。1つは小さな数（≦4）のシステムで、もう1つは大きな数（>4）のシステムである。[10] 1つ目のシステムは、物を追跡し、一時的に記憶するよう設計された「物体追跡システム（OTS）」という知覚システムを前提としている。4つの物という制限は、人や動物が一度に注意を向けられる物体の数や、それに対応する作業記憶、さらには数えなくてもすばやく正確に認識できる「数」の限界と一致している。このメカニズムは、小さな集合内の物体の「並列的個体化」のもとで働いているとされる。つまり、多くの物を連続的に見ていき、それを一時的な記憶に加えていくのではなく、一度にまとめて処理するやり方だ。これは「瞬間的認識《サビタイジング》」とも呼ばれる（「突然の」を意味するラテン語subitusに由来する）。ここには1～4までのあらゆる集合の「数」は、すばやく簡単に認識できる、という含みがある。[11]

2つ目の、4より大きな「数」に対するシステムは、「アナログ・マグニチュード・システム」もしくは「概数システム（ANS）」と呼ばれる。このシステムの第一の特徴は、「数」を大雑把にとらえる点だ。この心理システムにおいては、実際は5つである物が心の中では4つや6つと認識されたり、場合によっては3つや7つと認識されたりする。第二の特徴として、この心理システムにおいては、心が認識するのは「数」そのものではなくその「対数値」とされている。

　アキュムレータ理論ではないもう1つのアプローチには、さまざまな形で異議が唱えられている。「2つの異なるシステムがある」という前提に、たびたび疑いの声が上がっているのだ。たとえば、サビタイジングの範囲内（≦4）で物の個数を答える課題の応答時間は、実は数によって変化する。1〜4までの数が「瞬時に」認識されるわけではないのだ。実際は、不規則に並んだ点《ドット》をちらりと見せた場合、その個数が増えるほど認知に要する時間は増える。より具体的に言うと、点が1個から2個に増えると応答時間は30ミリ秒増え、2個から3個に増えると80ミリ秒増え、3個から4個に増えると200ミリ秒増え、それ以降は点が1つ増えるごとに300ミリ秒以上増える。[11] もしかしたら、個数と応答時間の関係には、背後に一貫した未知の数理的メカニズムがあり、測定データのカーブ形状はそのメカニズムによって説明できるのかもしれない。[12] 実際、サル（第4章）と人間を対象とした研究で、30までの小さな数については数が大きくなるにつれて応答時間が単純に増加する、という証拠もある。[13]

　サビタイジングという別個のメカニズムに反論するもう1つの論拠は、「脳内に際立った活性化を発見した者がいない」というものだ。そこで私たちは、頭頂葉に活性化を認めようと懸命に取り組んだ。[14] これは20年前のことだが、それよりはるかに正確な高解像度スキャニングと優れた分析ツールを用いた最近の研究によって、1〜9までのすべての「数」にまつわる活性化が同じ脳の領域——頭頂葉だけでなく、視覚野（後頭皮質）と前頭葉——で散見されることがわかった。[15] だからと言って、数の大きさによる神経系の違いがないという意味ではなく、いまだ確認されていない、ということにすぎない。最強の画像ツールでも違いの発見に至らないことを思えば、確認はとても難しいのかもしれない。

先ほど述べたように、概数システム（ANS）のもう1つの重要な仮定は、心が認識するのは数そのものではなく対数値であるという点だ。行動心理学者エリザベス・ブラノンと比較心理学者ダスティン・メリットの指摘によると、これら2つのモデル――数そのものに基づくモデルと、その対数値に基づくモデル――は、（たとえば、より大きな数、またはより小さな数を選ぶような）「数」を順序づける課題における心理的反応について「同様の予測をする」。つまり、この2つのモデルは、数を認識する際に生じる「ブレ（変動性）」〔訳注：実際には5つの物が心の中では4つや6つと認識されたりするという意味でのブレ〕について同じような予測値を出すのだ。「スカラー変動性仮説」〔訳注：心が認識する「数」のブレの程度が、実際の「数」の大きさ（＝スカラー）に応じて変動するという仮説〕に基づいて、ブレと実際の個数の関係が「対数的」〔訳注：個数の対数値に比例してブレが増えること〕か「線形的」〔訳注：個数そのものに比例してブレが増えること〕かをきちんと解明するには、被験者に数直線上のどこか2点における数の大きさの違いをもとに行動させるような課題を与える必要がある、と2人は主張している。

ブラノンと同僚たちはこの原理をハトの調査に使った。彼らの発見は、心が認識するのは対数値ではなく数そのものであることを示している。[17] 脳の研究者であるスラヴァ・カロリスとテレサ・イウクラノと私は、人間の調査において、100までの目盛上にある数の大きさの違いを使って、やはり心は数そのものを認識している、という説に有利な証拠を発見した。[18]

言うまでもないが、対数のもう1つの問題は、逆対数表を使わない限り単純な加算や減算が難しいことだ。というのも、対数の基本的性質は「log A + log B = log AB」だからである［訳注：たとえば、log 12 + log 3 = log(12 × 3) = log 36 ≠ log 15 = log (12 + 3)、log 12 − log 3 = log(12 ÷ 3) = log 4 ≠ log 9 = log(12 − 3)となる。このように、対数の計算は単純な加算や減算と比べて複雑である。逆対数表は、このような対数の計算を簡単に行うための表のこと］。のちの章で見ていくが、多くの動物は足し算と引き算ができる、という明らかな証拠がある。ならば、（私たちを含む）動物は脳内に逆対数表を持っていて、それを使って複雑な対数の計算をこなしているとでも言うのだろうか？

　大人も子どもも、とくに子どもたちが、心の中に対数型の数直線を持っているかのように見えるのは本当だ。大きな数は過小評価され、小さくひとまとめにされるが、小さな数は過大評価され、より広がる傾向にあるからだ[19]。しかし、大きな数が小さく見積もられるからといって、心の中の目盛が対数型だ、というわけではない。実のところ、私たちの判断は、心に対数型の目盛を持っていなくても、あらゆることにおいて小さな値を過大評価し、大きな値を過小評価する「中心化傾向」にある、と１００年以上にわたって知られているのだ[20]。

　すべての物を数え上げる時間がないとき、非常に大きな「数」はどのように認識されているのだろう？　心理学者のジョージ・マンドラーとビリー・ジョー・シボが行った「サビタイジング」に関する画期的な研究は、10を超える物に対しては、まったく異なるシステムが使われていることをうかがわせる[11]。その後の研究者たちが示唆しているのは、多くの物が目の前に並ぶと、私たちが面積や密度に基づく「概算」という方法を使うことだ。つまり、点のような物が広い面積を覆っていたり、密集して並んでいたりすると、観察者――人間やほかの動物――は、「数」を見積もろうと、面積に密度を掛けるようなことをする。これは私には、極めて妥当なことに思える。その見積もりはそのあと、アキュムレータの数値や数直線上の位置といった心の中のイメージと結びつけられ、「だいたい30だな」「100くらいだ」などと結論づけられる。

動物はつねに「多いほう」を選ぶ?

人間であれ他の動物であれ、生物が集合内の物の数を認識できるかどうかを調べる、主な方法が2つある。1つ目は、「自然な行動を取らせる」というもの。これは研究所で調べることも、自然の中で観察することもできる。たとえば、生物に2切れの食べ物と3切れの食べ物を提示し、多いほうを選ぶかどうかを見るのだ。この方法は、「多いほうを選ぶかどうか」とも呼ばれる。野生においても研究所の管理された環境においても、生物はそうするはずだ、と私たちは考えている。2つ目の方法は、生物が、たとえ自然な行動でなくても、「数」に基づいて選ぶことを学べるかどうかを調べるものだ。たとえば、報酬をもらうために、点が多くついたほうのディスプレイを選ぶようになるかどうか、などである。

では、こうした方法を用いる際の基本原則をいくつか、簡潔に説明したいと思う。

賢いウマは分数を理解できる?

まず、動物の有名な事例からお話ししよう。数を数えているように見えて、実は数えていなかった賢馬ハンスの話だ。19世紀から20世紀に変わる頃、ハンスは大活躍した。算数の問題に、前足で地面をたたいて答えることができたからだ。問題の中には、高校で学んだ人たちでさえ難題だと感じるものも含まれていた。ハンスは、「$\frac{2}{5}+\frac{1}{2}$」のような分数の足し算もできて、分子の9と分母の10を別々にたたいて答えた。平方根や立方根も答えられた。「28の因数」を見つけることもでき、「1、2、4、7、14、28」と正しく地面をたたいた。驚異的である。当然ながら「何かズルをしているに違いない」と人々は疑ったが、そうではなかった。心理学者や動物の調教師から成る調査団がハンスを調べたが、不正の証拠は見当たらなかった。長くて面白すぎる話を端折って言えば、ハンスは実に賢かったけれど、算数ができたのではなかった。ハンスは出題者――自分の調教師だけでなく、調査団の人たち――が放つ合図にとても敏《さと》かったのだ。正解に近づくにつれて、出題者の頭や眉が動いたり鼻の穴が広がったりするのを合図に、ハンスはたたくのをやめていた。最終的に合図の存在に気づいたオスカル・プフングストは、ハンスを調べているうちに、つい合図を出してしまう自分に気がついた。その後の研究は、実験者を動物から隠して、この問題を回避しようと努めている（この問題についての優れた説明文を読みたいなら、動物行動の専門家ハンク・デイヴィスの報告書を参照のこと）[21]。

多くの動物実験における、最初の疑問はこれだ――動物は、ほかのすべてのことを考慮しながら、「数」の違いに反応している（もしくは、気づいている）のだろうか？　自然界では、物の数が変わると、数に関係のないほかの多くの特性も変わる。「ほかのすべてのこと」には、物の総量――たとえば、物が黒い点なら「黒い部分の量」、物が魚なら魚の量――も含まれる。また、黒い点全体のサイズや、どれくらい密に並んでいるのかも含まれる。

　さて、ここで問題が生じる。黒い点が1つから2つに増えたことに被験者が気づいているかどうかを知りたい場合（そして、点の大きさが同じである場合）、黒い点が2つになれば「黒い部分の量」も2倍になってしまうことだ。そこで、黒い部分の量を調節しようと2つの黒い点を1つの点の半分の面積にしたら、被験者は、人間でもそうでなくても、点の大きさや円周の違いに気づくかもしれない。残念ながら、物体の量を調節すればうまくいく、と考える研究者が多すぎる。それだけでうまくはいかない。これに関しては、さまざまな方法がある。1つ目の方法は、大きさや面積や密度を実験のたびにランダムに変えることだ。これは、一連の実験時間をかなり長く取れるなら、効果的だろう。2つ目の方法は、物体を、たとえば点を正方形に変えるなど、完全に変えてしまうことだが、その場合は、被験者が物体の変化と数の変化の両方に気づいている可能性を考慮しなくてはならない。そして、それを統計的に明らかにするには、相当長い実験時間が必要になる。

　3つ目の方法は、「見本合わせ」という手法を使うことだ。ここでは被験者に、たとえば2つの点のような見本を提示する。課題は、見本のような2つの点の集合を見つけることだが、このときも、同時に起こるさまざまな変化の調整に努めながら行う（図3参照）。

　この手法を動物に使う際の基本原則を定めたのは、ドイツの動物行動学者オットー・ケーラー（1889〜1974年）だ。ケーラーは主に鳥の研究をしていたが、ほかの種の研究も行っていた。彼は見本を、被験者に選ばせる物とはまったく異なる物にしていた。

図３　カラスの見本合わせ。カラスは見本（大きいほうのパネル）を見せられ、見本と同数の物（ここではさまざまなサイズの点）がついたサブパネルを見つけることで報酬をもらう[22]。

この「見本合わせ」という手法はさまざまな種に使われるが、人間にはほとんど使われていない。ケーラーは、別のやり方でも「見本合わせ」を行っていた。鳥（またはリス。彼はリスの実験もしていた）に、ずらりと並んだ箱を見せたり触れさせたりするのだが、いくつかの箱には餌が１つ入っている。その後、その餌をすべてある箱に集め、鳥に数えた餌の数と同数の点のついたその箱を見つけさせる。つまり、動物は n 個の餌を数え、蓋に n 個の点がついた別の箱を選ぶことで、報酬がもらえる仕組みだ。これは、２つのパネルの点の数を一致させる図３よりも抽象度が高い。

この方法で、さらに先に進むこともできる。たとえば、音の数を物体の数や動作の数と一致させたりするのだ。私たちがオーストラリアのアボリジナルの子どもたちに行った調査では、課題は、2本の棒を互いに打ちつけて出した音の数と同数のコインを、マットの上に置くことだった（第2章を参照）。こうした「クロスモダル・マッチング」〔訳注：異なる感覚領域の感覚量同士が主観的に等しくなるようマッチングすること〕は、集合の「数」を極めて抽象的な形で認識できているかどうかを調べる効果的な方法だ。

こうした2つの基本的な枠組み《パラダイム》――「自然な行動を取らせて観察する」と「数に基づいて選ぶことを学べるかどうかを調べる」――のさまざまなバリエーションについては、のちの章で説明したいと思う。

「ウェーバーの法則」と「ウェーバー比」

これは、数的処理についての議論に、数えきれないほど登場するとても重要な法則だ。「ウェーバーの法則」は主に、動物が2つの「数」の違いに気づくことができるかどうかに関係している。ドイツの医師エルンスト・ハインリッヒ・ウェーバー（1795〜1878年）は、重さの違いを識別する能力の研究を始め、ある発見をしたおそらく最初の人物だ。人間が2つの物の量（重さなど）の違いを正確に識別できるのは、その絶対差ではなく、比率や割合によってである、と。つまり、1キロの物と2キロの物のどちらが重いかを判断するほうが、10キロと11キロの物で比較するときよりも簡単だ。また、明るい陽ざしの中より、暗い部屋の中のほうが、ろうそくの光を認識しやすい。それに、年を重ねてからのほうが月日が速く経つ気がするのは、人生全体における1年の割合が年々小さくなるからだと私は思う。

こうした観察結果から、ウェーバーは自らの名が冠された次のような「ウェーバーの法則」を公式化した。Iを大きさの（ウェーバー自身の実験でいえば重さの）基準値、ΔIを差分として、差分の比率I分のΔIを考える。ここに数字を入れてみよう。3と4の大きいほうを選ぶ課題であれば差分（ΔI）は1となり、差分の比率（I分のΔI）は4分の1［訳注：ΔI＝4−3＝1、I＝4］すなわち0.25になる。13と14の大きいほうを選ぶ課題であれば、差分の比率は14分の1［訳注：ΔI＝14−13＝1、I＝14］すなわち0.07で、こちらのほうがずっと小さい値のため識別がより難しいと考える。「ウェーバー比」、すなわち識別可能な最小の比率（I分のΔI）——丁度可知差異［訳注：刺激を増やすか減らすかしたときに、変化を感知できる最小の変化量］——は、個人差を含む様々な要素で決まっている。他者よりも小さな差を識別できる個体もいて、これが非常に重要な意味を持つことをのちの章で説明する（人間については第2章、魚については第8章を参照）。たとえば、「数」の比較に関する私自身のウェーバー比が約0・20だとしたら、1個の点と4個の点の差（0・75）、あるいは3個の点と4個の点の差（0・25）は難なく識別できるが、13個の点と14個の点の差（0・07）については識別に苦労するだろう。

差を識別するときには、考慮すべきほかの要素もある。脳の知覚エラー（ブレ）が出てくるのだ。つまり、AとBという2つの重さ、もしくは2つの「数」が、客観的にはA＞Bであっても、あなたは時折B＞Aと判断するだろう。とくにAとBの差分の比率が、あなたの丁度可知差異に近い場合は。

実のところ、脳の知覚エラーは数の大きさと共に増していく。数が大きくなればなるほど、ブレの幅を表す曲線はますます拡大する。こうした脳の活動の特性は、「スカラー変動性」と呼ばれている。つまり、数が大きくなればなるほどミスをしやすくなるし、ミスも大きくなりやすいということだ。ミスの大きさは、数の大きさに正確に比例する。この関係性は数学的には、「変動係数（エラーの標準偏差÷数）が一定値となる」と表現できる。

私たちの数字の世界

私は以前、面白半分に決めた。数字が現代社会にどれほどまん延しているか、自分自身を被験者にして観察してみよう、と。私は科学者で、とくに脳が数にどう対処しているかを研究しているため、当然ながら、普通の人よりもはるかに多くの数字に触れている。そこで、仕事が休みの土曜日に、いくつの数字に触れることになるか調べてみた。その日は新聞を読み、散歩に出かけ、ラジオを聞き、少しばかり買い物をした。すると、車のナンバー、駐車スペースの標識、道路標識に書かれた郵便番号、バスやバス停の番号、ショーウィンドウの値札が目に入った。もちろん新聞にも、数字はたくさん載っている。ページ番号、日付、金融情報、私が熱心に読むスポーツ欄の多くの数字。ラジオでニュースを聞けば、天気や死やビジネスやスポーツにまつわるさらに多くの数字が出てくる。計算すると、起きている間は毎時間、ざっと1000個ほどの数字に出会っていた。

同じようなルートで買い物に出かける別の土曜日に、もう一度その数をチェックしてみようと思った。1・5キロほど歩いて出かけ、1・5キロほど歩いて戻る。

また、金曜日には必ず『エコノミスト』を買って、たいてい土曜日に読むから、そこにもたくさんの数字が登場する。コロナウィルス感染症が大流行している間は、毎日のようにさらに多くの数字にさらされた。感染者数、死者数、ワクチン接種者数、さまざまなコスト……。選挙という悲喜こもごものイベントのときも、数字の攻撃に圧倒されそうになる。２０２０年の米大統領選、上院選挙、下院選挙をめぐる、ＣＮＮの報道を思い出してほしい。選挙のたびに州ごとや地区ごとの得票数、それに出口調査の数字も出てくる。選挙速報の数字。最終得票の予測。選挙前には、さらに多くの数字が並んでいた。最終結果の予測につながる、日々の世論調査の結果だ。

ちょっと買い物に出かけても、数字からの逃げ場はない。往復3キロほどの道中に、おそらく駐車中の車を２００台ほど目にした。いや、実際に数えたわけではないが、道路脇の駐車スペースはすべて埋まっていた。車1台につき大きな数字が前後のナンバープレートについているので、数字は４００個になり、走っている車も50台ほど見たので、数字はさらに１００個増えた。通りの道路標識には郵便番号が掲示されているので、さらに25個プラスだ。往復する道には、駐車時間や制限速度など、さまざまな数値制限を示す道路標識が立っていた。それから、買い物を始めると、買った物は3つだけだったが、どの店先にも、電話番号やお得情報などを記した看板や張り紙があった。帰りに歩いて墓地を通り抜けると、著名な死者を悼む墓石を見かけた。そこには生没年などが刻まれ、死んでも数字からは逃れられないとわかる。

結局のところ、新聞を読んだり買い物したりする1時間につき、おそらく１０００個をはるかに超える数字に触れた。そのあとは友人とのんびりランチを取ったが、さらに多くの数字が話題に上ることになった。家の改装費用、これの時間やあれの時間、やたらと目につくデジタル時計、内外の気温を測る温度計……。ラジオやテレビは、もっと多くの数字を提供してくれた。チャンネル番号、今の時刻、番組の放送時間、第何話というエピソード数、それから、もちろんニュース。

仕事が休みでも、おそらく1時間につきやはり1000個くらいの数字に触れる。その日起きている間に1万6000個くらいになるから、1年で約600万個になる。夢に出てきた数字も、仕事中に出会った数字も数えずにだ。科学者、レジ係、商品補充係、銀行員など、どんな仕事をしている人でも。

買い物中に出会った数字の大半は、買うかどうかを判断するとき以外、私にまったく関係のないものだった。新聞に載っていた数字の大半にも、さほど興味はわかなかった。それでも、関心も意識も向けなかった数字が、脳には刻み込まれる。自分に無関係で、気づきもしなかったものでさえ。[23] 第2章では、これを証明する私たちの実験について説明する。

生涯年収は基本的計算能力で決まる?

重要なのは出会う数字の数だけではない。いかに数字を理解しているかが大切だ。数字への理解が乏しいことは、個人にとっては深刻なハンディキャップになるし、国家にとっても大きな損失になる。そういう人は仕事に就きづらいし、成人期にうつ病になるリスクが生じるし、生涯収入が大幅に下がる。[24] 英国では、成人の約25パーセントが「基本的計算能力」に問題を抱えている。つまり、1500万人の大人が、11歳児に期待される計算能力を下回っている、と推定されるのだ。そのうち680万人は9歳児に期待される標準をも下回っている。[24]こうした問題は生涯にわたって続く。37歳の74パーセントが割り算に、57パーセントが引き算に問題を抱え、15パーセントが生活費の管理ができず、8パーセントが苦労して何とか管理できている状態だ。[25]計算能力が低いと学校で試験の成績が振るわず、低収入になったり、法に触れる問題を起こしたり、心身の健康に影響を及ぼしたりする。[26]悩みや自尊心の低さ、人からの非難、授業中の規律を乱す行動の原因にもなる。[27]最近の報告書によると、成人の計算能力の低さによる損失は、「250億ポンドの逸失利益と考えられる。計算能力のレベルが上がれば、私たちの全収入に、その金額が上乗せされるだろう」。一人につき、年間約1700ポンド〔訳注：日本円だと25万円〜30万円程度〕だ。[28]

実のところ、計算能力の低さは死活問題になりかねない。英国と米国で大腸がんを患う成人の大規模調査をしたところ、計算能力の低い人たちは検診を受けるのに後ろ向きで、がんについての情報を受け取るのにも抵抗を示しがちなので、治療に至らないか手遅れになってから治療を受ける傾向がある、とわかった。[29]

計算能力の低さは、国家にとっての損失でもある。2009年、計算能力が最も低い6パーセントの人たちがイングランドに与える損失は、年間約24億ポンドだ、と算定された。低収入による税収の損失、高い失業率、犯罪や生活保護や教育や医療にまつわる支出の増加が理由だ。[25]現在の価格に換算すれば、損失金額はさらに大きくなるだろう。

計算能力のより深刻な問題は「発達性算数障害」で、子どもの4〜7パーセントに影響を及ぼしている。[30]この障害を持つ人は子どもも大人も計算能力が極めて低く、暗証番号や時間割を記憶する、時計を読む、旅の時間や支出を計算する、といった数字にまつわる簡単な課題にも苦労する。この状態は大人になっても続くため、専門家の助けが必要だ。算数障害は個人にとって、先ほど説明した計算能力の低さを超える深刻な意味を持っている。２００８年の政府の主要な報告書には、次のような記述がある。

「発達性算数障害は……生涯収入を11万４０００ポンド〔訳注：１５００万〜２０００万円程度〕低下させ、（公的学力試験で望ましい成績を）５科目以上で獲得する可能性を、７〜20パーセント低下させる恐れがある[31]」

言わずもがなだが、後任の保守党政権はこの報告書と算数障害者の苦境を13年間にわたって無視した。２０２０年、政府の首席科学顧問がボリス・ジョンソン首相に書面で、算数障害を認めて対応するよう提言した。私は、あまり期待せずに見守っている。

英国民の数学能力——とくに、基本的な算数能力——に対する懸念は、少なくとも19世紀には始まっていた。１９８２年、教育科学大臣だったキース・ジョセフ卿は、数学教育に関する「コッククロフト報告書」の序文に、「数学ほど国家の未来にとって重要な教科はほとんどない」と書いた。[32]コッククロフト以降に、さらに２つの主要な報告書が提出されている。同じように、「米国学術研究会議（US National Research Council）」も次のように述べている。「21世紀の国際競争の新たな要求が、数学に長け、数学を使いこなせる労働者を求めている[33]」

基本的な計算能力と経済発展との因果関係は、ＯＥＣＤ（経済協力開発機構）のモデル比較によって明確に実証されている。基本的な計算能力のレベルは、国家の長期的な経済成長の原因要素である、と示されたのだ。[34]

つまり、数学の基礎知識がある社会で暮らす私たち人間が、いかに数字をうまく扱うかは、個人にとってもコミュニティにとっても重要なことなのだ。第2章では、数学の基礎知識がない社会で暮らす人たちも、宇宙の言語を読むメカニズムを備えていることをお話ししたい。その事実は、適切な実験をすることで明らかにできる。

今、私たちは、集合の「数」を認識し、認識した数に算術演算ができるかどうかをはかる基準を持っている。つまり、動物が——人間であってもなくても——「数」を認識して計算できるかどうかを判断する基準を。そして、その動物がそうした基準を満たしているかどうか、また、どのような限界を持っているのかを調べる、2つの主要な方法——1．比較して大きな数を選ぶかどうかを調べる、2．見本合わせ——の概要も手にしている。

また、動物にとってなぜ数が重要なのかも説明したいと思う。私たちはかつて「動物には、満たしたいさまざまな『衝動』がある」と教わった。どの衝動が力を持つのかは、そのときの状況次第だろう。動物研究の大半は空腹感を減らしたい、という衝動に関するものだ。それが一番研究所で管理しやすいからだ。第9章では、コウイカの行動が空腹かどうかに左右されることをお話しする。空腹であれば、コウイカは1匹の大きなエビを取りに行くが、満腹のときは、2匹の小さなエビを狙う。また一方で、危険や死を回避する衝動や交尾の衝動において、数が果たす役割についてもお話ししたい。

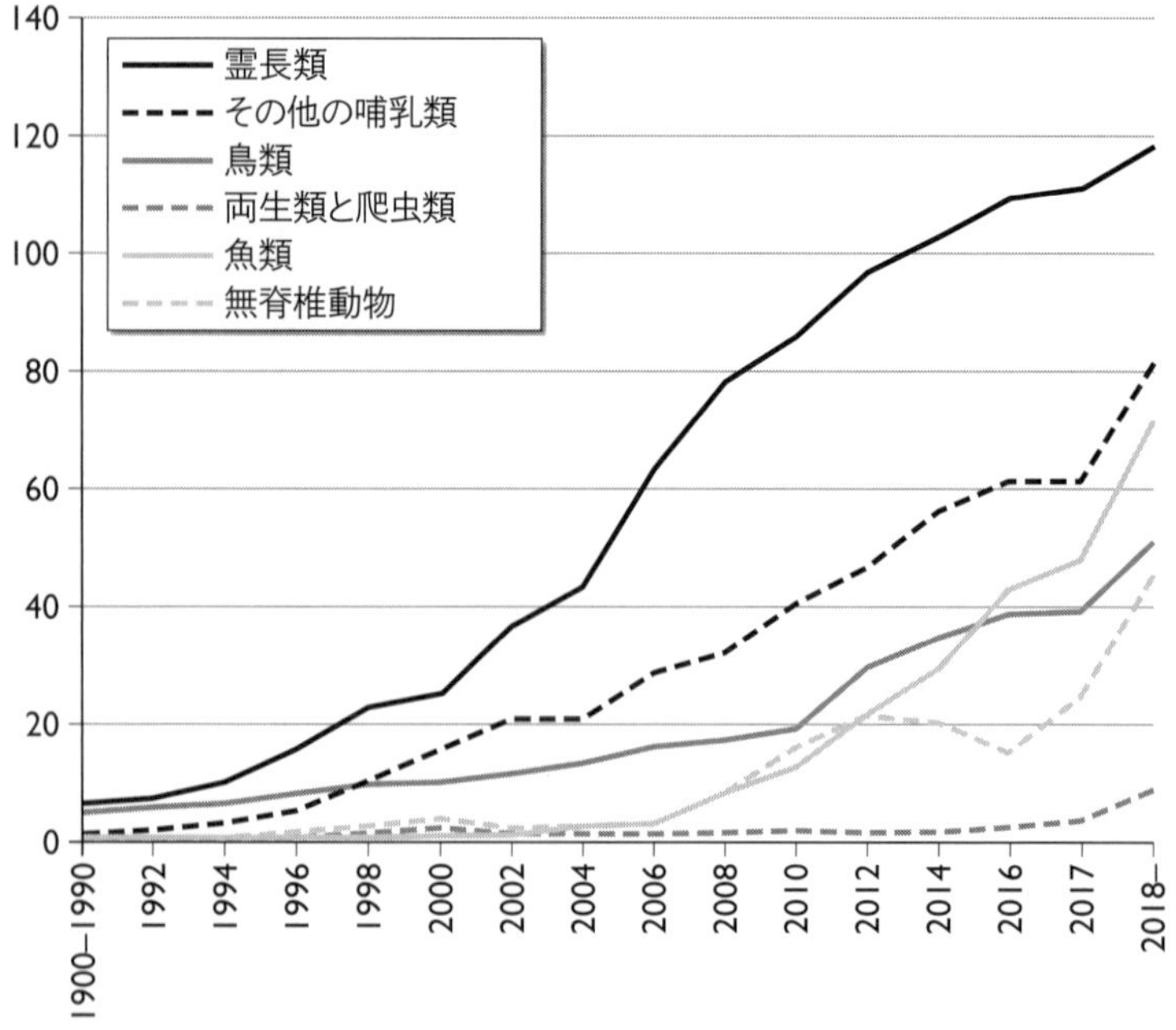

図４　グラフは、論文検索エンジンGoogle Scholarで「数的能力《アビリティ》　動物」および「数的能力《コンピテンス》　動物」で検索して得られた、結果の数を示している。

今や人間の幼児や成人を含む動物たちの数的能力について、かなり多くのことが知られるようになったが、その知識には今なお膨大な格差がある。十分に研究されている動物群もあれば、そうではないものもある。イタリアのパドヴァ大学のクリスティアン・アグリロとアンジェロ・ビサザは、数的能力について最もよく研究されている動物群と最も研究されていない動物群とをまとめた、２０１７年までの有益なデータを持っている。私は彼らの図表を２０２１年まで更新し、無脊椎動物も加えた(図４)。

種による格差があるのには、多くの理由がある。１つは、極めて優秀なある科学者が明らかにしているように、1つの動物種や動物群の研究に打ち込むのはとてもやりがいがあること。もう1つの理由は、種に関する知識が増えれば増えるほど、その研究結果をベースに、新たな研究がますます増えることだ。また、霊長類が優位に立っているのは、ほかの種に比べて私たちに近い動物であり、人間の能力についてさらに多くのことを教えてくれる、とされているからだ。

動物の数的能力についての私たちの知識には、もう1つ大きく欠けているところがある。正確に数えられる数の上限《アッパーリミット》についての調査が、ほとんど行われていないのだ。生物がどういったたぐいの計算ができるのかは、ほとんど調査されていないし、のちの章で明らかになるように、動物が課題の中で数以外の手がかりを使った可能性が考慮されていないケースもある。すべての実験者が、ケーラーの基本原則に厳密に従って結論を導いているとは限らないのだ。

最後に、「数が関わっているに違いない」と私は主張するつもりだが、まだ十分に解明されていない、計算の驚くべき偉業がある。それは、動物のナビゲーションのことだ。鳥やクジラやカメや魚に加えて無脊椎動物でさえ、採餌《さいじ》地と繁殖地の間で途方もない旅をすることが知られている。そうした旅をするためには基本的に、動物たちは少なくとも地図と羅針盤を備えていなくてはならないが、それだけではなく、自分が今どこにいて、どうすれば最短ルートで元の場所に戻れるかを割り出すために、距離を測らなくてはならない。地図アプリ「グーグルマップ」が地図情報を多くの数値、最終的には0と1の列としてコード化し、その数値をもとに経路を計算する様子を思い浮かべてほしい。旅をする動物たちにも、自分の環境を描写し、環境内の経路を計算するというグーグルマップに相当する何かが備わっていなくてはならないはずだ。

宇宙の数的言語を読む力は、人間以外の動物にとっても欠かせないものだ。生も死も繁殖もすべて、この能力に左右されるからだ。そして、私たちも理解しておくことが大切だ。私たち自身の並外れた数的能力は、ある単純なメカニズムに基づいており、私たちはそのメカニズムをほかの多くの、いやおそらく、すべての生物と共有しているのだ、と。

第2章 人間は数をかぞえられるか？

宇宙の言語は数学であり、この言語を読む力は、人間にも人間以外の生物にも役に立つし、環境への順応を助けてくれる。私は先ほど、人間にもほかの生物にも「アキュムレータ」という極めてシンプルなメカニズムが備わっていて、そのメカニズムのおかげで物や出来事の集合を数えられる、と提言した。

というわけで、この提言を前提とするなら、最初に問うべきは明らかに、「人間は数を数えられるか？」である。作家デイヴ・バリーが書いた『ワシントン・ポスト』紙の記事（１９９６年８月25日）によると、どうやら全員が数えられるわけではないようだ。

「ハチはランドマークを数えることで食料のありかを突き止めることがわかった。そう！　ハチは数を数えられるのだ！　つまり、ハチは数学力に関しては、アメリカの高卒者の大半を上回っている」。もちろん、『ワシントン・ポスト』は、論文審査のある科学誌ではないし、高卒者のデータも提示されていないから、これはアメリカの学生に対してフェアではない。あなたも私も数を数えられるし、あなたの知っている人たちはみんな、アメリカの学生だって、数を数えられるだろう。それどころか、途方もない数的能力を持ち、驚異的な計算力を発揮する人間もいる。

第1章で、私は主張した。数を数えることが重要性を持ち、意味を成すのは、数えた結果を算術演算に相当する組み合わせ演算で活用できる場合だけだ、と。確かに私たち人間にとってはその通りだが、このあとお話しするように、それはほかの動物にも当てはまる。そういうわけで、「人間は数を数えられるか？」という問いには、「人間は数えた結果に対して何ができるのか？」という問いも含まれている。つまり、計算ができるか問うているのだ。

数の天才＝天才ではない

ほとんどの人は、驚異的な数的能力を持つ人間について、耳にしたことがあるだろう。たとえば、映画『レインマン』でダスティン・ホフマンが演じた人物のモデルとなったキム・ピーク（1951〜2009年）。あるいは最近の、リュディガー・ガム（1971年生まれ）の驚くべき偉業を見聞きした人もいるだろう。ガムは20代の頃に、独学でとてつもない累乗の計算ができるようになり、ドイツのテレビ番組で賞を獲得した。彼は「68×76」のような問題を解くのに5秒もかからない。私なら7つのステップを踏んで答えを出すから、6つの中間結果を記憶するか書き留めるかしなくてはならない（68^2のような2桁の二乗なら、ガムは1秒余りでやってのける。記憶から取り出すだけだからだ）[1]。

最近では、暗算のワールドカップ（W杯）すら存在する。そこでは、6桁の数字の平方根を求める、（「1649年1月3日は何曜日？」などと問う）カレンダー計算、2つの8桁の数字の掛け算、などが行われる。（ガムも参加したものの、なんと5位に終わっている！）

実は、並外れた数的能力を持つ人間の歴史は古い。彼らは例外なく、幼い頃から数字に親しんでいる。ジョージ・ビダー（1806～1878年）は卓越した計算能力の持ち主で、当時第一級のエンジニア（蒸気機関車の父と呼ばれるロバート・スティーヴンソンの協力者）だったが、100まで数える練習をしていた幼い頃に、数字が「言うなれば私の友達になった。私は、彼らの友達や知り合いをすべて知っていた」という。[2] 同じく驚くべき計算能力を持つウィム・クライン（1912～1986年）も言った。「数字は私にとっては友達です……あなたにとっては、そうではないでしょう？　3844ですよ？　あなたにとっては、ただの3と8と4と4にすぎませんよね。けれど私は言うんです。『こんにちは、62の二乗さん』と」

並外れた計算能力の持ち主はみんな、膨大な数的事実［訳注：四則演算の結果］を記憶している。ニュージーランドの数学者、アレクサンダー・エイトケン（1895～1967年）を例に取ってみよう。エイトケンは「1961年」という言葉から、「37×53」「44^2+5^2」「40^2+19^2」を連想した。また、π^3の小数第百位までそらで言えた。エイトケンはなぜそれらすべてを暗記していたのだろう？　エイトケンは、次のように話していた。「ある先生がたまたま言ったんです。『ある数を二乗するのに因数分解が使える』と。式は$a^2+b^2=(a+b)(a-b)+b^2$。たとえば、47という数字があるとしましょう――これは先生が挙げた数字です――『bは3にしよう』と先生は言った。すると、(a+b)は50で、(a−b)は

44。２つの数字を掛けると２２００になる。そしてbの二乗は9だから、『47^2は２２０９だ』と先生は言いました。そう、あの瞬間からです。あれが光となって、私は二度と後戻りしなかった[3]」

有名な話がある。イギリスの優れた数学者Ｇ・Ｈ・ハーディが、シュリニヴァーサ・ラマヌジャン（１８８７〜１９２０年）を訪ねたときのこと。ラマヌジャンは、ハーディがガウス以降の最も偉大な数学者と目していた人物だ。ハーディは言った。乗ってきたタクシーのナンバーが１７２９という「さえない数字」だった、と。すると、ラマヌジャンは言った。「いや、ハーディ！　実に興味深い数字だよ。２つの立方数の和として２通りで表せる最小の数だ[4]」

日本とインドの子どもの数的能力

さらに驚異的なのは、日本、中国、台湾、インドの多くの子どもたちの数的スキルだろう。彼らは、たいてい放課後の塾などで、徹底的に算盤《そろばん》の訓練を受けていた。何年にもわたって何百時間も計画的に訓練を積む子もおり、その多くは競技大会での成功を目指している。そうした訓練をしばらく続けると、算盤自体が必要なくなり、むしろ邪魔になり始める。熟練者は、頭の中の算盤を使うのだ。「フラッシュ暗算大会」と呼ばれる競技大会では、出場者は提示された数字を足していくのだが、記憶して処理するどころかほぼ読めないようなスピードで数字がどんどん提示されていく。英国の作家アレックス・ベロスの著書『Alex's Adventures in Numberland（未邦訳：数字の国のアレックスの冒険）』から、一例を紹介しよう。子どもたちが画面を見つめている。ピーッという予告音が3度鳴ると、左の数字がものすごい速さで表示されていくので、熟練した数学者のアレックスにもほとんど読めなかった。

164
597
320
872
913
450
568
370
619
482
749
123
310
809
561

最後の数字がさっと映し出された瞬間に、一人の学生が「7907」と解答した。

2012年の世界チャンピオン、小笠原尚良《なおふみ》は、0・4秒間ずつ表示される15個の4桁の数字を正確に足し算した。[5] 私の知る限り、こうした驚くべき偉業がどのように達成されるのかを、認知理論的に、あるいは、脳機能的に調べた科学研究は存在しない。

頭の中の算盤を使う能力の興味深い特性の1つは、数に関係のない課題なら、並行してもう1つ、こなせる点だ。アレックスのユーチューブチャンネルでは、9歳の女の子たちが難しい言語ゲームをしながら、20秒間にすばやく連続表示される30個の3桁の数字を足し上げていた。[6] つまり、計算は、ほかの認知機能とは別の思考プロセスであることがわかる。

さて、こうした数にまつわる驚くべき偉業は、知能や記憶力のような天賦の才能によるものだ、と思うかもしれない。何しろ、ラマヌジャンもエイトケンもビダーも、桁外れの才能に恵まれていた。

1万時間訓練すれば誰でも数字に強くなる?

しかし、計算に長けているからといって、必ずしも才能に恵まれている、ずば抜けて知能が高い、とは限らない。たとえば、シャクンタラ・デヴィ(1929~2013年)。彼女は2つの13桁の数字の掛け算を28秒でこなして、ギネスブックに掲載された。そこで、知能検査のエキスパートである心理学者のアーサー・ジェンセンが厳密に調べたところ、デヴィは平均的な知能の持ち主だとわかった。

実地知能検査を考案したアルフレッド・ビネー(1857~1911年)は、2人のプロの劇場計算者——舞台上で計算能力を披露することで生計を立てていた人たち——の成績を、パリのボンマルシェ百貨店のレジ係たちの成績と比較した。レジ係はそれぞれ(機械式計算機が使えなかった1890年代に）14年間の計算経験を積んでいたが、早くから数学に特殊な才能を発揮していたわけではないようだ。それでも結局、レジ係たちのほうが好成績を収めた。[7]

実は、ずば抜けた数的能力を持ちながら、一般認知能力はごく普通、もしくは極めて低かったとされる事例は数多く存在する。偉大な数学者カール・フリードリヒ・ガウス（1777〜1855年）のために暗算能力を発揮したザハリアス・ダーゼ（1824〜1861年）は、「数学の初歩的な要素も理解できなかった」という。カレンダー計算に驚異的な能力を持つある双子のIQ（知能指数）は60点台だったと推定されており（平均は100点だ）、簡単な計算にもかなり苦労していた。[8]また、心理学者スティーヴン・スミスは、優れた計算者に関する著書の中で、驚くべき計算能力を持つ2人――アフリカ人奴隷のトーマス・フラー（1710?〜1790年）とジェデダイア・バクストン（1702〜1772年）――についての初期の報告書に言及している。2人は、「知能に極めて乏しく、理論的なことも実践的なことも、数を数えるより複雑なことはほとんど理解できなかった」[2]と。

優れた計算能力で知られるアンリ・モンドゥ（1826〜1861年）は、同時代のある人物から、計算以外は何ひとつ学ばなかった、と評された。「事実も日付も場所も、何の痕跡も残さずに鏡の前を通り過ぎるかのように、彼の脳を素通りしてしまう」[2]と。

ゼラ・コルバーン（1804〜1839年）は6歳にして2000年間の秒数（630億7200万秒）を計算できたが、「字を読むことはできず、紙に書かれた数字の名前や特性も知らなかった」[9]。大人になってからも、「とくに何も学べず、ごく普通の知能を発揮したり、何らかの努力をしたりはできなかった」という。アメリカの心理学者エドワード・スクリプチャーは、計算の天才たちを調査した18

91年の報告書において、こう推察している。「計算力が……彼の精神的エネルギーを残らず奪い尽くしてしまったようだ」[9]

こうした事例が示しているのは、計画的に訓練すれば――おそらく、専門知識を得るために推奨される「1万時間」以上取り組めば――人間は数的課題に驚くほど強くなれることだ。また、脳内の数的メカニズムが、ほかの認知メカニズムとは別個のものであることも示唆している。数的事実の記憶システムでさえ、それ専用のもののように思われる。たとえば、ガムは口頭で提示された数字を正確に11桁繰り返すことができたが、調査の対照群も私たちの大半も、7桁ほどしか正確には繰り返せない。その数字を逆の順序で繰り返すよう求められると、ガムはさらに素晴らしい力を発揮した。逆からは12桁正確に繰り返すことができたのだ。一般の人は5〜6桁しかさかのぼれない。ところが、文字で同じことをするよう求められると、ガムの成績はごく普通だった。そして、すでに話したように、驚異的な計算能力を持つ人たちの中には、数以外の情報の記憶力は極めて低い人たちもいた。こうした例から、数に関しては少なくとも部分的には、別個の認知システムがあることがうかがえる。

実は、こうしたスキルは、一度身につくと無意識のうちに展開され、数を数えている人は、数えているという自覚がない。それでも私たち科学者は、彼らが数えていることを知っている。理由は、彼らが自覚して取り組む課題に、無意識に数えていることが測定可能な影響を及ぼすからだ。私は同僚のバハドル・バーラミとジェラント・リース、さらにはエラスムス計画［訳注：EU諸国間の科学・技術分野の人材交流などを目的にEUが創設した計画］に参加する3人の優秀な学生と共に、「両眼間抑制［訳注：一方の目に提示された刺激だけが知覚され、もう一方の目に提示された異なる刺激が抑制される現象］」を用いてそれを証明した。[10]片方の目に数えられる物体を提示し、その刺激を抑制するために、もう一方の目に明るい色の抽象的な模様を提示したのだ。すると、両方の目が抽象的な模様を知覚した。２つの刺激を提示する際、数えられる物体と抽象的な模様の間には、適切な時間間隔を取ることが大切だ。間隔が長すぎると、被験者が物体に気づいてしまうし、短すぎると、情報が脳に残らない。[10]

　言うまでもないが、被験者が物体の数を報告できないのに、彼らが数を数えたかどうか、どうやってわかるのだろう？　私たちは被験者に、先ほど提示した物体とよく似た物体の集合を、今度は目に見える形で提示し、数を数えてもらった。明らかになったのは、先に見せた物体の集合のほうが、目の前の物体の集合よりも小さければ、目の前の集合を数えるスピードは上がるが、先に見せた物体の集合のほうが目の前の集合よりも大きければ、数えるスピードが下がることだ。つまり、ほかの刺激で抑制された集合の「数」が、そのあと目の前に提示された集合を数える準備になったり邪魔になったり、と影響を及ぼすことがわかる。要するに、数を数えるプロセスが意識的である必要はないのだ。

　人間は寝ている間に数を数えている、と考える人は多いが、ある国際チームの独創的な実験によると、人は睡眠中に数を数えているどころか計算までしている。[11]（睡眠中に眼球がすばやく動く）レム睡眠の間、人はたいてい夢を見ており、外的刺激にわりあい敏感な状態にある。この調査では、被験者は音と課題を結びつけるよう訓練されており、目をある回数、左右に交互に動かして反応する練習をしていた。たとえば、「左右＝１」「左右左右＝２」「左右左右左右＝３」「左右左右左右左右＝４」といったふうに。レム睡眠中に、簡単な足し算や引き算の問題が提示されると、驚いたことに、眠っている多くの人が、少なくとも何問かに正しく解答した。

数詞と記号で「数」を数えることを学ぶ

私たちはみんな、「いち、に、さん」という数詞と「1、2、3」という記号を学んできたが、数詞や記号で数を数えることを学ぶのは、実はささいなことではない。数学教育者で認知科学者のカレン・フューソンによると、それらを完全に習得するのには何年もかかる上に、数詞を学ぶ過程にはいくつもの段階がある。順番に並ぶ数を「いちにーさんし」という1つの言葉だと思っている段階から始まって、やがては長い数の列を前に後ろにと行き来できるようになる。[12]

まず、私たち人間は、数詞を学ばなくてはならない。これらは何世紀も、いやおそらく何千年もかけて発達した文化的ツールで（第3章を参照）、そうしたツールの中には、ほかのツールより学ぶのが難しいものもある。たとえば、英語には「ティーン問題」というのがある。つまり、one、two、ten、threeといった知識をもとに、どうやってeleven（11）、twelve（12）、thirteen（13）、twenty（20）、thirty（30）を理解すればいいのだろう？　ほかのヨーロッパの言語も似たり寄ったりだ。たとえば、フランス語ならonze（11）、douze（12）、treize（13）、quatorze（14）、quinze（15）、seize（16）。スウェーデン語なら、tenはtioだが、elevenはelva、twelveはtolv、thirteenはtrettonといった具合だ。これを中国語と比べてみよう。1はyī、2はèr、3はsān、10はshí、そして11はshíyī、12はshíèr、20はèrshí、21はèrshíyīだ。もう13も31も32も33も正しく答えられるだろう。

中国語のシステムは、韓国語や日本語の計数の土台にもなっているが、10を一組とする仕組みがわかりやすい。[13] こうしたすべての言語において、数詞は「命数法」〔訳注：数に名前をつけるシステム〕である。つまり、10や100にはそれぞれ特別な名前がある――ten（10）、hundred（100）、thousand（1000）、shí（十）、bǎi（百）、qiān（千）といったふうに。だが、中国語や日本語や韓国語のほうがヨーロッパの言語よりも、名前と数のつながりを学ぶのがラクなので、中国や日本や韓国の小学1年生のほうが、アメリカで英語を話している子どもたちよりもずっと早くから、10の位や1の位という観点で考えている。[15] また、東アジアの子どもたちのほうが、アメリカやフランスやスウェーデンの小学1年生よりも10進法をよく理解している。[16]

数詞を使って数を数えるには、数詞が決まった順序で並んでいることを知り、最終的に正しい順序を知る必要がある。フューソンが発見したように、子どもたちの中には最初、「いちにーさんし」は1つの言葉だと考えている子もいる。あるいは、一部の数詞は正しい順序で言えても、すべては無理だという子もいる。では、ロシェル・ゲルマンとランディ・ガリステルの著名な専門書、『数の発達心理学――子どもの数の理解』（1978年）からある事例を紹介しよう。3歳6ヵ月の子どもが、8つの物を数えていた。「いち、にー、さん、しー、はち、じゅーいち。ちがう、もういっかい。いち、にー、さん、しー、ごー、じゅうじゅーいち……いち、にー、さん、しー、ごー、ろく、ななじゅーいち！ふーっ！」[14]。物を数えるためには、子どもは1つの数詞を1つの物ときちんと結びつけなくてはならない。第1章で述べた通り、ゲルマンとガリステルはこれを、「1対1対応の原理」と呼んでいる。また、数詞は常に同じ順序でなくてはならない――「安定順序の原理」。3つ目の原理は、これも第1章で説明した「基数の原理」だ。つまり、最後の数詞が、数えた集合内の物体の数を表している。たとえば、物体を「いち、に、さん」と数えたなら、3が数えた物体の総数だ。だから、たとえ数詞を「じゅーいち」と間違えて言っていても、その原理は適用されている。

さて、数詞を正しい順序で唱えることは、ほとんどの大人にとっては何でもないことだ。神経心理学者として仕事をしていた頃は、重篤な神経障害を抱える患者が、数詞を正しく唱えることはできても、それ以外のことはほぼできない姿を目にしていた。しかし、数詞は本当に、数を数えるために必要なのだろうか？　人間に数詞が必要だという証拠はあるのか？

数詞がないと4までしか数えられない？

子どもの認知発達の歴史に欠かせない人物であるスイスの心理学者ジャン・ピアジェ（1896〜1980年）は、数詞の獲得は、（基）数の概念、つまり集合内の物の数の概念を発達させるのに、ほとんど、いやまったく影響を及ぼしていない、と考えていた。[17] 重要なテーマは、子どもがいかに「数の保存」という概念を手に入れるに至ったか、だった。数の保存とは、集合に対する――たとえば、物の配置を変えるような――操作をしても、集合の「数」には何ら影響を及ぼさないが、物を1つ足したり減らしたりすれば影響が出る、ということ。ピアジェは、6歳くらいの子どもたちの事例を説明している。2つの集合の数の等しさを確認する課題で、数詞を使う子どもたちの成績は、使わない子どもたちと同程度だったという。

しかし、ピアジェの時代から、影響力を持つ多くの著名な研究者が「数詞がなければ、人間は4より大きな数を正確には数えられない」と主張している。つまり、「サビタイジング」——1つずつ数えていくのではなく、人が一目見て正確に把握できる物体の数——の限界のことだ。4を超えると、人間には正確な数ではなく「概数」の概念しかない、という主張である。数詞を使って数えれば、5は4より1大きく、6より1小さい数だとわかる。

では、一体どうやって、第1章で説明したこの「概数（もしくはアナログ数）システム」のアプローチから、14は13より1大きくて15より1小さいという、なじみ深い「正確な数の概念」に移行できるのだろう？　このアプローチでは、計数と計算にまつわる人間の「スターターキット」には、小さくて正確な数のシステムと、大きな概数のシステムが含まれていることになる。ハーバード大学の心理学者スーザン・ケアリーによると、こうした大きな数を正確に認識するには、数詞のリストを頭に入れておく必要がある。数詞があれば、人は独力で、小さな数だけでなく、大きな数も正確に認識できるようになる、と。[18]

「スターターキットにはアキュムレータ・システムが組み込まれている」とする私たちのアプローチと、「概数（もしくはアナログ数）システム」との大きな違いは、概数システムでは、数の大きさが対数値で計られることだ。これでは、足し算や引き算といった簡単な計算が複雑になってしまう。その数の対数を足したり引いたりできなくてはならないからだ。アキュムレータを備えているとする私たちのアプローチなら、計算は簡単だ。この違いについては、最終章となる第10章で改めてお話ししたい。そこでは、異なる2つのアプローチの違いを見分けられるよう設計された入念な実験を用いて、「動物（ここでは鳥）も人間も、心が認識するのは対数でなく数そのものである」と説明したいと思う。

スターキットに関してより極端な意見を持つのは、カリフォルニア大学サンディエゴ校の数学者兼認知科学者、ラファエル・ヌニェスだ。ヌニェスは、数と数的能力には、スノーボードと同じように文化的基盤が必要だ、と主張している。スノーボードをするためには、二足のバランスや奥行きの知覚など「生物学的に進化した前提条件」がもちろん必要になるが、その実践は文化的人工物だ。同じように、数について学ぶのにも、生物学的に進化した前提条件が必要になるが、スノーボードをするのに専用の文化的ツール、スノーボードが必要なように、数の感覚を持つためには、数詞やおなじみのインド・アラビア数字（1、2、3）といった文化的ツールが必要になる。人は数を数えることを学ばなくてはならないのだ——と彼は言う。[19]

概数の見解も「スノーボード」の見解も、異議なくまかり通ってきたわけではない。今日でさえ、この高度に結びついた世界においても、数詞がほとんどなかったり、数という言葉すらなかったりする言語もある。また、言葉はあっても数を数えるのには使われていない、正確な「数」を示していない、という言語もあるのだ。そうした言語は、アマゾン川流域やオーストラリアのアボリジナルが住む辺境の地で生き延びている。13の語族から成る189のアボリジナル言語に対する最近の調査によると、（74パーセントにあたる）139言語が持つ数の上限《アッパーリミット》はわずか「3」か「4」で、さらに（11パーセントにあたる）21言語では「5」だった。[20] 一見したところ、そうした言語や文化は、「数を数えるには数詞が必要だ」という一応の証拠を示しているように見える。

ヌニェスによると、こうした言語を話す人たちは数の概念を持てないし、概数のアプローチによると、彼らは4より大きい数については、せいぜい「おおよそ」の概念しか持てない、ということになる。私たちの概念には――4と5は1目盛違うし、14と15も1目盛違う、という――数字間の正確な目盛があるのに。

計数の起源は信仰にあった？

　著名な数学者であるアブラハム・サイデンバーグ（1916～1988年）は、研究論文「計数の祭《さい》祀《し》起源」において、「数を数えることは、実は発明されたのだ」と主張している。[21] それだけではなく、数千年前に中東のどこか――1ヵ所――で発明された、とも述べている。数を数えることが広く用いられている事実が、その起源を示しているわけではない、とサイデンバーグは記している。数を数えることが「最もシンプルな数学的手段に見える」からといって、それが簡単に発見されたわけではないし、多くの人や文化がそれを繰り返し発明したわけでもない、としている。

　サイデンバーグは分析的に、数を数えることが儀式や信仰と広く結びついて、数に神話的な特性を与えた多くの事例を挙げている。たとえば、ピタゴラスにとっては、奇数は男性で、偶数は女性だ。また、神は唯一であり、すべての動物は、1匹のオスと1匹のメスの2匹ずつが、ノアの箱舟に乗った。

　計数の起源が儀式や信仰にあるとするもう1つの手がかりは、数を数えることにまつわる多くのタブーだろう。あるアフリカの社会では、女性がわが子の数を数えることは極めて不吉なこととされている。悪霊たちがその声を聞いて、死という形で一人を奪い去るといけないからだ。マサイ族も、それとよく似た理由で、人や動物の数を数えない。正統派ユダヤ教徒は、特定の儀式に10人の男性を必要とするが、彼らを数えることは許されていない。その代わり、それぞれの男性が、10語から成る1文を1語ずつ唱える。「卵が孵《かえ》る前にヒナを数えるな」というのは、おなじみのタブーだ。

創世神話〔訳注：天地（宇宙）がどのようにできあがったのかを語る神話〕と関係しているある儀式では、儀式の行列に対《つい》で登場することが求められる。男／女、王／王妃、光／闇など。これが2の倍数で数えることを促した、とサイデンバーグは言う。これは今なお、限られた数詞しか持たない辺境の地で行われていることだ。そうした言語では、「いち、に、に＋いち、に＋に、に＋に＋いち」といった数え方をする。サイデンバーグは、こうした数え方をするオーストラリア、アマゾン川流域、南アフリカの言語に言及している（オーストラリアのガルワ語の事例の詳細については、P68を参照のこと）。

私はあるコメントに、とくに興味を引かれた。ほとんどの言語は、5進法か10進法か20進法を取っている。それは明らかに、私たちの手足の指の本数に関係している。しかし、自分の手足の指を数える必要などない。何本あるかはわかっているのだから。サイデンバーグによると、人が5進法、10進法、20進法を使い始めたのは、儀式が長く複雑化したことで、2の倍数で数える段階を超える必要が出てきたからだという。これは興味深い転換ではあるが、サイデンバーグは現代の考古学や神経科学や人類学に触れることはなかったので、計数の起源ではなく、計数の慣行の起源を語ることで満足してしまったのかもしれない。

身体の部位で数える人たち

ヌニェスやケアリーやサイデンバーグに異議を唱える方法の1つは、数詞を持たない文化の中で育つ子どもたちが、数を数えたり、簡単な計算をしたりできるのかどうかを問うことだ。

そうした言語や文化に関する最初の報告書は、16世紀の伝道師ジャン・ド・レリー（1536～1613年）が1578年に著した『ブラジル旅行記』〔訳注：『大航海時代叢書〈第Ⅱ期20〉フランスとアメリカ大陸2』（岩波書店）に収載されている〕である。それを1690年に、イギリスの哲学者ジョン・ロックが引用した。ロックはこう記している。「トウオウピナンボス（ブラジルの熱帯雨林に住むトゥピナンバ族のこと）は、5より大きな数詞を持たなかった」。だが、彼らは「5より大きな数を数えることができた……自分の指やその場にいるほかの人たちの指を示すことで[22]」。つまり、トゥピナンバ族は、対応する数詞がなくても、5より大きな数を実際に数えることができていた。もちろん、これは適切な管理のもとで実施された調査ではないし、専門家の検証も受けていないし、ド・レリーが間違ってとらえた可能性もある。

私はド・レリーの報告書を、おそらくアマゾン川流域の言語の最も偉大な専門家である、オーストラリアのジェームズ・クック大学のアレクサンドラ・アイヘンヴァルトと一緒に確認した。彼女は次のように書いている。

「ほとんどのアマゾンの社会において、数を数えることは文化的な慣行ではなかった。数えるという習慣がなかったのだ。今日『いち』『に』『さん』と翻訳されている決まり文句も、計数には使われていなかった。『いち』は『一人（である）』を、『に』は『対《つい》（である）』を意味し、『さん』は『いくつか』や『たくさん』を含んでいた……［しかし］計数の基盤となる原理は存在するので、そのギャップを埋めるのはささいな問題である」[23]

だからスペインやポルトガルの計数システムは、アマゾンの人たちに瞬く間に習得され、使用されているのだろう。とくにお金を使わなくてはならない場面で。私はアレクサンドラに、ド・レリーの報告書について具体的に尋ねてみた。すると、「ド・レリーの言う通りである可能性が高いです！」という返信をもらった。

広く引用されているある調査報告書は、こう主張している。アマゾン川流域などで話される、数詞を持たないトゥピ語族の1つ、「ムンドゥルク語」を話す人たちは、4より大きな数はおおよそでしか思い描けない、と。[24]本当だろうか？　先ほど話したように、ド・レリーは、「トゥピ語を話す人たちは、指を使って正確に数を数えられた」と報告している。発表されているムンドゥルク語の調査報告書に添付されていた写真には、年配の男性が自分の足の指を使って数を数える姿が映っている。同じように、アメリカの言語学者ケネス・L・ヘイル（1934〜2001年）も記している。ワルピリ語のような数詞のない言語を話すアボリジナルの人たちは、牧畜業者が牛を数えるときや、お金が介在する場面など、必要なときには英語の数詞をあっという間に習得する、と。[25]つまり、ワルピリ族の頭の中には計数の原理が、たとえそれを表現する手軽な手段がなくても、きちんと存在しているのだ。

私が本書で主張している通り、それが正しいなら、そして、人間に生まれながらに数を数える能力が備わっているなら、なぜそうした言語に数詞がないのかはよくわからない。数詞がなくても、計数の慣行を持つ人たちもいる。たとえば、ニューギニア高地の人里離れた渓谷では、多くの部族が数詞を持たないが、特定の数を表すのに、身体の部位の名前を使っている。たとえば、ユプノ族は身体を使って33までの数を数える。左手の小指の１から始まり、右手の親指が10だ。26は左の、27は右の鼻の穴。そして、31、32、33を、それぞれ左の睾丸、右の睾丸、ペニスが表している。[26] 女性は、研究者によると、人前で数を数えない。

ニューギニアの部族には、贈り物を交換する文化がある。ふさわしいお返しをするなら、贈られたブタの数を覚えておかなくてはならない。こうしたやりとりを把握するのに「正確な数を識別する名前や記号がなければ、大混乱を避けるのは至難の業だろう……特有の名前があれば、うまく数を数えられる」と、ジョン・ロックは１６９０年に『人間知性論』に記した。だから、ユプノ族をはじめとした部族は、身体の部位の名前を使って、ブタの数を記憶したのだ。

数にまつわる語彙の多くが、身体の部位の名前に由来することは、覚えておく価値があるだろう。たとえば、数字や桁を表すdigitという言葉には、手足の指という意味もあるし、fiveとfist（拳）は、歴史的に見て同根語である。そしてもちろん、ほとんどの言語が手の指の数に応じた５進法か10進法、あるいは、手足の指の数に応じた20進法を取っているのも、偶然ではない。そして、20進法の名残りは今もフランス語—— 80（quatre-vingts）を、4(quatre)×20(vingt)で表現している——や、聖書の英語—— 70年（three score years and ten）を3×20(score)＋10で表現している——に見られる。また、スペインとフランスにまたがるバスク地方で話されているバスク語は、完全な20進法だ。

古代オーストラリア人が長距離間で広く交易していた証拠は十分にあるが、彼らは面と向かって物々交換をしていたようだ。つまり「これをくれたら、これをあげる」とやっていたのだ。この手の取引に、数詞は必要ない。部族間のコミュニケーションには、手話が広く使われていたが、やはり数を表すサインもないらしく、木の棒や骨や石に数を刻んでいた様子もない。[27]

実際、オーストラリアや南米の狩猟採集社会では、ほぼすべての数詞の上限は2だ。彼らの言語では3以上、たとえば3なら、「2と1」のような組み合わせを使う。

では、オーストラリアのガルワ語の例を見てみよう。

2 kujarra

3 kujarra-yalkunyi （2と1）

4 kujarra-kujarra （2と2）

5 kujarra baki kujarra yinamali （2と2と1）

6 kujarra baki kujarra baki kujarra （2と2と2）[28]

また、古代オーストラリア人は農耕民ではなく、*狩猟採集民だったから、季節ごとに交易するほど食物に余裕はなかった。これも肥沃な三日月地帯［訳注：ティグリス・ユーフラテス両川流域からシリア・パレスチナを経てエジプトのナイル川河口までの三日月形の地域］やニューギニアの住人と違うところだ。言語学者のペイシェンス・エップスと同僚たちは、南米とオーストラリアで狩猟採集民と（若干農業も行う）混合自給自足民の両方を記録し、どちらの生活にも数詞がないというつながりを発見した。[28]しかし、その因果関係は推測にすぎない。オーストラリアやアマゾン川流域の多くの言語には、なぜ通常あるはずの数詞を補完するものがないのかは、依然として謎のままだ。もしかしたら（オーストラリアの）パマ・ニュンガン祖語の最古の話者たちは、実は数詞を持っていたけれど、使わなくなって消滅したのだろうか？（第3章を参照）

数詞を持たないアボリジナルの空間認識能力

今話したことを頭に置いて、私たちは、数詞のないアボリジナルの言語を話す2グループの子どもたちを調査した。片方のグループの子たちはワルピリ語しか話さず、もう一方のグループの子たちはエニンディリャグワ語しか話さない（章末に2つの言語についての注釈を加えた）。彼らは言語に数詞がないだけでなく、数を数える慣行もなければ、身体の部位で数えたり、何かに数を刻んだりすることもない。しかし私たちは、言語学者のロバート・ディクソンから勇気づけられた。ディクソンのオーストラリアの言語と文化にまつわる幅広い知識が、示唆していたのだ。文化的に適切な試験をすれば、子どもたちが計数と計算をしているという証拠を明らかにしてくれる、と。先ほど述べたように、（ワルピリ

＊　アボリジナルの作家ブルース・パスコーは、『Dark Emu（未邦訳：黒いエミュー）』（スクライブ社／2018年）の中で、植民地時代以前や植民地時代初期のアボリジナルの人々が土地を賢く管理していた証拠を挙げている。彼らは山芋のような根菜や食用の種子をつけるイネ科の植物を植え、土地に水を引き、収穫し、蓄えていた。だが、余った食物を離れた場所で取引した証拠はないようだ。

語の言語学の専門家である）ケネス・ヘイルは、次のようにコメントしていた。

「オーストラリアの先住民は、英語の数詞の使い方を学ぶのに、何の苦労もしない。ワルピリ族は、お金を使わなくてはならない場面では、あっという間に英語の計数システムを習得する……もし証拠が必要ならば、これは、先住民の知的能力が原因で、彼らの言語に記数法［訳注：数を文字や記号で表現する方法］が発達しなかったわけではない、という十分な証拠になるだろう[25]」

私は、メルボルン大学の子どもの発育の専門家であるボブ・リーヴと共に、この「知的能力」のある一面――集合の数を数え、数えた結果に算術演算を行う能力――を調べることにした。ボブと私で試験を考案したのだが、ありがたいことに2人の優秀かつ熱心な研究者――ワルピリ族の子どもたちを研究するデリス・ロイドと、エニンディリャグワ族の子どもたちを研究するフィオナ・レイノルズ――が進んで現場に出て、リサーチをしてくれた[29]。

ワルピリ族の子どもたちは、アリススプリングスから400キロほど離れたウィローラという砂漠の辺境地のコミュニティに住んでいた。エニンディリャグワ族の子どもたちは、アーネムランドの北岸沖にあるグルートアイランド島のアングルグというコミュニティの住人だった。調査を始めた2002年当時、こうした場所はインターネットにつながっておらず、コミュニケーションはもっぱら、毎月地元の公民館か学校に被験者がかけてくる電話が頼りだった。とはいえ、電話があったときに、私たちの研究者がそこにいるとは限らなかった。それに、子どもたちを集めるのもかなり大変だった。アボリジナルの生活はとても忙しく、狩猟採集のために一度に何週間も集落を離れることが多いからだ。

基本的な段取りとしては、実験者と地元のバイリンガルの助手と被験者が地面に座り、課題が説明される。数を数える能力を調べるために、2つの基本的な課題を使った。実験者が自分のマットの上にコインを1個ずつ置いていき、それからマットに覆いをかけて、被験者に自分のマットも同じ状態にするよう求める。ただし子どもに、「同じ数のコインを置いてください」とは頼めなかった。彼らの言語には、「数」を意味する言葉がなかったからだ。だから、やって見せることで課題の説明をしなくてはならなかった。2つ目の計数の課題は、「クロスモダル・マッチング」だった。実験者が2本の棒を打ちつけると、子どもは音の数と同数のコインを置かなくてはならない。つまり、この課題では、子どもは視覚的な見本を使って、数合わせをすることはできない。

また、正確な計算をしてもらうために、アメリカの発達心理学者ケリー・ミックス、ジェーン＝エレン・ハッテンロッカー、スーザン・レヴィンから素晴らしい課題を拝借した。この記憶課題の題材を使って、実験者は自分のマットに1つ以上のコインを置き、4秒後にマットに覆いをかけた。次に実験者は自分のマットのそばにさらにコインを置いて、子どもが見ている前で、その追加のコインを覆いの下に滑り込ませ、自分のマットに載せた。子どもは、アボリジナルの助手から「あなたのマットも、彼女のと同じようにしてください」と求められた。このときは、9つの足し算のテストをした。「2＋1」「3＋1」「4＋1」「1＋2」「1＋3」「1＋4」「3＋3」「4＋2」「5＋3」である（図1参照）。

この2つのコミュニティで暮らす子どもたちの成績を、メルボルン在住の英語を話す同年齢の子どもたちの成績と比較した。メルボルンの子どもたちのほうが、先住民の子どもたちよりよくできた課題は

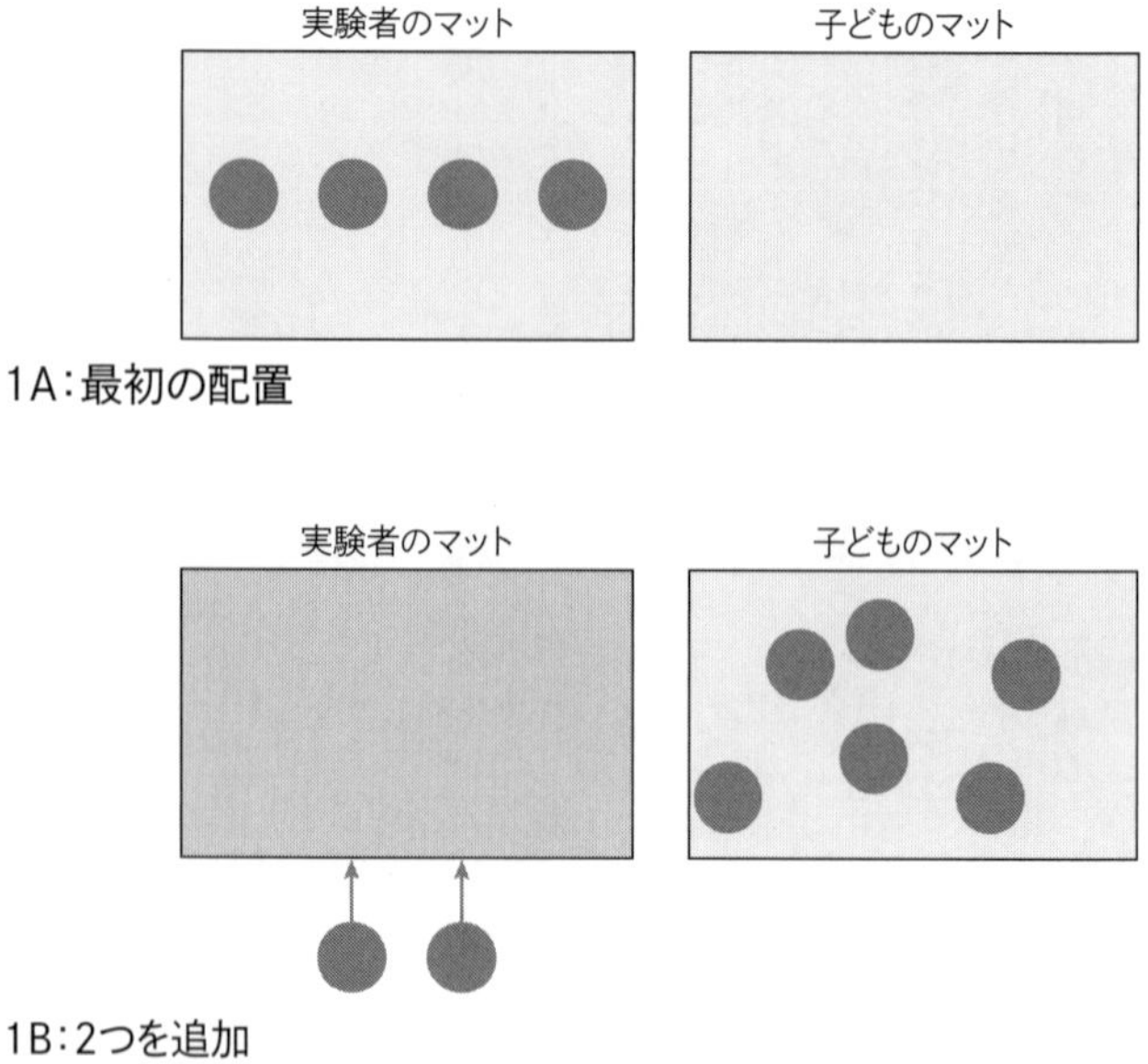

図1　言葉を介さない足し算。1A：実験者が4つのコインを1つずつ自分のマットに置いていき、その後カバーで覆う。1B：2つのコインが、子どもから丸見えの状態で実験者のマットに追加され、覆いの下に置かれている。つまり、子どもは4に2を加えた結果を目で見ることができないままに考え、その後、計算した数のコインを自分のマットに置かなくてはならない。

1つもなかった。私たちは差を見出せなかったばかりか、正しい統計を取ることで、すべてのグループが同等である可能性のほうが高いことを証明した。つまり、数詞の恩恵を受けていない子どもたちも、正確な数の概念を持ち、正確な足し算ができる、という結論に至ったのだ。

フィオナはアングルグに戻って、そこに住む子どもたちに正確な計算問題を含むさらなる試験を行った。このとき私たちが関心を持っていたのは、アボリジナルの子どもたちにも、私たちの文化にあるような、数と空間のつながりがあるのかどうかだった。私たちと同じように、それは彼らにとっても前提条件なのだろうか？　それを明らかにするために、「空間性作業記憶」と呼ばれる能力の試験をした。空間性作業記憶とは、その名が示す通り、物体が空間のどの位置にあるのかを一時的に記憶する能力のことだ。私たちの文化においては、この能力の個人差が、算数能力の個人差と関係していることが知られている。[30]このとき用いた試験は、発案者であるフィリップ・コルシにちなんで「コルシ・ブロック」と呼ばれるものだ。この試験では、9つのブロックが載ったボードが提示される。ブロックを一度に1つずつたたいていくのだが、参加者はブロックを同じ順序でたたくことを求められる。記憶範囲は、ミスなくたたけたブロックの数で測られる。また、子どもたちには、「レーヴン色彩マトリックス」という文化的背景に影響されない、言葉を介さない知能検査も行った。確認したかったのは、エニンディリャグワ族の子どもたちとメルボルンの子どもたちのいかなる能力差も、知能の差によるものではないことだ。ただし、言わずもがなだが、文化的背景に影響されない試験が本当に文化的背景に影響されなかったためしがまずないことを、私たちは知っていた。メルボルンの子どもたちにも同じ計算問題が与えられたが、彼らには慣れ親しんだ記号を使った方法で提示された。そう、「2＋1＝?」のように。[31]

どちらのグループの子どもたちにおいても、コルシ試験は個人による能力の差があることを予見させ、数学の基礎知識がない文化においても、数と空間の認識能力にはつながりがあることが示された。それにしても、ある結果には驚かされた。エニンディリャグワ族の子どもたちとメルボルンの子どもたちのIQに、大きな開きがあったのだ。エニンディリャグワ族の子どもたちの成績は、メルボルンの子どもたちより15点も高かった。これが調査の目的ではないので、報告書では言及しなかったが、私は2

つの可能性があるように感じた。1つは、この試験はマトリックスを使うので、知能検査というより空間認識能力の検査であること。実際、コルシ試験とレーヴン検査には相関関係が見られた。また、長年にわたって、アボリジナルの子どもも大人も、それ以外のオーストラリア人よりも空間認識能力の試験で高得点を取ることが知られている。[32] 2つ目は、彼らが本当に、ほかのオーストラリア人と少なくとも同程度に、もしくはそれ以上に頭がいいことだ。「進化論」の共同発案者であるアルフレッド・ラッセル・ウォレス（1823〜1913年）は、世界の辺境地で地元の部族と何年も過ごしたが、次のように記している。「私は未開の民を見れば見るほど、人類全体の本質をいっそう高く評価するようになり、文明人と未開人の本質的な違いが消えていくように思われる」。実際、進化生物学者のジャレド・ダイアモンドは、こう述べている。ニューギニアの狩猟採集民は知恵を働かして暮らさなくてはならないから、繁殖成功の主な推進力は知能である。一方、定住農耕社会や工業社会では、家畜との濃厚接触で生じたパンデミックに対する抵抗力が、一番の推進力になる、と。[33]

この調査で明らかになったのは、数詞や数を数えるという慣行がなくても、子どもたちは数を数えられるし、簡単な計算ができることだ。少なくとも、数学の基礎知識が確立されたメルボルン育ちの英語を話す子どもたちに負けないくらいには。

赤ん坊は数を数えられる

子どもたちは文化的・言語的環境に関係なく、数に対する同等の認知能力を持って大きくなる、という私の主張が正しいなら、人生のごく早い時期——おそらくは乳児期の初め——にその能力を見出すことができるはずだ。

第1章で、個体が——人間でもそうでなくても——集合の「数」を認識できるかどうかを調べる実用的な方法を説明した。「見本合わせ」という方法である。これが人間にほとんど使われていないのは、おそらく、数を尋ねるほうがラクだからだ。

では、デューク大学のエリザベス・ブラノンの研究所から、見本合わせのよい事例を1つ紹介しよう。[34] 3〜4歳の子どもたちが、見本と同数のものを、2つの選択肢の中から選べるかどうかを調べる試験が行われた。色や形やサイズをばらばらにしたのは、正しい選択が「同じ『数』の物を選ぶ」という一点で行われるようにするためだ（図2参照）。もちろん、こうした幼児の中には、すでに数詞の使い方を知っていて、この課題に活用できる子どももいただろう。

私たちがアボリジナルの子どもたちに行った調査から読み取れるのは、数を数えるという文化的な慣行がなくても、人は数を数えたり、若干の計算をしたりできるということだ。つまり、このあとさらに多くの証拠を提示していくが、私たち人間は計数のメカニズムを祖先から受け継いでいる。それが第1章で説明した「アキュムレータ・システム」だ、と私は考えている。

もしそれが本当なら、人間が文化から何かを吸収する機会を得る前に、もしくは多く持つ前に、人間にそのメカニズムが備わっていることを確認できるのではないだろうか。生後わずか数週間の乳児でさえ環境内の数の変化に反応することを示す、40年にわたる研究がある。当然ながら、そうした被験者に言葉で報告してもらったり、数的課題をこなしてもらったりはできない。できるのは、「数」に対する

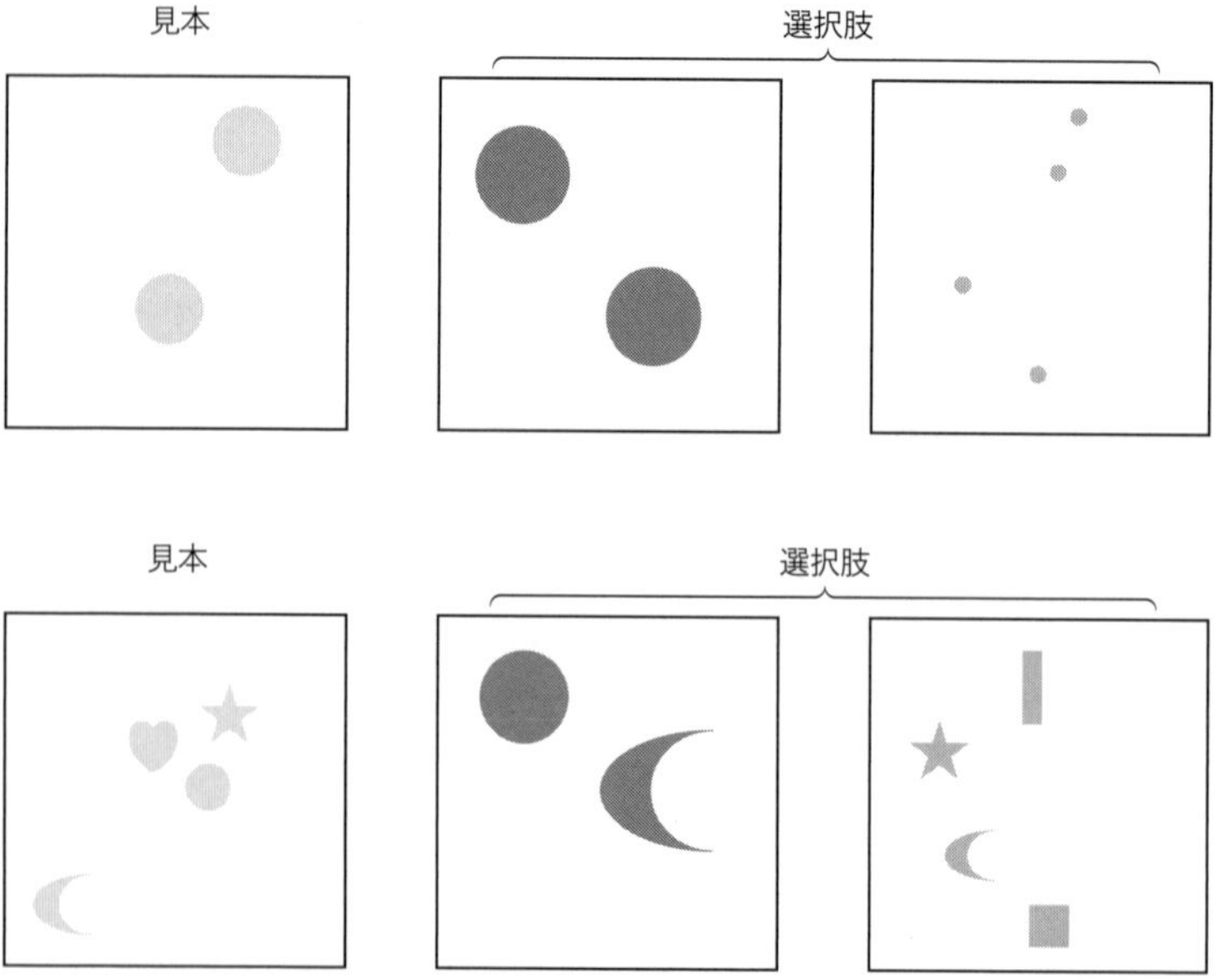

図2　この実験では、3～4歳の子どもたちに、コンピューター画面で見本パネルを見せた。子どもが見本に触れると、2枚の新しいパネルが現れ、子どもは見本と同数の印がついたパネルを選ばなくてはならない。印の色や形やサイズはばらばらにした[34]。

乳児の反応を観察することだ。その場合、乳児が環境内のほかの特性ではなく、本当に「数」に反応していることを確認しなくてはならない。つまり、言語を使えない生物の数的能力を調べる、特殊な方法を用いる必要があるのだ。その方法の1つは、提示された物の数の変化に、乳児が気づくかどうかを見ることだ。

もちろん、たとえば人形の数が増えると、画面上の人形の全体量や、人形が占める視野の領域など、ほかの視覚的な特性も増える。実験の結果わかったことは、乳児はある人形が別の人形に変わったときも長く目を向けるが、人形の数が変わったときには、さらに強い反応を示すことだ。

これは、ガリステルの2つ目の基準の一部を満たしている（第1章を参照）。つまり乳児は、集合Aが集合Bより大きい、または小さい、という判断（＞または＜という算術演算）ができているのだ。しかし、乳児は頭の中で、計算に相当するようなほかの演算――たとえば足し算や引き算――もできるのだろうか？　これについては、当時アリゾナ大学の発達心理学者だったカレン・ウィンが、4～5ヵ月児に対する独創的な実験で調べた。

ウィンが行った実験は、ロシェル・ゲルマンの「魔法の実験」の別バージョンだった[13]。子どもが算数的な予想をしているかどうかは、予想外の結果をもたらす〝魔法の〟作戦によって確認できる。この調査では、小さな舞台とそれを隠す幕が用意された。1つ以上の人形が舞台に現れ、その後、幕が下りて人形が見えなくなる。そこで大きな手が、人形をもう1つ、幕の後ろに置くのが見えた。覚えておいてほしいのは、乳児には舞台の様子は見えないけれど、幕が下りる前の舞台の状態と、人形がもう1つ幕の後ろに置かれたとき、何が起こったのかを思い出すことはできる、ということ。つまり、計算はすべて乳児の頭の中で行われる。乳児は今、足し算の結果について、算数的な予想をしているのだろうか？もしそうなら、予想通りの結果が出た場合と、予想に反する結果が出た場合では、乳児が舞台を見つめる時間が違ってくるはずだ。ウィンは、「1＋1＝2」「1＋1＝1」「1＋1＝3」という3つの状況をつくった。人形の数が〝魔法のように〟予想より1つ増えるか減るかする「予想外の結果」が出た場合は、乳児は予想通りの結果が出たときより、かなり長く舞台を見つめた。

ウィンはまた、乳児が頭の中で、引き算に相当する演算ができるかどうかもテストした。まず2つの人形を見せ、その後、幕が下りて人形が1つ、舞台から取り除かれる。幕が上がると、乳児は正しい引き算（人形が1つ）、もしくは、間違った引き算（人形が2つ）の状態を見せられる。乳児は、間違った引き算の場合は、より長く舞台を見つめた。[35]

現在はイェール大学にいるウィンと同僚のコリーン・マクリンクは、この実験をさらに大きな乳児（9ヵ月児）に対して、さらに大きな数（5と10）を使って継続して行った。乳児は、ここでも足し算と引き算に相当する演算を頭の中で行えたのだろうか？　今回は人形と舞台と幕と手を使う代わりに、コンピューター画面に長方形と棒が映し出された。足し算の状況は次の通りだ。乳児に5個の図形を見せ、その後、図形を覆いで完全に隠す。さらに5個の図形が覆いの後ろに移動する様子を見せる。覆いを取り除き、試験の半分では5個の図形を、残りの半分では10個の図形を見せる。子どもたちは、算数的に予想通りの結果（10個）よりも予想外の結果（5個）のほうを長く見つめた。改めて思い出してほしいのは、乳児が、覆いが取り除かれる前に、頭の中で数を処理していなくてはならないことだ。[36]

引き算については、乳児に画面上で10個の図形を見せ、その後、覆いで隠した。そのあと、5つの図形が覆いの後ろから取り除かれるのを見せたので、計算は「10－5」となる。覆いが取り除かれると、画面には10個の図形か、5個の図形が残された。乳児は算数的に正しい結果である5個の図形より、10個の図形を長く見つめた。もちろん、ウィンとマクリンクは、どの配置を乳児が通常好むかや、乳児が画面の図形の総量を目で追っているかどうかについて、すべて適切な調節を行った。[36]

ウィンとマクリンクは、こう結論づけている。「こうした結果は（メックとチャーチが提示したアキュムレータ・メカニズム［P28参照］のような）〝量〟に基づく推定システムの存在を裏づけるものだ。一部の研究者は、これと同じメカニズムが乳幼児の数的能力の根底にある、と提唱している」

生後６ヵ月までに、乳児の数感覚はすでにかなり抽象的になっている。コンピューターから聴覚的に提示される「３つの声」を、視覚的に提示される物の数――２つの顔ではなく「３つの顔」――に合わせられるのだ（２つの声なら、３つの顔ではなく２つの顔に合わせられる）[37]。それどころか、生後わずか１週間で、乳児は提示された音の数と、目に映る物体の数の一致に気づく[38]。

従って、こう提唱するのは決しておかしなことではないだろう。乳児は、指導や言語や学習がなくても、環境内の物の数に反応し、その数に対して算術演算が行えるメカニズムを受け継いでいる、と。

世界を数で見る

イタリアのピサで働くオーストラリア人の視覚科学者、デイヴィッド・バーによると、私たちには視覚的な数感覚が備わっている。つまり、色を見るように、世界の「数」を見ているのだ。それは無意識に行われ、自分が注意を払っていないときでさえ、自分の行動に影響を及ぼしている。バーと同僚のジョン・ロスは、私たちの視覚システムが「数」に自動的に「適応」していることを初めて実証した。つまり、あなたが見ているつもりの物の数は、あなたが直前に見た物の数にいくぶん左右されている。これは「滝の錯視」のような、動きに対する適応に似ている。滝の錯視とは、滝（一定方向に動く物）から視線を外すと、そのあと、静止した物体がその逆方向（上）に動いているように見える現象だ。バーとロスは、『数』の認識は、動きのように適応の影響を受けやすい」と明らかにしている。「その人が認識する『数』は、先に多数の点を見た場合は適応して実際より少なくなり、先に少数の点を見た場合は適応して増えた。その影響は、適応をもたらした物体（先に見た物）の『数』に完全に左右されていた」と。[39]

私はさらにこうつけ加えたい。ほとんどの人は世界を色で見ているが、一部そうでない人もいる。「数」についても同様で、一部の人は世界を「数」で見ていないかもしれない。これは、数や算数を学ぶのに必要な「スターターキット」について考えるときに、とくに重要になる点だ。遺伝性について語っている、P96以降を参照してほしい。

計数のスターターキット

アキュムレータのような計数メカニズムは、人間が学校や家庭などで算数を学ぶための「スターターキット」に欠かせない要素だ、と私は主張している。それはどのように機能しているのだろう？

おそらく、数学の基礎知識がある文化で育つ子どもが最初に学ばなくてはならないのは、数詞の意味だろう。すでにお話ししたように、数詞は意外と複雑で、完全に習得するのに何年もかかる。数詞の順序を学ぶだけでも、先ほど3歳児の例で示したように、段階を踏むことになる。まず、子どもが数詞を「いちにーさん」という1つの言葉ではなく、「いち、に、さん」という別個の数詞として認識する段階がある。それから、数詞が決まった順序に並んでいなくてはならないこと（「安定順序の原理）」を理解する段階が来る。その際、必ずしも、たとえば10までの数詞をすべて知っているとは限らないし、知っている数詞を大人のように並べられるとは限らない。そして最後に、「じゅう」までのすべての数詞を知り、正しい順序に並べられる段階を迎える。

もちろん子どもは、数詞と集合内の物体の「1対1対応の原理」や「順序無関係の原理」「抽象の原理」「基数の原理」に基づいて、数詞を使って数える方法を学ばなくてはならない。つまり、親や世話をしてくれる人たちから、計数の背景を理解していく必要がある。

ところで、アキュムレータは、こうした文化的な慣行の獲得にどのように関わっているのだろうか？ アキュムレータに記憶されている〝量〟は、数えた物の数に直線的に比例する。アキュムレータの記憶を縦の列だと考えるなら、縦の列が高くなればなるほど、多くの物が数えられたことになる。問題は、縦の列の特定の高さを数詞とどう結びつけるかという点だ（図3を参照）。縦の列に目盛をつけ、数詞を列の特定の高さとリンクさせるのには、相応の学習時間がかかるのかもしれない。もちろん、脳は知覚エラー（ブレ）を生じやすいから、縦の列の高さは正確なものにはならないだろう。このようなブレについては理解が進んでいて、「スカラー変動性」と呼ばれている。これによると、ブレ（変動性）の大きさは、最終的な計数結果の関数と見なせるのだ。

第1章の図1で説明した計数器とは、記憶機能つきのアキュムレータである。人間の脳にそうしたメカニズムが備わっている、という考えは古くからあり、実は動物研究に由来する。

アキュムレータには、いくつか魅力的な特性がある。すでに説明したゲルマンとガリステルの「計数の原理」のうち、3つを満たしているのだ――「抽象の原理」：セレクターが認証するものなら、どのようなものでも数えられる。「順序無関係の原理」：対象のどれから数えても構わない。「基数の原理」：

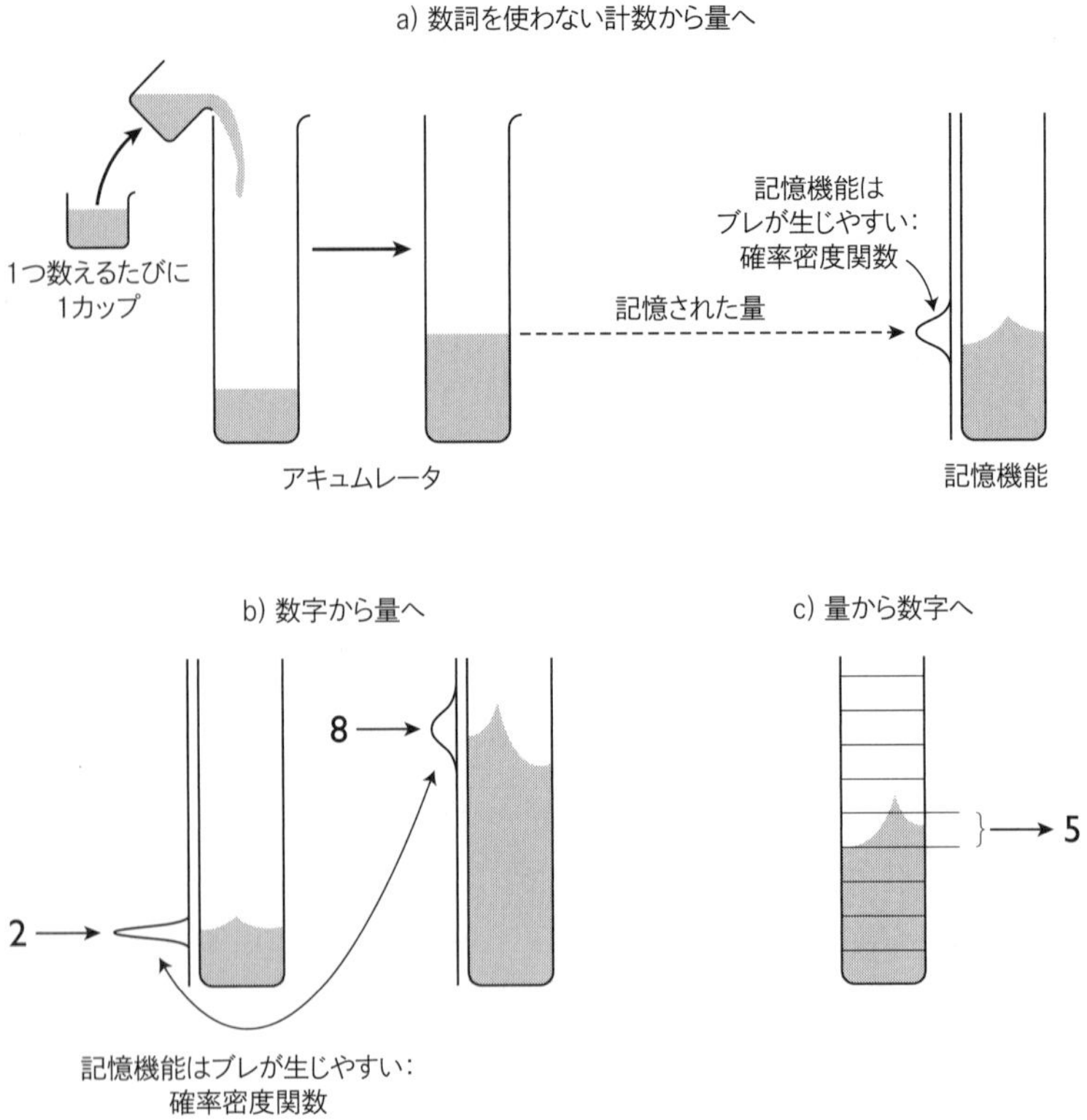

図3　アキュムレータ・モデルに基づく、数詞学習モデル（第1章を参照）。物や出来事を1つ数えるたびに、アキュムレータの中身が一定量（ここでは2単位）ずつ増える。物や出来事の性質は中身の増え方に影響を及ぼさない。このシステムには、数の大きさに比例して増えるブレがある（数が大きくなるほどブレも大きくなるということ）。ブレはアキュムレータの中身の上面におけるさざ波の大きさで示されているが、これは「スカラー変動性」と呼ばれる。子どもは数詞をアキュムレータの中身の量と結びつけることを学ぶ[40]。

集合の大きさを示す計数の最後の数字（アキュムレータの最終値）が数えた総数になる。

　デラウェア大学のジョン・ウェイレンがゲルマン、ガリステルと共に行った独創的な実験によると、適切な条件のもとでは、人間の大人はアキュムレータ・モデルが予測する通りに数を数えるという。では、彼らが用いた課題を紹介しよう。これはかなり意図的に、第5章でお話しするラットやネズミに用いた方法をベースにしている。被験者は、キーを決められた回数、なるべく速く押すよう求められた。人間の大人は、約１２０ミリ秒に1回キーを押すことができるが、数詞を使って数える速さは、その倍の約２４０ミリ秒につき1語だ。ある条件では、被験者は7～25の間の目標数を１つ与えられ、最速でその数だけキーを押すことを求められた。被験者全員がかなり正確に課題をこなしたが、全員がスカラー変動性を示した。つまり、ミスは目標数の大きさに比例して増えた。実験者たちは多くの分析や報告書によって、被験者が数を数えていたのかどうかを明らかにしようと努めた。多くの被験者は、数えようとしたけれど失敗した、と話した。「数を数えようとしても、必ず見失いました。数を数えるより［キーを］押すスピードのほうが速かったからです」と。

　心理学者サラ・コーズのチームが実施したこの実験の別バージョンでは、被験者はキーを押しながらtheという言葉を繰り返すよう求められた。[41] 自分で確かめるとわかるが、こうすると数詞の使用はかなり抑制される。この条件においても、被験者はスカラー変動性を示しつつ正確に課題をこなし、アキュムレータ・モデルとの整合性を示した。要するに、おなじみの数詞を使わず、いや、使用を抑制しながらも、ある回数キーを押すことで数を数えることはできるのだ。

　実は、被験者が数詞を使って数えることを許された場合は、かなり異なるパターンを示す。ミスがスカラー変動性を示さなくなるのだ。ゆっくり数を数えれば、正確に計数できる可能性がより高くなる。ミスが起こるのは、物体を見逃したり2度数えてしまったりした場合だ。変動性が、スカラーではなく二項式になるのだ。つまり、変動性は数の大きさと共に、よりゆっくりと増えていく。そして、これがまさにコーズのチームが発見したことだった。

数に終わりはあるか？

人間は、かなり幼い子どもでさえ、相当大きな数まで数えられる。たとえば、民族的・経済的にさまざまな背景を持つペンシルベニア州の幼稚園児を対象に、パトリス・ハートネットとロシェル・ゲルマンが行ったある調査では、半数が１０１～１２５まで正確に数えることができた。そこで2人は、子どもがさらに大きな数を数えられるかどうか、綿密に調査した。[42] しかし、この調査の目的は、子どもがどこまで大きな数を数えられるかを確認することではなく、幼稚園児から小学1・2年生まで（5～8歳）の子どもに「無限」の概念があるかどうかを調べることだった。

第1章で私は、ジョン・ロックの見解を説明した。ロックは、最も単純な観念は「1」だと述べていた。「1」を繰り返すことは可能であり、「1に1を足すことによって、私たちは対《つい》という複雑な観念を持つのだ」などと述べている。ロックは、数は私たちに無限についての最も明確な観念をくれる、と主張した。無限とは「元のどんな数にどんな単位の組み合わせをも足す力、それも思いのままに長く多く足す力にのみ存在する。そして、空間と持続時間の無限の場合も同じように、無限の力は、果てしなく足す余地を常に心に残すのだ」と。[22]

人々は、子どもたちですら、本当にこんなふうに考えるのだろうか？　果てしなく1を足し続けられると、本当に思っているのだろうか？　ハートネットとゲルマンは、それを明らかにしたいと考えた。そして、それを調べるために、子どもたちに次のような質問をした。

❶もっと大きな数をつくるために、どんなときも足し算をすることはできるか？　あるいは、それ以上大きくできないほど大きな数はあるのか？
❷数え続ければ、数の終わりに行き着くのか？
❸ズルをして、1から数え始めるのではなく、大きな数から数え始めたらどうなるのか？　そのあと、数の終わりに行き着けるのか？
❹最後の数はあるのか？

では、「理解者」に分類された7歳児の例を紹介しよう。

「本当に大きな数を思い浮かべたとしよう。どんなときもそこに数を足して、もっと大きな数にできるのかな？　それとも、もう足せないくらい大きな数はあるのかな？　そこで足すのをやめなくちゃいけないくらいに」

「いつだってもっと大きな数にできるし、そこに数を足すことはできるよ……」

「数を数え続けたら、数の終わりに行き着くのかな？」

「ううん［違う］」

「どうして？」

「終わりなんかないから」

「数に終わりはないの？」

「ないよ」

「どうして数に終わりはないの？」

「人が数をつくっているから。数はつくり続けられるから、どんどん大きくなっていくの……どんどん数字をつくって、そこに1を足し続けられる」


こちらは、「無理解者」に分類された6歳児の例だ。


「なぜ私たちは［数を数えるのを］やめなくちゃいけないの？」

「朝ごはんや晩ごはんを食べなくてはいけないから」

「そうか。じゃあ、食べたあとでまた数え始められるよね」

「どこでやめたか忘れちゃうよ……」

「もしあの数字［その子が知る一番大きな数字］まで行って、そこに1を足そうとしたら？　何が起こるかな？」
「たぶんあなたは年を取っちゃう。すごーくね……」
「数の終わりまで行ったら、どうやってわかるの？」
「えっと、やめたいときにいつでもやめればいいんだよ」

また、「迷い人」に分類された、一貫性のない答えをくれる子どもたちもいた。

１００より大きい数を正確に数えられる子どもは、被験者の子どもたちの約40パーセントにあたる「理解者」に分類される傾向が強かった。小学2年生の最大67パーセント、幼稚園児の15パーセントが「理解者」に分類されたから、結局のところ、「無限」はそれほど難しい観念ではないのだろう。

数詞のリストを習得した子どもたちは、どんどん大きな数をつくり出す言語上の手続きがある、と推察するのだろう。そしてそれは、上手に数を数えられる子どもは「理解者」に分類される傾向が強い、という調査結果とも合致している。あるいは、子どもたちは、数詞がどのように物の集合を表すのかを、感覚的につかめているのかもしれない。心理学と言語学の教授であるデイヴィッド・バーナーと同僚たちの最近の調査でわかったのは、「基数の原理」――最後の数詞が、数えた集合の大きさを示している――を理解している子どもたちは、「理解者」に分類される傾向が強いことだ。[43] だが、本当に「基数の原理」が必要なのだろうか？

この分野で私が気に入っている実験の１つは、認知科学者のバーバラ・サーネッカと心理学者のスーザン・ゲルマンによるもので、さらに幼い子どもたち（２歳５ヵ月〜３歳６ヵ月）を対象にしている。

この実験を見ると、子どもの数の認識についてもう少し深く理解できるだろう。[44] 実験の段取りは次の通りだ。子どもは、実験者が「いち、に、さん、し、ご、ろく」と声を出して数えながら「お月さま」を1つずつ箱に入れていく様子を観察する。そのあと実験者は、今行われたことを子どもが理解し、覚えているかどうかを確かめるために、「箱にお月さまはいくつあるかな？」と尋ねる。子どもは、自分が注意を払っていたことや、最後の数詞を覚えていることを示すために「ろく」と答えなくてはならない。それが終わると、実験は次のパートに進む。ここで蓋を閉じた先ほどの箱を強く揺さぶって、子どもに「箱の中に、お月さまはいくつある？」と尋ねる。圧倒的多数の子どもが「ろく」と答える。そのあと、「お月さま」が1つ、子どもに見えるように箱に加えられるか箱から取り除かれる。そしてまた、箱にいくつ月が入っているか質問する。圧倒的多数の子どもが、「ろく」ではない数詞を答えた。「ろく」より大きかったり、小さかったりする数詞を。

さて、ここが面白いところだ。この幼い子どもたちは、「その数の物を（誰かに）あげる」という課題において、6個までの物をすべて正しくあげられたわけではなかった。それは、たとえば、「おサルさんにりんごを5個あげてくれる？　りんごを5個取って、おサルさんの前にあるテーブルの上に置いてほしいの」というような課題だ。

子どもたちはその後、正確に意味を知っている一番大きな数詞をもとに、グループ分けされた。ほとんどの子どもは「いち」と「に」については正確に理解していたが、さらに大きな多くの数詞はよくわかっていなかった。「ろく」が正しくわかる子どもも、それより小さい数詞でヘマをすることがよくあった。それでも重要なことは、子どもたちが、それぞれの数詞の意味は知らなくても、数詞が物の特定の数を示していることをきちんと理解していたことだ。箱の中の集合に物を1つ足したり引いたりすることで数が変わったとき、子どもたちは、数詞も変わらなくてはならないことを知っていた。また、箱を揺さぶることで集合の配置が換わっても、数は――ピアジェの用語を使うなら――「保存される」ことも知っていた。1つ足せば、ロックが遠い昔に記したように、数が変わると認識している。たとえその数の呼び名を知らなかったとしても。

第1章で説明した理論について、子どもたちは理解している。集合が特定の「数」を持っていること、その集合に対して（算術演算に相当する）操作を行えば「数」は変わるが、算術演算に相当しない操作（この調査なら、箱を揺さぶって配置を換えたこと）では「数」は変わらないことを。

人間の脳にはアキュムレータがあるか？

アキュムレータは、セレクターと違って極めて単純なメカニズムだ、と私は主張している。さて、人間の脳には860億個のニューロン（脳細胞）と、ニューロン間の何兆というつながりがあるから、小さなメカニズムを探すのは、膨大な干し草の中にあるちっぽけな針を探すようなものだ。

私たちが今、干し草の中の針の探索に使っている方法は、脳機能イメージングと脳損傷患者の研究だ。これらはせいぜい、針が干し草の左上あたりにありそうだ、などと大雑把に教えてくれるにすぎない。というのも、現時点の脳機能イメージング技術は、脳を数ミリ角の立方体「ボクセル」の集まりとして測定するものだからだ［訳注：つまり、脳内における数ミリよりも細かい領域の活動状況は現在の技術ではわからない」。各ボクセルには50万個を超えるニューロンと200万個のグリア細胞と無数の神経結合が存在する。それに、脳機能イメージングでは、単独のボクセルの活動ではなく、私たちが関心を寄せている認知機能に関わる膨大なボクセルの活動を確認できるにすぎない。血流の大きな変化（脳卒中）や腫瘍によって起こる脳損傷にしても、何百ものボクセルが関わっている。それでも、いくつか有益な証拠が見つかった。

まず、あらゆる数的処理にまつわる特別な脳のネットワークが存在することは、100年前から知られている。これはスウェーデンの神経学者で「計算不能症」という用語を初めて使った、サロモン・ヘンシェン（1847〜1930年）のおかげである。ヘンシェンは、自分の患者や文献に描写されている人たちを見て、計算不能症は数的能力の選択的障害で、言語能力とは無関係だと気づいた。彼は数的処理に左頭頂葉が関係していることを突き止め（頭頂葉については、霊長類を扱う第4章でさらに詳しく説明する）、成人の脳には、脳内で独立した数学的能力に関わるサブコンポーネントがあることも発見した。1つ目のサブコンポーネントは、入力プロセスから動作を含む出力プロセスまでを司っている。ヘンシェンはまた、数詞と数字を区別していた。そして、122人の「失読症」の患者について語り、71人は数字を読むことはできたが、残りの51人は数字も数詞も読めなかった、と述べている。こうした症状は、左頭頂葉を損傷した結果生じたものだった。また、今では「ブローカ野」と呼ばれる第三左前頭回への損傷が、数詞を使った計数能力を損なうことも確認した。彼の最初の観察結果は、頭頂葉に損傷を持つ患者と持たない患者とを徹底的に調べた最近の調査からも、十分に裏づけられている。

わかりやすい事例を1つ挙げるなら、パドヴァ大学の神経学者フランコ・デネスの患者で、当時私の教え子だったリサ・シポロティが調査したシニョーラ・Gだろう。シニョーラ・Gは脳卒中を患い、頭頂葉を含む脳の左半球に大きな損傷を負った。脳卒中を起こす前は、家族で営むホテルの帳簿をつけ、数字にすこぶる強かったという。ところが今では、4より大きな数を数詞を使って数えることができなくなってしまった。だから、リサが5つの物を数えるよう求めると、4つまでは正しく数えたが、5つ目になると「私の数学はここでおしまいです」と言った。彼女は4より大きな数になると、2つの数字の大きいほうを選ぶことも、2つの集合の「数」の大きいほうを選ぶこともできなかった。物の数がサビタイジングの範囲内――4まで――のときも、「数」を瞬時に把握するのではなく数えていた。一方、論理的思考や、数字以外の記号（たとえば、イタリアの多くの政党のロゴマーク）の知識、記憶、といったものは損なわれていなかった。[45] ヘンシェンが発見したように、脳の左半球のどこかにある、彼女の計数システムが損傷を受けたのだ。

　現代の認知神経心理学の創始者の一人である、ロンドンの国立神経学脳神経外科学病院のエリザベス・ウォリントンは、同僚のマール・ジェームズと共に、左脳か右脳を損傷している患者の症例を集めた。ある課題において、彼女は患者に瞬間露出器《タキストスコープ》で――コンピューターを手軽に利用できる時代ではなかった――カードに描かれた3～7つの点とダッシュ記号をほんの一瞬（１００ミリ秒）提示し、その数を判断してもらった。わかったことは、右頭頂を損傷している患者は、点が反対側の視野――左視野――に提示された場合に、「数」を判断するのが非常に難しくなることだ。理由は、見たものが主に脳の右半球に送られるからだ。そしてこれは、患者が点の一部を見落としたからではなかった。間違いの大半は、数を多く見積もったせいだった。[46] 左頭頂を損傷している患者は、対照群に比べて、著しく低い成績ではなかった。

脳機能イメージングで、私たちは、脳の右半球の領域が、小さい「数」の計数に関係していることも発見した。[47] 一方、数的処理に関する脳機能イメージングを行うと、おおよそどんな課題においても、左右の頭頂葉が活性化される。[48]

すでにお話ししたように、アキュムレータは、セレクターが選んだどんなものでも数えられるはずだ。テーブルの脚の数は、一度にすべて見ようが、1本ずつ数えようが4本に変わりはない。私は同僚のフルヴィア・カステリとダニエル・グレイザーと一緒に、fMRI（機能的磁気共鳴画像法）を使った画像実験を設計し、それが本当かどうかを調べた。[49] テーブルの脚の代わりに、青色と緑色の四角形を使って、一斉に並べて提示するか、1つずつ別々に提示するかした。この課題はとても簡単なものだった。「緑色と青色のどちらが多いか？」と尋ねるのだ。私たちは、「数」には言及さえしなかった。調べたいのは、脳が2つの条件において——同時に提示されても、連続的に提示されても——自動的に反応しているのかどうかだったからだ。また、青色と緑色の量は同じだが、別個の物体として切り分けられていない、という対照条件も設定した。測定された脳の活性化が、青色と緑色の総量だけでなく、青色と緑色の四角形の集合に反応したことを確認したかったからだ。こうした連続量〔訳注：長さ、時間、重さ、面積など個数で表せないもの〕の条件のもとで脳の活性化を測定し、別個の物体として切り分けられている条件下では、四角形の数を減らした。

当然ながら、脳が青色と緑色の量にだけ反応しているのなら、数を減らしても何も変わらないだろう。しかし、切り分けられた四角形に対して、脳は特有の活性化のパターンを示し、四角形を一斉に提示しても1つずつ提示しても「頭頂間溝《とうちょうかんこう》」と呼ばれる、左右の頭頂葉の小さな領域が活性化された。さらには、比較が難しくなればなるほど、脳がますます活性化され、15個の緑の四角形と5個の青の四角形を比べたときより、11個の緑の四角形と9個の青の四角形を比べたときのほうが、さらに活性化されていた。実際、活性化は、青色と緑色の数の比率に応じて単調に増えていた（第1章の『ウェーバーの法則』と『ウェーバー比』」の節を参照）。集合の「数」の重要な特徴は、抽象的であることだ。もちろん、セレクターが物を選べることが前提だが、物を一斉に提示しようが1つずつ提示しようが、提示の仕方は問題ではない。ここで私たちは、脳の同じ領域が、提示の仕方に関係なく、「数」に反応することを明らかにしたのだ（図4を参照のこと）。

脳は数をどう扱うか？

私はまた、視覚的に提示されても聴覚的に提示されても、脳の同じ領域が、数を数えることに関わっているのかどうかも知りたいと考えた。もし同じ領域が関わっているなら、どちらの様相にも同じ計数器が使われている証拠になるだろう。この調査では、教え子のマニュエラ・ピアザと共にfMRIを使って、連続的に提示された赤色と緑色の正方形に対する脳の反応を測定した。その際、被験者には、正方形をすべて見終わったときに、赤色と緑色のどちらが多かったかを答えてもらった。また、赤色から緑色に変わった数も数えるよう求めた。さらに、同じ被験者に、正方形を提示したときと同じテンポで、連続的に高い音と低い音を聞いてもらい、高い音と低い音のどちらが多かったか判断したり、高さが変わった音の数を数えてもらったりした。その結果、刺激が視覚的に提示されても聴覚的に提示されても、脳の同じ領域――左の頭頂間溝――が、活性化することがわかった。[50] 従って、人間の脳は、数を抽象的なものとして――集合の特性として――扱っている。だから、提示の仕方に――連続的でも同時でも――関係がないのと同じように、対象が聴覚的なものでも視覚的なものでも、脳の同じ小さな領域が反応する。

こうした調査結果の問題点は、脳の左半球の損傷だけが計数に影響している、と示していることだ。つまり、右の頭頂が何をしているのかは、少なくとも、数学の基礎知識がある大人の脳においては、謎のままである。ある種のバックアップとして機能しているのだろうか？　左側が基本的なタスクとより複雑なタスクの両方をこなしている間、右側はごく基本的なタスクだけを遂行しているのだろうか？

大人の計数がアキュムレータ・メカニズムに基づいているなら、そのメカニズムは脳のどこにあるのだろう？　ベルギーのヘント大学のセッペ・サンテンス、シャンタル・ロゲマン、ウィム・フィアス、トム・ヴァーガツが実施した実に賢明な調査がある。それによると、彼らが「加算コーディング」と呼ぶアキュムレータのようなものが、左右の半球の頭頂間溝のそばの「後上頭頂葉皮質」に存在している。[51] その小さな領域の反応は、1～5までの点の数に比例して強くなった。つまり「数」が大きくなればなるほど、この領域でのみ活性化が高まったのだ。実験時間全体の12パーセントにおいて、被験者は「今目にした点の数と一致する数字はどれか？」と問われ、点の「数」に注意を払うよう促されたが、それ以外のときはとくに何も問われなかった。実験の結果、点の数に注意を払うよう促されたか否かにかかわらず、脳のこの領域は、提示された点の数に自動的に反応することがわかった。実験者が、点の

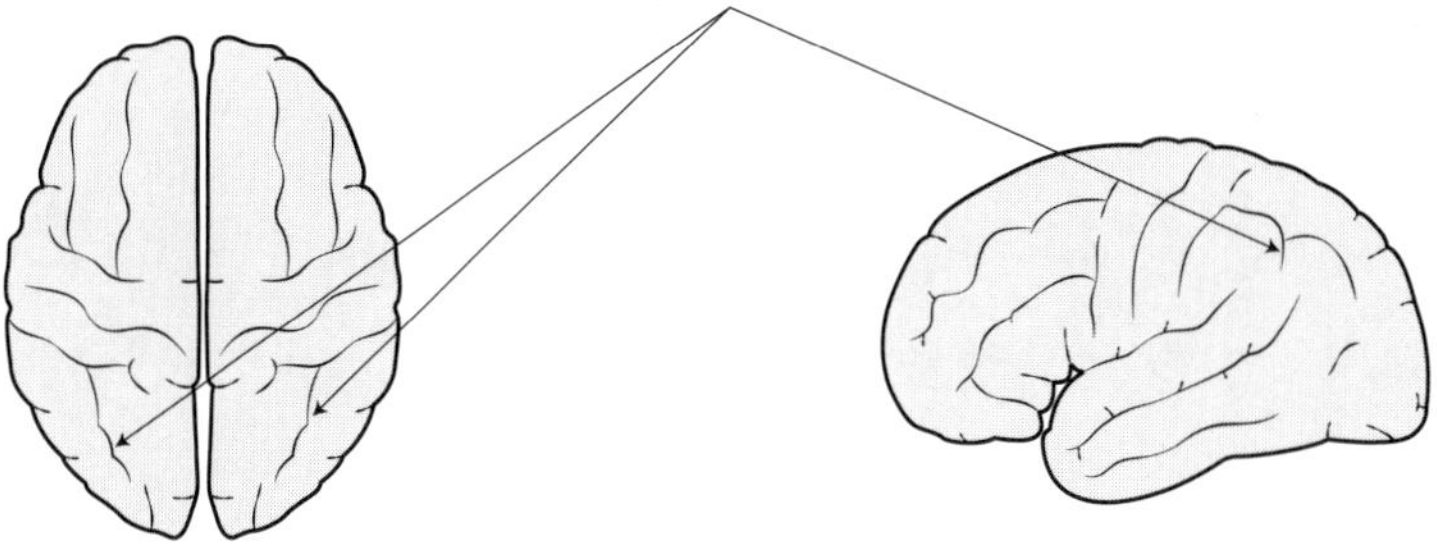

図4　頭頂間溝とは、人間の脳が数的課題をこなす際に、ほぼ必ず活動している2つの領域のことだ。左は、脳を耳の位置まで見下ろした図だ。右は、脳の左半球の側面図だ[52]。

数以外の要素が結果に影響を及ぼさないよう、状況を入念にコントロールしていたことは言うまでもない。第4章で説明するが、サルの場合は「外側頭頂間溝野」と呼ばれる領域がこの上頭頂葉皮質と同等の機能を担っており、よく似た役目を果たしている。

先ほど紹介した驚異的な計算能力を持つ人たちを対象とした調査はほとんどない。わかっているのは、彼らの並外れた能力が、あなたや私が使っているのと同じ脳のネットワークに基づいていることだ。リュディガー・ガムの脳を調べたベルギーのルーヴァン・カトリック大学のマウロ・ペゼンティと同僚たちが発見したのは、ガムの計算プロセスが簡単な計算にも複雑な計算にも動員しているのは、先ほど話した脳のネットワークに加えて、作業記憶を拡大する脳領域のシステムだったことだ[53]。さらに一般的な話をするなら、プロの数学者の脳も、同じ前頭頭頂ネットワーク、とくに頭頂葉を使っている。[54]

私は目が見える人たちに焦点を合わせていたが、早期に視力を失った人たちの脳も、数的課題においては、同じ前頭頭頂ネットワークを活性化させる。[48] これは人間が、数的処理を行う特殊な神経構造を祖先から受け継いでいて、物の集合を目で見て学習しなくても数的処理ができる、という考えを裏づけている。

もちろん、人間の大人、とくに数学の基礎知識がある文化で暮らす人たちの数的能力は、前述したように幅広く多様で、脳の多くの領域が関わっているが、その核となるものが頭頂葉にあるのだ。

数的能力は遺伝するか?

こうした数的能力は、私たちが祖先から受け継いだ認知にまつわる資質なのだろうか? 私は『なぜ数学が「得意な人」と「苦手な人」がいるのか』(主婦の友社)という著書の中で、人間は「数のモジュール」を受け継いでいる、と主張した。この「モジュール」という言葉は、哲学者ジェリー・フォーダーの影響力ある定義に基づいている。すなわち、数のモジュールとは生まれながらに備わった、ある領域に特化した、すなわち数にだけ適用されるものなのだ。そしてその処理は、強制的かつ自動的に行われる。つまり、人は環境内にある「数」を見ずにはいられない。そして数の処理は、特殊な神経器官で行われている。この本を書いたのは、バーとロスが「人には視覚的な数感覚が備わっている」と明らかにした実験よりかなり前のことだ。数的能力の遺伝に関する調査も、双子を対象にしたものが1件あるだけだった。[55] おまけに、脳機能イメージングはほとんどなかった上に、あってもつたないものだった。乳幼児の調査も、いわば揺籃期《ようらんき》にあった。当時の私は、モジュールの働きについて、若干あやふやなところがあったのだが、今は本書で主張している通り、こう考えている。人間の数のモジュールの核となるメカニズムは、頭頂葉のどこかにあるアキュムレータ・システムだ、と。

では、当時の私が述べていたように、人は数のモジュールを親から受け継いでいるのだろうか？

それを調べる方法の1つが、双子を調査することだ。一卵性双生児は同一の遺伝子を持つが、二卵性双生児は平均してお互いの遺伝子の半分しか共有していない。だから、ある特性——たとえば、数的能力——の遺伝性を評価するなら、一卵性の双子は、二卵性の双子よりも似ている（〝一致している〟）はずである。ロンドン大学ゴールドスミス校のユリア・コヴァスと同僚たちによる7歳児を対象とした大規模調査では、7歳児の遺伝分散［訳注：遺伝で説明できる個人差］の3分の1が、数学に関するものだった。[56] コヴァス率いるチームがのちに行った調査によると、基本的な数的処理の評価基準の1つである「点の比較」——「黄色の点と青色の点のどちらが多いか？」——では、16歳においてはやや遺伝性が認められる。[57]

こうした基本的な「数」の処理能力に遺伝性があるなら、場合によっては、遺伝がうまくいかず、遺伝子の異常が生じる可能性もあるのだろうか？

色覚について考えてみてほしい。私たちは色つきで世界を見る能力を受け継いでいるが、中には受け継いでいない人たちもいる。それは、知能や記憶力や社会的背景とは何の関係もない。ごく稀《まれ》に網膜や視神経の病気が原因の場合もあるが、通常は遺伝によるものである。*

X染色体が数的能力のカギを握る？

数についても、それに相当する――ある種の「数覚異常《ナンバー・ブラインドネス》」――があるのだろうか？　あるとすれば、それは遺伝だろうか？

もっとも、数的な障害が、色を認識できない、あるいは、ほかの色と――緑と赤を、もしくは青と黄を――区別できない「色覚異常《カラー・ブラインドネス》」とよく似ているのかどうかは明らかではない。どちらかと言えば、「失読症」に似ている。失読症は「言葉異常《ワード・ブラインドネス》」と呼ばれることもあるが、失読症の人は言葉を目で見ることはできる。ただし、その解釈や発音に苦労している。少数ながら、文字を読む際に、正常に見えずに苦労している人たちもいるが。[58]

約5パーセントの人が、生まれながらに「発達性算数障害」と呼ばれる症状を持っている。この症状を持つ人たちは、物の数を判断することが大の苦手だ。1つずつ数えていくのでとてもゆっくりだったり、数えるときにほかの人たちよりかなりミスをしやすかったりする。また、2つの集合から物の数の大きいほうを選ぶのも苦手だ。彼らの「ウェーバー比」は相当大きい。つまり、確実に正しいほうを選ぶためには、集合間の差分の比率がかなり大きくなくてはならないのだ。[59]

では、数的能力の遺伝性に対する1つの手がかりとして、発達性算数障害が遺伝であるかどうかを見てみよう。

数的能力の低さに関する、双子を対象にした初期の調査がある。40組の一卵性双生児と23組の同性の二卵性双生児を対象としており、双子のうちの少なくとも一人が算数に苦労していた。調査でわかったのは、一卵性双生児のほうが一致する傾向が高かったこと。つまり、多くの場合、2人とも算数に問題を抱えていた。ちなみに、数覚異常のようなものを直接調べたのではなく、算数的な試験が行われた。[55]

私たちは最近、平均年齢11・7歳の104組の一卵性双生児と56組の二卵性双生児を調査した。その結果、点の数を数える能力や、左頭頂葉の重要な領域の異常（灰白質密度の低下）に関して、二卵性より一卵性の双子のほうが一致する傾向が強かった。[60] ただし、頭頂葉の発達に影響を及ぼすあらゆるものがその要因となり得るため、非遺伝的要因が原因かもしれない。たとえば、母親が妊娠中に過度にアルコールを摂取した「胎児性アルコール症候群」もその1つだ。[61] 低出生体重も、頭頂葉の重要な領域や数的処理に影響を及ぼす可能性がある。[62]

あるいは、「ターナー症候群」が原因かもしれない。これは女性のX染色体の1本に影響を及ぼすが、罹患した女性はたいてい不妊になるので通常は遺伝しない。遺伝はちょっとした偶然である。この疾患は、適切に検査・報告されたターナー症候群を患うほぼすべての女性で、頭頂葉と、ごく基本的な数的処理に影響を及ぼすことが知られている。[63]

＊「赤緑色覚異常」は、母親から息子に受け継がれる23番目のX染色体（性染色体）上の遺伝子（ＯＰＮ１ＬＷかＯＰＮ１ＭＷ）の変化によって起こる。男性（ＸＹ）にはX染色体が1本しかないが、女性は父親と母親からそれぞれ受け継いだ2本のX染色体（ＸＸ）を持つので、こうした色覚異常は女性より男性によく見られる。「青黄色覚異常」は、異なる受け継がれ方をする。つまり、別の変異遺伝子（ＯＰＮ１ＳＷ）のコピーを両親のどちらかから引き継げば、この疾患が起こる。

もう１つ、遺伝によるX染色体の疾患に、「脆弱X症候群」がある。関連遺伝子は「ＦＭＲ１」と呼ばれる。ＦＭＲ１遺伝子のある領域には、「ＣＧＧ三塩基反復配列《トリヌクレオチド・リピート》」として知られる特定のＤＮＡ断片が含まれる。そう呼ばれているのは、３つのＤＮＡ構成単位の断片（ヌクレオチド）が、遺伝子内で何度も反復されるからだ。通常、ＣＧＧ反復の回数は5〜55回の範囲内だが、55回を超えると症状が出る場合があり、２００回を超えると、極めて重篤な脆弱X症候群を患う。

パドヴァ大学の私の同僚であるカルロ・セメンザとその同僚たちが行った示唆に富む調査では、ＣＧＧ反復が55回を超えているが、脆弱X症候群の症状を示していない女性たちを調べた。平均的な知能を持つ18人の女性被験者が、基本的な数的課題から複素数演算まで、かなり広範な数学試験を受けた。その結果わかったのは、彼女たちは「点を数える」、「数の理解」——２桁以上の２つの数の大きいほうを選ぶ、０〜１００までの数直線上で、２桁の数字の位置を３つの選択肢の中から選ぶ——といったごく簡単な数の課題で、対照群より大幅に成績が悪かったこと。ところが、より複雑な計算については、対照群と同等の成績を取った。このことから、X染色体には、ごく基本的な数的能力を構築するのに欠かせない何かがあることがわかる。[64]

つまり、数的能力にまつわる遺伝子は、X染色体にしか見当たらない、ということだろうか？　ある「ゲノムワイド関連解析（ＧＷＡＳ）」〔訳注：疾患の発症に影響のある遺伝子変異を網羅的に検出する方法〕が、「3番染色体」に遺伝的変異を見つけた可能性がある。また、ドイツのあるＧＷＡＳは、数的能力の低さや頭頂間溝の異常と関連があるとされる「22番染色体」の遺伝子変異を発見した。そう聞くと見通しは明るいように思えたが、スコットランドのセント・アンドルーズ大学のシルヴィア・パラーチニが率いる大規模なGWASは、この発見をイングランドの集団《コーホート》で再現できなかった。だから、私たちはいまだに遺伝子探索を続けている。私の現在のアプローチは、動物モデルから始めることだ。動物はゲノム操作ができるので、どの遺伝子が算数障害と決定的なつながりを持つのか調べている。魚について語る第8章をぜひ参照してほしい[65]！

そういうわけで、人間は本当に数を数えられるし、数えた結果をさまざまに処理できる、という話をしてきた。そう、一部の人間はとてつもないレベルまで。そのレベルに到達するには訓練や努力が必要だが、その能力の基盤は学んで身につけるものではないこともお話しした。その基盤は数を数える慣行や数詞がない文化においても認められるし、乳幼児にさえ認められるからだ。人間の頭頂葉には、計数や計算を支える特殊な脳のネットワークが存在し、どうやらそこには1つ、いや、おそらく多くのアキュムレータが収納されているようだ。私たちは生まれながらに数を数えられるが、それを受け継いだ遺伝的基盤はまだ明かされていない。色覚異常と同じように、どうやら生まれながらに、簡単な計算問題をこなすのにさえ大変な苦労をしている人たちもいるようなのだ。

ワルピリ語とエニンディリャグワ語についての注釈[29]

ワルピリ語は、パマ・ニュンガン語族に属している。ワルピリ語は類別詞［訳注：助数詞など、名詞が表すものをその形状や機能によって分類する語］言語で、３つの総称的な数詞――単数（jinta）、双数（-jarra、jirrama）、双数より大きい数（jirrama manu jinta、marnkurrpa、wirrkardu、panu）――を持つ。ほかのオーストラリアの言語とおそらく無関係なエニンディリャグワ語は、グルートアイランド島で話される主要な現地語である（近隣諸島や、近隣の東アーネムランド沿岸部の小さなコミュニティの一部でも話されている）。ワルピリ語と同じように、エニンディリャグワ語も類別詞言語で、９つの名詞クラスと、おそらく４つの数のカテゴリー――単数、双数、三数（実際には、４を含む可能性がある）、複数（３より大きい数）――がある。エニンディリャグワ語は５進法を採用しているが、明らかに、おおむね17世紀以降にグルートアイランド島を含むオーストラリア北岸を訪れたマカッサル族［訳注：インドネシア・スラウェシ島に住む先住民］の商人の影響である。５進法が維持されているのは、（ウミガメの卵を分配するような）数を数える特別な文化行事のためだ、というのは事実のように思われる。エニンディリャグワ語では、数詞は形容詞的語句なので、修飾する名詞に形を合わせなくてはならない。また、９つの名詞クラスがあるので、エニンディリャグワ語で数を数えるのは複雑である。しかしながら、１（awilyaba）、２（ambilyumaまたはambambuwa）、３（abiyakarbiya）、４（abiyarbuwa）、５（amangbala）、10（ememberrkwa）、15（amaburrkwakbala）、20（wurrakiriyabulangwa）という数詞がある。20の数詞は不変だ。つまり、文法的に異なる文脈においても、形が変わらない。エニンディリャグワ語の記数法は、コミュニティのメンバーが青年期に達するまでは正式には手ほどきされない。エニンディリャグワ族やグルートアイランド島の生活に関する草分け的な記録者であるジュディス・ストークスは述べている。「伝統的なアボリジナルの社会では、普通の日常生活にないものは、何一つ数えられなかった。昔はどんな目的で数を数えていたのか、と尋ねると、数詞を知っている年輩の女性たち［強調は著者による］は、ウミガメの卵を数えるためだ、と答える」。こうした言語には「少し」「たくさん」「多く」「いくつか」などの数量詞があるが、正確な数を表しているわけではないので、数詞ではない。「１つ目の」「２つ目の」「３つ目の」のような序数詞は、さらに扱いにくいだろう。だが、こうした言葉は、ワルピリ語にもエニンディリャグワ語にも存在しない。

第3章
骨と石と最古の数詞

6000年前の最古の歴史的記録から、人間がすでに数を数え、かなり複雑な計算ができていた証拠を目にすることができる。まだ文字がなかった先史時代、1万年以上前の石器時代の人間は、骨や石や洞窟の壁を使って数を数え、数詞も使っていた。第2章では、数詞のない言語しか話さないアボリジナルの子どもたちが、数詞を必要としない数的課題をこなすよう求められると、英語を話す子どもたちと同等の成績をあげたことをお話しした。こうした証拠や、言語を獲得する前の乳幼児の行動から、私は「人間は生まれながらに、脳内に計数メカニズム『アキュムレータ』を備えている」と主張した。つまり、文字がなくても、人間も、おそらくほかの「ヒト属」のメンバーも数を数えられたし、計数に基づいて計算することもできたはずだ。

この第3章で投げかける問いは、「ヒト属」が最初に数を数える技術を発明したのはいつで、なぜだったのか？　である。こうした発明は「ホモ・サピエンス」――解剖学的には現生人類と同じ――に限ったものではない。ほかの「ヒト属」――たとえば「ホモ・ネアンデルターレンシス」（6万年前）や、さらに古い「ホモ・エレクトゥス」（約200万年前）――が数を数えていた証拠もあるのだ。

紀元前から数字を駆使していたシュメール人

人々がすでに文字のシステムを持っていた遠い昔、私たちの祖先は数を記録し、計算をしていた。時には、かなり高度な計算を。

たとえば、大英博物館にある長さ6メートルの「リンド数学パピルス」を見ると、紀元前1550年頃の古代エジプト人が、計数や計算の方法を教えるマニュアルを持っていたことがわかる。大英博物館館長のニール・マクレガーは、次のように説明していた。

「エジプトの国で重要な役目を果たしたければ、数学の基礎知識が不可欠だった。これほど複雑な社会では、建築工事を監督したり、支払いを体系化したり、食料供給を管理したり、部隊の動きを計画したり、ナイル川の氾濫水位を計算したり、さらにもっともっと多くのことができる人材が必要だった。ファラオ（王）の役人である書記官になるためには、数学の能力を示さなくてはならなかった。当時のある筆記者いわく、『宝庫や穀倉を開けられるように、穀倉の入口で穀物を載せた船から食料を受け取れるように、祝日に神の贈り物を正確に取り出せるように』［パピルス・ランシング・BM 9994］」

このパピルスは、神聖文字《ヒエログリフ》よりも書きやすい神官文字《ヒエラティック》で書かれているので、神聖な文書ではなく、実務的な文書だとわかる。残念ながら、エジプトの数学に関するパピルスは、現存していたとしても、ごくわずかだ。

これより早い時期に、バビロニア人は粘土板に「楔形《くさびがた》文字」と呼ばれる、図1のような記号を刻んでいた。これは、脆いパピルスよりもずっとうまく生き残った。バビロニア人は2つの記号――1を表す𒁹と10を表す𒌋――だけを使っていた。𒁹は1を意味する場合もあるが、位が変わると「1×底《てい》」［訳注：底は、n進法のnの数］を表す。𒁹𒁹なら「2×底」、といった具合に。私たちの数と同じで、バビロニアの数も位取り記数法だった。私たちのシステムでは、「1」は1を意味する場合もあるが、次の位では「1×底（10）」なので10を意味するし、その次の位では10^2を意味する。しかし、60進法を用いるバビロニアの底は60（秒や分の起源）だ。数が大きくなると右から左へと位を移していくので、右から2番目の位の𒁹は「1×60」を意味し、右から2番目の位の𒌋は「10×60」を意味し、右から3番目の位の𒁹は「1×60^2」（3600）を意味する。

この記数法には、明確で実用的な目的があった。バビロニアの会計士たちは、蓄えを数えたり、労働者に支払ったり、交易の管理をしたりするために数を書き留めていた。また、バビロニア人たちは、建築や天文学のために計算をしたり、計算を記録したりする必要があった。

それをさらにさかのぼる1万2000年ほど前には、肥沃な三日月地帯の住人たちが、定住農業を実践し始めた。これにより、さまざまな種類の農作物の量を年ごとに記録する必要性が生まれた。最初、

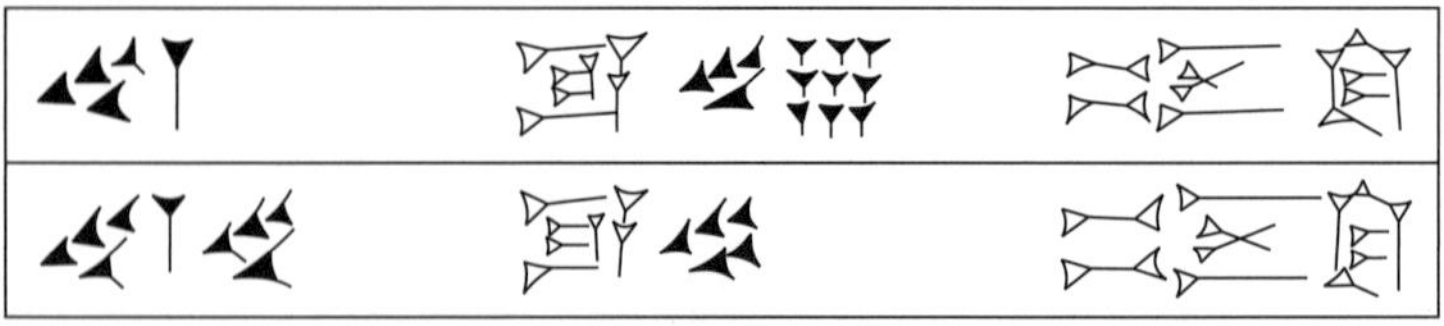

図１　楔形文字の𒁹は１を、𒌋は10を表す。位取り記数法なので、１の記号はバビロニアの底である60を意味する場合もある。この図は1855年にヘンリー・ローリンソン卿が発見した、平方と平方根の表の例だ。数は左の底（60）から右の底（１）へと読んでいくので、楔形文字は49^2と50^2に相当する数を示している[1]
（上段は（4×10）×60+1=2401（49^2）を、下段は（4×10+1）×60+40=2500（50^2）を表す）。

シュメール人の地元農家か農家の会計士たちが、さまざまな農作物の量を示す粘土製品「トークン」のシステムを発明した。こうしたトークンの考古学的埋蔵物が、メソポタミアの都市ウルク（現在のイラク）と、スーサ（現在のイラン）で大量に発見されている。５０００年ほど前に文字が発明されるより、さらに前のことである。トークンの例とその数値を、図２で紹介している。農作物の一部はかなり広く取引されたが、生産者が常に作物と一緒に旅ができるとは限らなかったので、送った品物が受領者に届き、受領者に支払ってもらえる確実なシステムが必要だった。それには船荷証券――輸送のために荷物を受け取ったことを認める、運搬人が発行する書類――と、送られた品物とその対価を受領者に知らせる送り状《インボイス》が必要になった。そのため、図２のトークンは、最初は「ブッラ」と呼ばれる粘土容器の中に入れられていた。もちろん、悪辣《あくらつ》な運送業者なら、容器を開けてトークンをいくつか取り除き、それに合わせて売り物の量も勝手に減らせたから、受領者は残りの品物に対する支払いだけを行い、送り手は正当な支払いを受け取れなかった。この問題に対処するために、粘土容器には、中に入っているトークンを示す記号の印がつけられた。その後、人々は、トークンを入れなくても、粘土の荷札に刻印された記号だけ

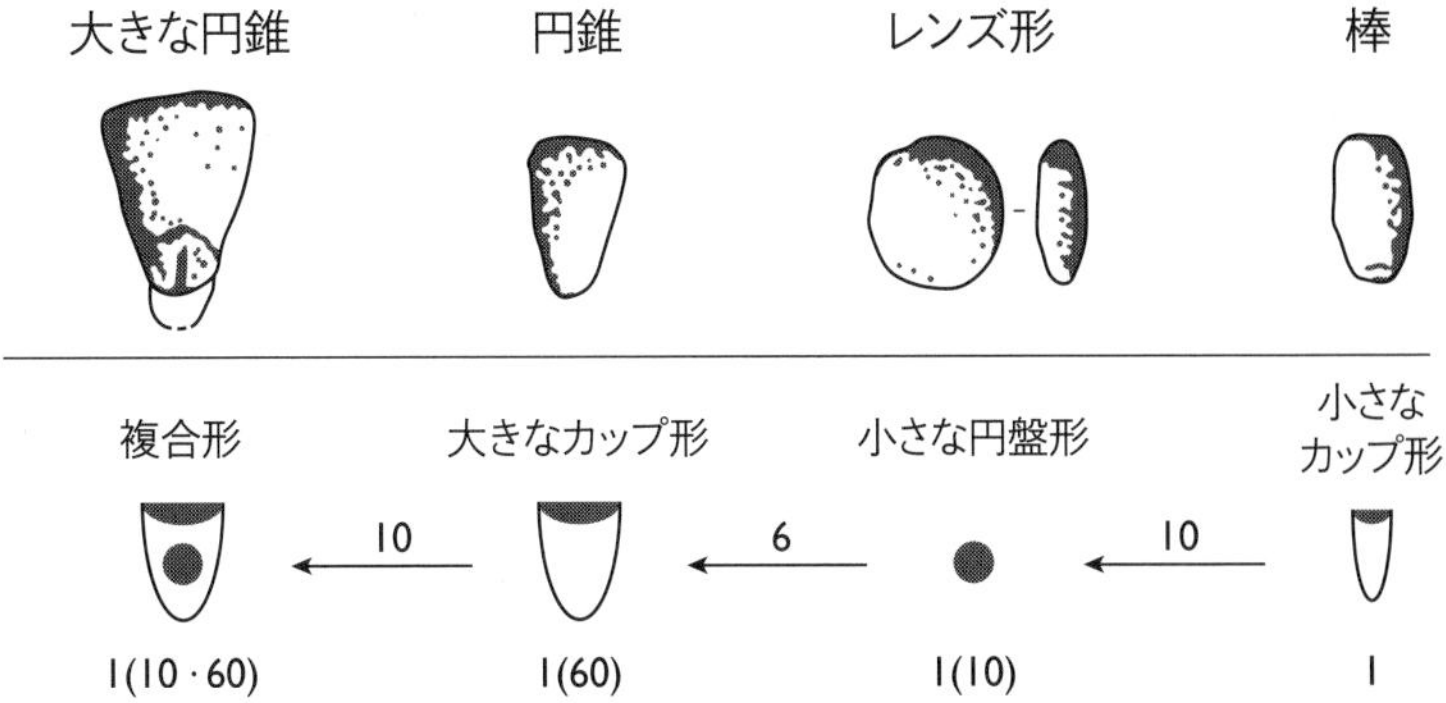

図2　おそらく1万年前のシュメールで記された最古の数。原楔形文字／原エラム文字での取引に使われた、数値（1、10、60）を示すトークン。60の記号の中に10の記号がある左端のトークンは、「10×60」を示していた。また、60の累乗を表す記号もあった[2]。

でインボイスになる、と気がついた。実際、複雑な取引は粘土板に刻印され、取引される品物、受領者、量に関する情報が示されるようになった。

大量の簿記情報も、小さな粘土板に記すことができる。原楔形文字が書かれたある粘土板は、片面に4人の役人への大麦の配付が記録され、もう片面には役人たちの肩書が記されていた[3]。

シュメールの会計士が60進法を使った理由は、謎に包まれている。アレクサンドリアのテオン（西暦4世紀）は、60が2桁の自然数の中で、2、3、10、12をはじめとした最も多くの約数を持つ最小の数だから、とほのめかしていた。もしかしたら、1年が（およそ）360日であることや、360度とも関係があったのかもしれない。数学史家のジョルジュ・イフラはそれを、片手の指骨の数（12）［訳注：親指以外の指骨の数だと思われる］と結びつけ、片手で12まで数えたら、もう一方の手のそれぞれの指を折って、12の倍数——

12、24、36、48、60――を表せるからだ、と考えていた。[4] 60進法は、人間にとって大変便利であることがわかった。それから何世紀ものちに、海を何千マイルも越えた別の地域で、2つの計数システムがそれぞれに発達した。マヤ式とインカ式である。マヤの人たちは複雑な数字を石に刻んだが、インカ帝国では、重要な数的データを「キープ」と呼ばれる、紐につけた結び目で記録した（図3を参照）。

インカ帝国で用いられた数的データ

マヤ人もインカ人も大きな帝国を治めていた。インカの場合、帝国は北はコロンビアから南はチリにまで及び、王（インカ）は帝国の首都であるペルーのクスコにいた。そうなると、帝国が税を取り立て、軍隊を召集するためには、各地域の作物の生産高や税の年次目録、さらには社会階級・出生・結婚・死亡・徴兵年齢の男性を記録した人口調査を、中央政府に提出させる必要が生じた。スペインの征服者とインカの王女の息子だったガルシラソ・デ・ラ・ベガ（1539～1616年）の言葉を借りれば、当時は次のようだった。

「インカ［王］が人口調査を行わせ、各州の居住者だけでなく、各州が1年間に生産するあらゆる品物を調べさせた。これは王の配下の者たちが何らかの欠乏や凶作に見舞われた場合に、どの州に援助を求めるべきかを知り、人々の衣服に必要な羊毛と綿花の量を知るためだった[5]」

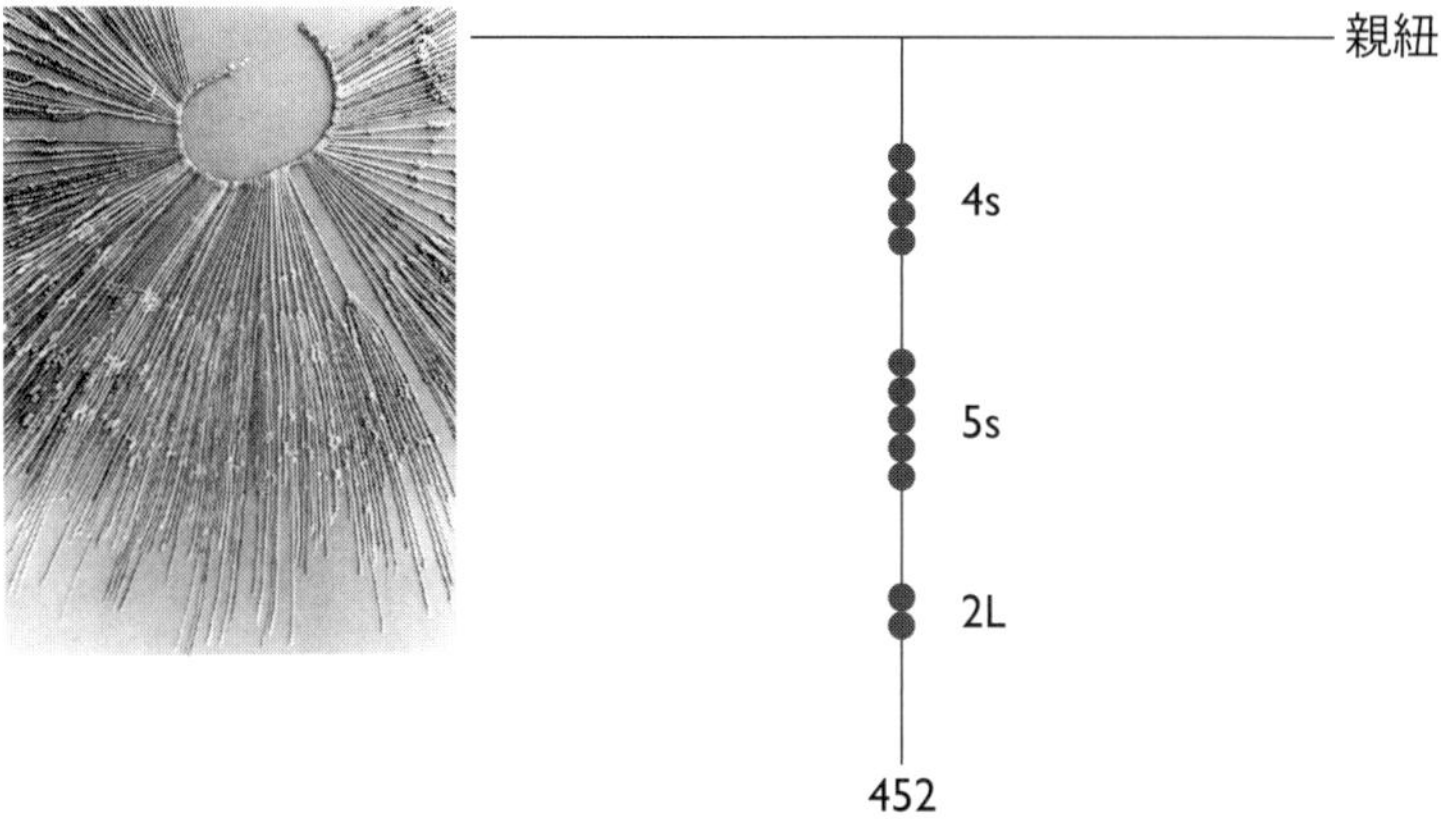

図3　インカのキープ。図左は、ペルーのリマにある「ペルー国立考古学・人類学・歴史博物館」のコレクションの例。これは市場取引の記録だ。基本原理は、親紐に近づくほど10の累乗が大きくなる10進法であること。図右はキープの暗号を分析したもので、縦型の位取り10進表記法であることがわかる[6]。sは1つ結び、Lは長結びを意味する。

中央政府は2人の「キープカマヨック」（結び目の管理者）、つまりキープの読み書きができる専門家を選任していた。1人は収益勘定を送る責任者で、もう1人は居住者の記録に責任を負っていた。クスコにいるインカ人はケチュア語を話していたが、帝国には多くの言語を話す人たちがいたので、キープは私たちが使うアラビア数字のように言語から独立していた。

キープの意味がどのように解読されたのかは、それ自体が魅力的な物語だ。クレタ古代文字の「線文字B」と同じように、キープの暗号も失われたものだと思われていた。線文字Bの暗号は、50年以上の歳月と多くの頭脳が注がれた末に、アマチュア研究家のマイケル・ヴェントリス（1922～1956年）によってついに解読された。キープの暗号が解かれたのは、1920年代のことだ。アメリカ人の学者リーランド・ロック（1875～1943年）が、キープの数的な意味を読み解いたのだ。現代の学者たちが今なお全体の解読に苦労していることからも、キープに組み込まれた暗号が、いかに複雑で学びづらいものだったかがわかる。

キープの暗号は、極めて複雑なものにできる。たとえば、親紐の上側についた複数の紐で、合計数や状況を表せる。下側についた複数の紐は、数だけでなく品物の実際の価格、支払われた税、おつりまで表せる。[6]

明らかになったのは、キープの暗号が、ロックが最初思っていたよりさらに手の込んだ高度なものだったことと。ペルーに関するあらゆることを研究しているセント・アンドルーズ大学のサビン・ハイランドは、紐のねじり方で、作成した集団を暗号化していたことを突き止めた。つまり、「S字撚《よ》り」（時計回り）はある集団を表し、「Z字撚り」（反時計回り）は別の集団を表していたのだ。[7] 古いテキストと該当するキープを使って、ハイランドは、キープが乳牛を次のように記録していたことを発見した。「最後にZ字撚りのある最初の紐の60頭の牛は乾乳牛［搾乳を休んでいる牛］だ……そして、最後にZ字撚りのあるもう1本の紐の170頭の牛は、毎日は搾乳されていない……最後にS字撚りのある紐の85頭の牛は、毎日搾乳されていた」。キープのこれらの紐では、撚る方向が、牛の性別ではなく搾乳の状態を表していた。最後のS字撚り＝搾乳されている、だ。[8] 実のところ、インカ時代のスペイン人の証言者たちは、キープは物語を暗号化しており、手紙として送られた、と語っていた。実際、現代のアンデスの先住民は、「キープは戦争を描写する神聖な書簡だ」と主張している。

ローマ数字やギリシャのアルファベット数字と同じで、キープも簡単な計算には役立たなかった。ハイランドは次のような発見をした。

図4　キープと計数盤（ユパナ）を使うキープカマヨック。インカ帝国のケチュア族の貴族、ワマン・ポマ（1535年頃〜1616年以降）が執筆した『Nueva corónica y buen gobierno（未邦訳：新しい記録と良き統治）』より。

「経済や租税のデータをキープから読み取るときは、計算は地面で……小石やトウモロコシの粒をユパナという格子状の道具の中に並べて行っていました。20世紀に入ってからも。それに関する植民地時代の参考文献はたくさんあります。ペルーの公文書保管所で、私は未発表の会話記録を見つけました。それは人類学者が1935年にキープの専門家と交わした会話を文字起こししたもので、キープの専門家はこう述べています。『私たちはキープを使って精算するときは、いまだに地面で穀粒を使って計算しています』と」

(私信より：図4を参照)

それでも、ガルシラソ・デ・ラ・ベガによると、「インカ帝国はまた、算数の優れた知識を持っており、彼らの計数の方法は実に驚くべきものだった……計算にミスが生じないように、小石やトウモロコシの粒を使って［計算していた］」という。[5]

インカ帝国の行政官たちは、古いシステムを改良したようだ。ハイランドは私に、インカのキープの元になったものを教えてくれた。

「西暦600年頃～1100年頃まで続いたワリ帝国は、確実にキープを持っていたことで知られるアンデス最初の文明です。ただし、彼らのキープの仕組みはインカのキープとは違っていました。ワリ帝国のキープの大半は、いわゆる『輪と枝』の構造を持っているようです……ワリ帝国のキープの基本的な特徴の1つは、垂れ下がった複数の紐が、順に並んださまざまな色で覆われていること……［でも］ワリ帝国のキープの大半は、数を暗号化してはいなかったようです。していた例も、いくつかはあるのかもしれませんが」(私信より)

それでも、キープの読み書きの訓練は行われていたようだ。この技術がどの程度普及していたのかは明らかではないが。ハイランドは私に、次のように言った。

「インカ帝国はクスコに、キープの読み書きを教える学校を持っていました。地元の指導者の息子たちは、こうした学校に通うよう求められました。そうすれば、学んだことを地元に戻ってコミュニティに広められるからです。インカ政府は帝国中にキープの専門家を送りましたが、これは人口や租税など政府が必要とする情報を集めるためだった、とほとんどの学者は考えています。でも、キープの読み〝書き〟も教えていたのかもしれません」

ハーバード大学のジェフリー・キルターーがごく最近発見した手がかりに、多くの人は胸を躍らせるかもしれない。ペルー沿岸部で失われたある言語に、古い10進法の痕跡があったというのだ。マグダレーナ・デ・カオ・ビエホの倒壊した教会の下で、キルターーと同僚たちは、裏面に「失われた言語の手がかりが記された」スペイン語の手紙を見つけた。書き手は、「スペイン語で1〜3にあたる数詞を縦に書き、その下の紙の左手部分に、続きをアラビア数字で書いた」。それぞれの数の隣には、その土地の言語で同じ数だと思われる言葉が記されている。10まで書いた下には、21、30、100、200の数字が見える。その短いリストの形式も内容も、書き手がその土地の記数法を理解しようと、数を記録した可能性を示している。おそらく地元の情報提供者に話を聞いている最中か、その直後に書いたのだろう。[9]

つまりこれは、インカ人や、ほかの誰かが、それを記録しようと考えるより前に、アンデスに10進法が普及していた可能性を示す手がかりなのだ。

マヤの20進法とマヤ暦

インカ帝国より早く、中米のマヤは、ゼロの記号を含む数字による計数システムを使っていた。これはインダス文明が数字を発明し、13世紀にヨーロッパへ輸出する数百年も前のことだ。マヤのシステムも位取り記数法だが、横棒で表す５進法を使っていた。だから、19は𝋓のように、「３本の５の上の４つの点」で表現される。19を超えると、１の位、20の位、20^2の位……と縦に重なっていく位取り記数法で、20進法を用いていた（図５を参照）。

実は、マヤには数を記録する２つのシステムがあった。図５で示したシステムは、商取引を記録するためのもので、商人たちはカカオ豆をはじめとした数を数える《カウンター》ツールを、適切な位置に並べて計算していた。２つ目のシステムは、３６０日に基づく暦算のためのものだ。20日＝１ウィナル、18ウィナル＝１トゥン（３６０日）、20トゥン＝１カトゥン（７２００日）、最大で20キンチルトゥン＝１アラウトゥン（２３０億４０００万日）とされていた。

「マヤ暦は、私たちの暦よりもはるかに複雑だった。さまざまな目的に――（トウモロコシを植える時期を決めるような）実用的な目的から、（占星術の奥義を理解するような）秘儀的な目的にまで――対応していたからだ……マヤの人たちは天上の神々（太陽と月と金星がとくに重要だ）の動きに基づいて周期を記録していた……古代マヤ人が最も一般的に使っていた、周期の異なる３種の暦――

5A

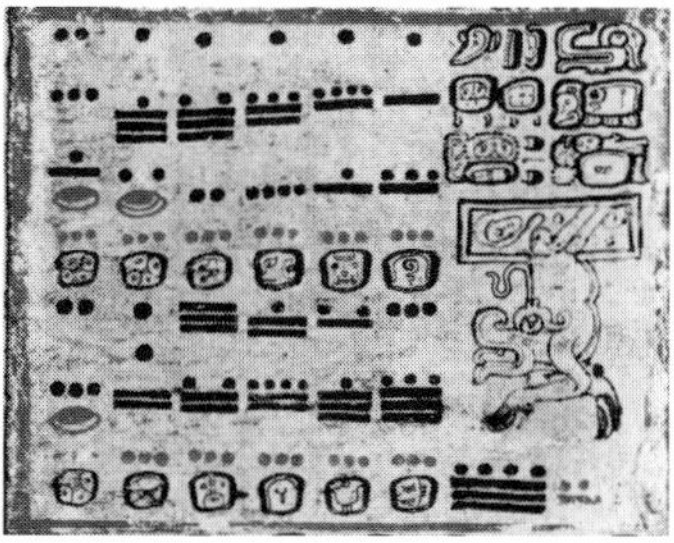

「ドレスデン絵文書」のマヤ数字

5B

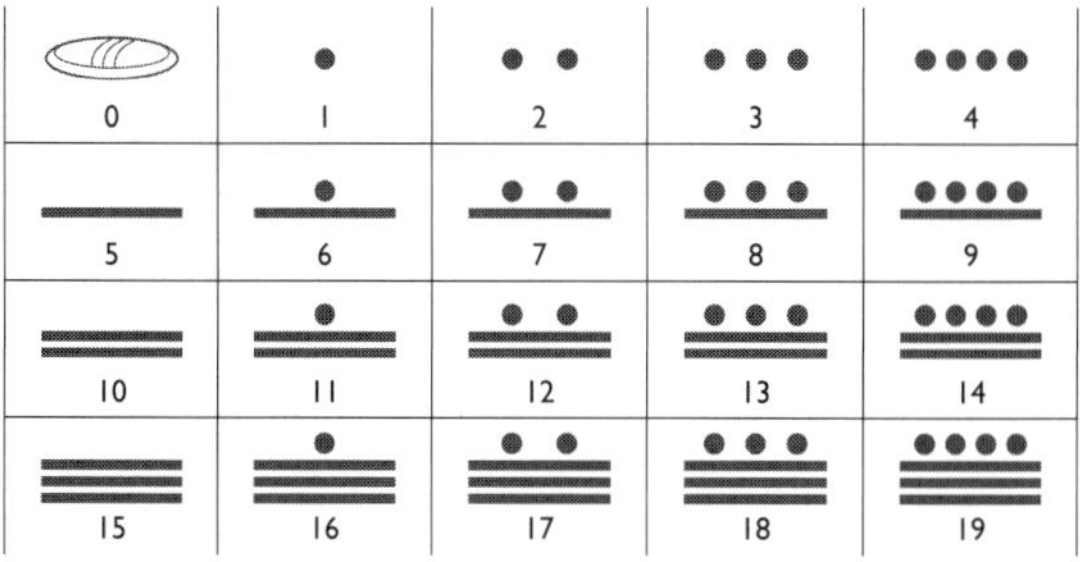

マヤ数字

5C

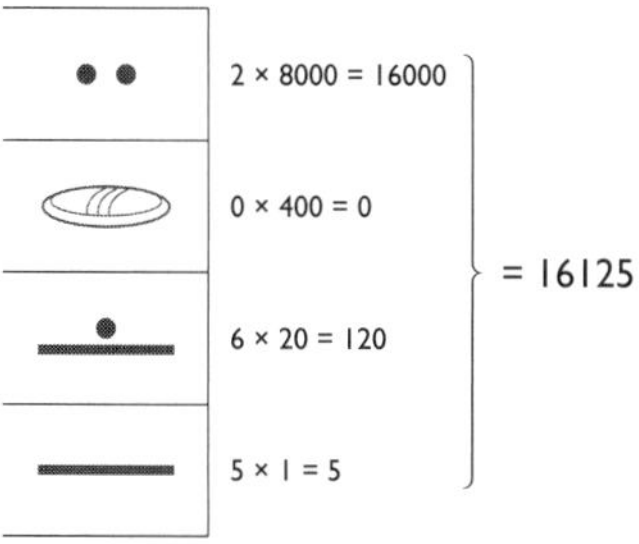

図５　マヤの計数と計算。５Ａは「ドレスデン絵文書」の１ページ。この絵文書は、13世紀か14世紀のもので、現存するアメリカ大陸最古の文書。ドイツのドレスデンで再発見されたことが現在の名前の由来だ。計数と数字の例が多数掲載されている。５Ｂは、マヤ数字が（手足の指の数に基づく）20進法を用いており、貝殻がゼロを表すことを示している。私たちと同じ位取り記数法だが、数字は横にではなく縦に並ぶ[11]。５Ｃは、縦型の位取り記数法を用いて、16125を表している。

260日の神聖暦、365日のあいまいな暦、52年のカレンダー・ラウンド——は、メソアメリカのすべての人が共有する非常に古い概念だ[10]」

14世紀のインカのキープと、はるかに古いマヤのシステムには、興味深い類似性がある。まず、どちらもn進法を使う。キープは私たちにもおなじみの10進法で、マヤは20進法だ。2つ目に、どちらのシステムも位取りを行う。これは意外なことではないだろう。前述の通り、シュメールの60進法も位取り記数法だったからだ。だが、n進法が位取りである必要はない、と理解しておくことは大切だ。私たちの10進法の数詞システムも、位取りではない。10の累乗に、ten、hundred、thousand……と別個の名前を与えているのだ。中国のシステムがshí（10^1）、bǎi（10^2）、qiān（10^3）、wàn（10^4）……と名前を与えているように。3つ目に、これが最も興味深いように思うが、どちらのシステムも数字を縦に並べる。私たちが使うインド・アラビア記数法の起源となるシステムの場合、数字は横に並ぶ——私たちのシステムでは、左から右に並んでいる。マヤのシステムでは、位は下にいくほど大きくなり、インカのキープでは一番高い位が親紐に最も近いので、位は上にいくほど大きくなる。より古くからあるマヤのシステムが、数を表すキープの初期の考案者に影響を及ぼしたのだろうか？　これについては、私は何の証拠も見つけられなかったが、インカの領土と中米の間では、陸からも海からも貿易が行われていた。しかし、ペルーの「失われた言語」の発見者であり、インカ帝国以前のペルーの専門家でもあるジェフリー・キルターは、この推論には否定的だ。

「マヤとインカの接点に関する大きな問題は、極めて複雑な文字や数のシステムを持つ古典期のマヤ文化は西暦250〜700年頃のものですが、インカが政治勢力として栄えていたのは1300〜1500年頃だという点です。インカが権力を持っていた時期、メキシコと中米には後古典期のマヤが存在し、彼らも文字を書いてはいましたが、おそらくあなたが考えておられるような、寺院や石碑の彫刻に見られる全盛期のマヤ文字はすべて、古典期のものなのです」（私信より）

同じように、ハイランドも、キープはほかの組み紐の技術やその使用から派生したものだと見ている。

「私は、キープはスリングから派生したものではないかと思っています。アンデスのスリングは、構造や組み方が世界で最も複雑だと考えられています」（私信より）

こうした記数法――シュメールのトークン、楔形文字、エジプトやマヤの文字、キープ――はすべて、記号を使ったものだ。そうなると、当然疑問がわいてくる。これらの文化が記号で表したい概念をまだ持っていなかったとしたら、なぜ記号を発明しなくてはならなかったのか？　彼らが記号と結びついた言葉をすでに持っていたことはわかっている。では、おそらく数詞が存在しなかった場所で、数えた結果を記号で表そうとした、さらに古い試みをどう考えればいいのだろう？　それは、そうした文化が、すでに持っていた概念を記号で表そうと努めていた、ということである。

先史時代の数の記録

石器時代の、1万5000年以上前のまだ文字がなかった時代に、解剖学的現生人類やその祖先は、数を数えた結果を記号で表そうとしたのだろうか？　数えた結果を記録するために、考古学者のフランチェスコ・デリコが「人工記憶システム」と呼ぶものを生み出したのだろうか？[12]　もしそうだとしたら、彼らがすでに計数の観念や、集合内の物の数という観念を持っていたことになる。たぶん人工記憶システムで数えた物の数を記録するよう教えた最初の先生に従った人たちは、そんな観念を理解することなく、ただ学んだ手順に従っただけだろう。私が、なぜ肉を切り分けたり食卓に出したりする前に10分間置かなくてはならないのかを理解することなく、ただ料理本のレシピに従っているように。

あらゆる計数の基本的な考え方は、それぞれの物を一度だけ数えることだ。計数を記録する最も単純な方法は、1つの物に対して1つの記録を残すこと。これが集合と集合の「数」への理解を支え、数詞を使った計数の獲得を支えている。「1対1対応」で2つの集合が一致していれば、2つの集合の「数」は同じである（第1章のゲルマンとガリステルの「計数の原理」を参照）。これは数を刻んで記録すること（タリー）の背景にある考え方で、タリーは記録管理の発達においてほぼ世界共通のものだと判明している。

人間が記号を使った表記法を発明したときでさえ、最初のいくつかの数字は、単に刻みつけただけの印《タリー》だった。先ほど見たように、古代シュメール人は、記録する物1つにつき印を1つ刻んで10までの数を記録していたから、楔形文字でも同様に、同じ記号を10まで単純に繰り返している［訳注：楔形文字は、1〜9まではTの記号を並べて表し、10は〈の記号で表す］。優れた数詞システムを持つ中国人や日本人でさえ、3までの「数」は3本の線で書き表す。欧米の時計も、3時までの時刻は、1〜3本の線で示されている。まだ記憶している人もいるだろうが、太平洋諸島の住人やスイスの牧場の人たちはタリーを使っている。[13] タリーも複雑になり得るし、位取りもできる。たとえば、ローマ時代に広く使われ、今も学校で使われている計数盤では、別の縦列で1の位、10の位、100の位の計算をする。

イングランドの中央銀行であるイングランド銀行でさえ、1783年に法令で廃止されるまで合札《タリー・スティック》［訳注：負債額を刻んだ棒。割って借り手と貸し手が各々保有する］を使っていた。いや、とても便利なので、少なくとも1825年までは依然として使われていた。貨幣の歴史家C・R・ジョゼットの言葉を、数学者のグラハム・フレッグが次のように引用している。[13]

「合札の中には、政府機関に対する支払いを示すものもあった……そのうちの1本は……長さ約2・6メートルで、1本の合札が示す上限の5万ポンドを示していた。この札がここにあるのは、札が大蔵省に返されなかったからで、刻まれた金額は、返済されなかった政府債を示している」

最近の歴史から、「対《つい》の合札」が使われてきたことがわかる。これは、金額が刻まれた1本の木片を2つに切って、片方を借り手が、もう片方を貸し手が保管するものだ。これで不正は働けなくなる。こうした合札はかなり最近まで中欧で使われていた。[13]

tally《タリー》という言葉は、「切ること」と「棒」を意味するラテン語 taleaに由来する。taleaは、「切ること」と「寸法」を意味するフランス語 tailleと、やはり「切る」を意味するイタリア語 tagliareの語源でもある。ラテン語のputareは「切る」という意味だが、ラテン語のamputare（切り落とす）、computare（計算する）の一部であることからもわかるように、「切る」と「数える」の意味がある。そして、英語のscoreにも、「切る」と「数を記録する」の意味がある。こうした語源を見ると、印をつける、刻んで記録する、数を数える、という言葉が、歴史的に同じ根っこを持つことがわかる。

シンプルに数を刻んで記録するタリーが計数や計算で果たしてきた基本的な役割には、相当古い歴史がある。2万年以上前の氷河期の祖先たちは、骨や石に印をつけたが、それらは時代を超えて生き残っている。祖先は小枝にも切り込みを入れたはずだが、そちらは現存していない。だが、祖先は何を、なぜ数えたのだろう？　彼らは農耕民ではなかったから、シュメール人のように交易に回す食料はなかった。現代の狩猟採集民からわかるのは、交易はたいてい面と向かって行われるので、インボイスや船荷証券の必要がなかったということだ。

だからと言って、先史時代の記録《タリー》が単純で変化がなかった、というわけではない。人間のほかのスキルと同じように、段階を踏んで発達し、どんどん手の込んだ高度なものになっていった。

骨と石に刻まれた数

300万年前	意図的でない切り込み	――
90万〜54万年前	意図的につけられた抽象模様	ジャワ島トリニール遺跡の、彫り刻まれたカラスガイの貝殻。（ホモ・エレクトゥス）
10万〜4万5000年前	刻み目のような一列の印	フランスのレ・プラデル遺跡の刻み目のついたハイエナの大腿骨。7万2000〜6万年前。
4万4000年前	長期にわたって追加され、分類されたさまざまな印	南アフリカ・ボーダー洞窟の、より精巧な刻み目のついたヒヒの腓骨《ひこつ》。4万4000年前。
4万年前〜	複雑な記号	フランス・ブランシャール遺跡の象牙のヘラの彫り込み。3万6000年前。

表1　石器時代における計数発達の5段階[15]。

　ではここで、フランチェスコ・デリコの研究をご紹介しよう。デリコはフランスのボルドー大学と、ノルウェーのベルゲンにある「初期サピエンス行動センター」に籍を置いている。2017年にロンドンの王立協会《ロイヤルソサエティ》〔訳注：英国最古の自然科学の学会〕で行われた「数的能力の起源」に関する会議では、感動的な素晴らしい講演をしてくれた。彼は古代のホモ・サピエンスの知性に関する考古学的研究の第一人者だが、図らずも認知科学者になった人物、と言えそうだ。トリノでしていた最初の研究は解剖学に関するもので、具体的には顕微鏡検査を用いて骨損傷の研究をしていたという。だが、パリの「人類古生物学研究所」に移ったときに、人類博物館で行われる「後期旧石器時代のアート」の展示を手伝うよう求められた。準備していた展示の、切り込みや刻み目の入った物、とくにアジール文化期（約1万年前）の小石に刻まれた抽象模様を見ているうちに気がついた。自分がトリノで学んだ専門知識を活かせば、小石がどのように、何の目的で刻まれたのかをもっとよく理解できるのではないか、と（私信より）。彼はその後、顕微鏡検査のスキルを使って、石と骨に刻まれた印についてのさまざまな主張を分析した。その一例をこのあと紹介したいと思う。
さて、表1に先史時代の記録《タリー》の発達段階をまとめた。ある段階から次の段階への進歩が、ゆっくりだと気づくだろう。近世以降の技術的進歩、とくにここ最近の目を見張るほどスピーディな進歩に比べるとはるかにゆるやかだ。では、なぜ石器時代の人間は、技術の進歩に時間がかかったのだろう？　答えは簡単だ。このあと説明したいと思うが、人口密度のせいだ。ロンドン大学ユニバーシティ・カレッジ（UCL）の考古学者と遺伝学者であるアダム・パウエル、スティーヴン・シェナン、マーク・トーマスによる興味深い研究は、後期旧石器時代（後期石器時代）のヨーロッパでの技術的進歩が、なぜアフリカ南部より大幅に——4万5000年も——遅れて起こったのかを問うている。アフリカ南部で、彼らを優位に立たせるような脳や認知能力の変化が起こったのだろうか？　そして、それがゆっくりとヨーロッパやアジアに広がって、いわゆる「〝近代《モダン》〟パッケージ」をもたらしたのだろうか？　モダン・パッケージには、次のものが含まれている。

「抽象的・写実的芸術や身体装飾（たとえば、糸を通した貝製ビーズ、歯、象牙、ダチョウの卵殻、黄土《オーカー》、入れ墨キット）などのシンボル行動。体系的につくられた細石器時代の石器（とくに刃やのみ状の石器《ビュラン》）、実用・儀式用の骨や雄鹿の枝角や象牙の人工遺物、すりつぶしたりたたいたりする石器、狩猟や罠の改良技術（たとえば、投槍器、弓、ブーメラン、網）、原料の長距離移動の増加、骨のパイプという形態の楽器[14]」

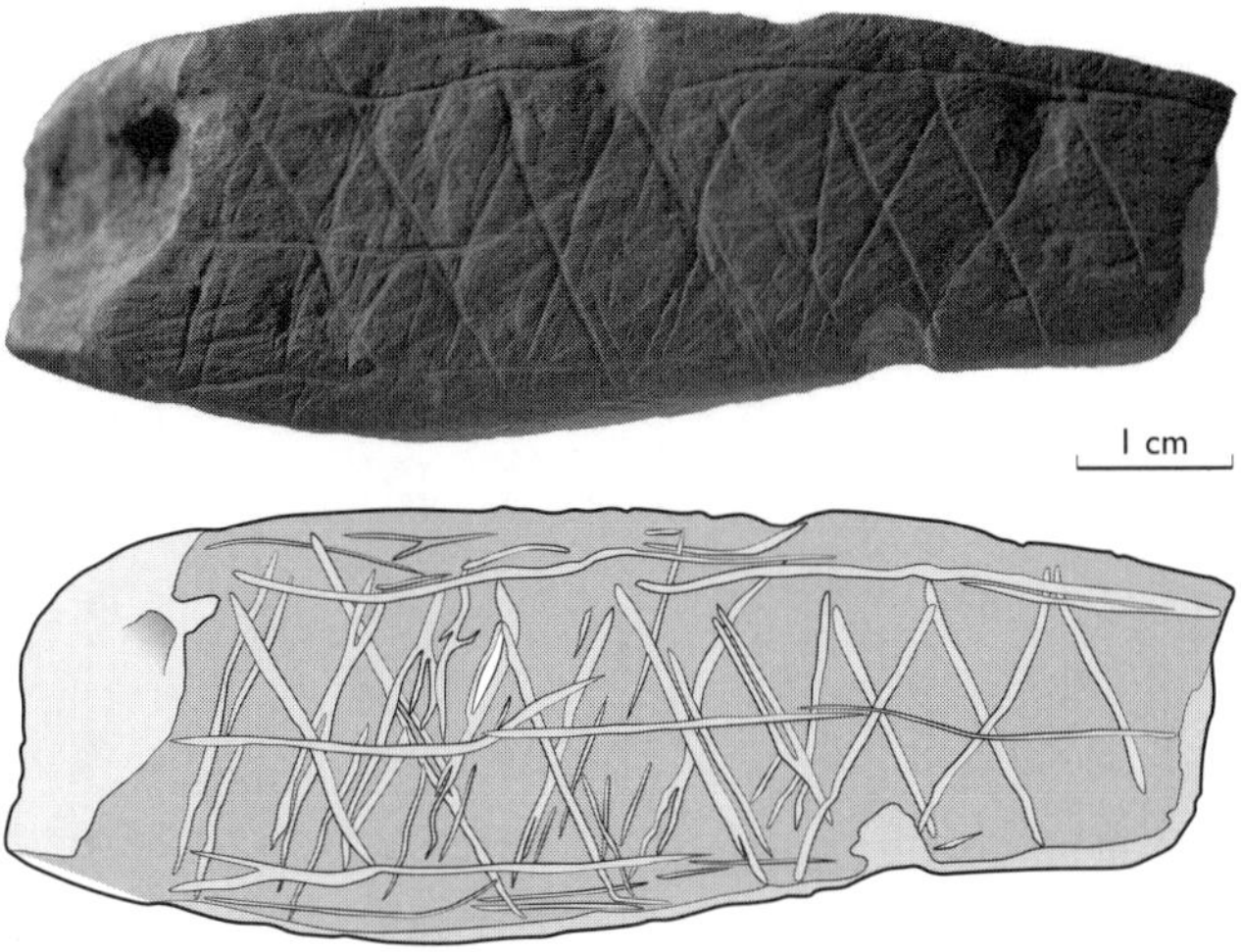

図6　南アフリカのブロンボス洞窟から出土。7万3000年前のもの。ホモ・サピエンスは、黄土《オーカー》の破片にパターン化された抽象模様を描いていた[17]。

もう1つの疑問は、なぜ10万年の遅れが生じたかだ。16万〜20万年前にアフリカで進化した解剖学的現生人類の出現から、行動的現生人類の登場までの期間のことだ。あの期間の、いや、おそらく今日も同じだと思うが、決定的な要因は人口密度、とくにコミュニケーション密度だった。考えてみてほしい。AMH（解剖学的現生人類《アナトミカリー・モダン・ヒューマン》）さんが新しい技術、たとえば、食物を切るのに便利な細石器（石刃）を発明したとしよう。この発明が廃《すた》れずにモダン・パッケージの一部になるためには、ほかの誰かがこの石刃のつくり方を学ばなくてはならない。AMHさんが小さな集団の一員なら、そこには上手に刃をつくる方法を学べるような賢い人や熱心な人はいないかもしれない。だが、より大きな集団なら、ちょうどよい能力を持つ弟子を見つけるチャンスが広がるだろう。つまり、新しい技術を忠実に伝達できる確率は、発明者が大きな集団にいるときのほうが高まるのだ。

パウエルと同僚たちが、モダン・パッケージの要素の発生をたどると、当時のアフリカの人口密度に行き着く。そしてAMHがヨーロッパやアジアに移ったあとの技術の発生を調べても、やはり同じ結論に至る。ヨーロッパの人口密度は急速に高まり、技術も急速に進歩していたけれど、アフリカ南部のほうが先にスタートを切っていた。それに、こうした新技術は、フィードバック効果の恩恵も受けたはずだから、より多くのパッケージを持つ集団のほうが、そうではなかった集団よりも、人口が急速に増えたのかもしれない。

人間は当初、骨から肉を切り取るようなほかの作業の副産物として、骨に印を残していた。つまり、数を刻んで記録していたわけではなかった。デリコの分析によると、彼らはその後、数を記録する——つまり、刻む——ためにこの作業を取り入れた。そして、そこで歩みを止めなかった。人間は、自分たちの印を分類し始めたのだ。デリコのアプローチの斬新さは、顕微鏡検査を行ってどの印がどの道具でどのようにつけられたのかを明らかにするところにある。たとえば、複数の刻み目は、4万4000年前にそれぞれ異なる道具でヒヒの腓骨につけられたものだ、と。[15]

顕微鏡検査を行うことで、印が同じ道具によるものか、別の道具によるものかも見分けられるのだ。それは今日でも、器用な人や不器用な人にお願いして、骨や石に刻み目をつけてもらうことで検証できる。デリコは彫り刻まれた小石を調べたとき、次のような発見をした。

「ある小石の複数の彫り込みはすべて、同じ道具で一度につけられたものだった。この発見からわかるのは、これらの彫り込みは、想定されていた通り、太陰暦でもなければ、狩猟の結果を記録したものでもなかったことだ。そういうものだったとしたら、比較的長期間にわたって、複数の機会に、おそらく複数の道具を用いて彫り込まれたはずだからだ[16]」

ラスコーだけでない洞窟の印

印のついた骨や石は、3万年以上自然環境にさらされても残るが、古代の人間は洞窟の壁にも印をつけていた。ラスコー洞窟、アルタミラ洞窟、ショーヴェ洞窟のようなヨーロッパの洞窟の壁に描かれた動物は、描き手の技能と芸術的才能で当然ながら有名である。しかし、動物や人間を描写したものではない、解釈がさらに難しい印もある。

20年前、スペイン北部のエル・カスティーリョ洞窟の壁に一列に並んだ赤い点を見たとき、私はもちろん、何かの数を記録したものではないか、と考えた。だが、当時手に入った情報は、何の役にも立たなかった。当然ながら、私が印に最初に気づいたわけではないから、赤い点は100年以上にわたって考古学の報告書に登場している。そして、点自体は、顔料の分析によって、4万年前のヨーロッパ最古の洞窟壁画とされている。

私はエル・カスティーリョの旅日記に、「ぜひ点の数を数えて、どのように分類されているかを見たい」と書いた。幸い、デリコと同僚たちがすでにそうしてくれている。もちろん、私が到底及ばない、素晴らしい技術的専門知識を駆使して[18]。顔料の質感や組成の違いからわかるのは、これらの点がすべて同じ人物によって、同じ理由で、さらには同じ記号システムを用いて描かれたとは限らないことだ。た

図７　約１万4000年前に描かれた、ニオー洞窟の絵。この画像は、死んだバイソンと、その右側に、バイソンを殺したハンターの数を記録したもの――真ん中の１点を囲む点の円――と解釈されてきた。「棍棒（クラビフォーム）」と呼ばれる突起のある線は、女性と解釈されている。中央部の点と線は、さらに謎に包まれている[20]。

とえ描いた人たちが記号による記憶術を使っていたとしても。デリコと同僚たちは、点が何を意味するのか推測していないが、私は間違いだと証明されない限り、何かを数えた証拠だと信じていたい。

　フランスのアルデーシュ渓谷のショーヴェ洞窟の壁には、深紅色の謎めいた印がついている[19]。この色はオーカーを熱してつくったものだ。そうでなければ黄色いはずだから。つまり、この印は何らかの目的で、意図的につけられたものなのだ。あるグループは、3つの印から成る3つの列で構成されている――オーカーの点3つでできた2列と、オーカーの線3本でできた1列だ。各列に同じ数の印があるのは、偶然だろうか？　それとも、つくり手が意図したことだったのか？

　デリコは、こうした点は、たとえば、動物の描写と関連づけて見ることが重要だ、と言う。点は、殺されたり、食べられたり、特定の場所でただ観察された動物の数を表しているのだろうか？

図7は、より新しい時代の例（おそらく1万4000年ほど前のもの）で、フランスのニオー洞窟にマドレーヌ文化期に描かれたものだ。有名なラスコー洞窟やアルタミラ洞窟の壁画と同時代のものである。

さて、1点をぐるりと囲む円には、14個の点が見える。この点は、実際に遭遇したバイソンの数を表しているのだろうか？　14頭のバイソンを描くより、こちらのほうがラクだ。大勢の人間や動物が描かれている大昔の岩壁画の例はたくさんある。描かれた集団は、そこにいた人間の数を正確に表しているのだろうか？　つまり、描かれたものを、1対1対応で数えた記録なのだろうか？　同じように、多数の手形の群れが世界中の洞窟の壁で発見されているが、それぞれの手形は、そこにいた一人一人を示しているのだろうか？

ネアンデルタール人も数えていた

ほかの「ヒト属」――たとえば、ネアンデルタール人こと「ホモ・ネアンデルターレンシス」――はどうなのだろう？　彼らはさらに古い人類「ホモ・エレクトゥス」から、50万～30万年前に枝分かれしたようだ。脳の大きさは、少なくともホモ・サピエンスと同じくらいはあった。彼らは長い間、私たちの「頭の弱いいとこ」扱いされてきた。芸術も、言語も、宗教も知らず、ろくな道具も持っていなかった、と。とてつもない才能と影響力を持つ動物学者・博物学者であり、「科学的人種差別主義者」でもあったエルンスト・ヘッケル（１８３４〜１９１９年）は、ぶ厚い眉弓《びきゅう》と傾斜した額を持つこのずんぐりした生物を、「ホモ・ストゥピドゥス（愚かな人）」と呼んだ。また、こう広く信じられていた。解剖学的現生人類がヨーロッパに足を踏み入れると、ネアンデルタール人に取って代わった。その理由は、現生人類のほうが賢くて、優れた道具を備え、言語を持ち、丸彫彫刻《ポータブルアート》や洞窟美術が示すように、概念的思考ができたからだ、と。

私たちは最近、ネアンデルタール人の歴史を書き換えなくてはいけなくなっている。まず、「マックス・プランク進化人類学研究所」のスヴァンテ・ペーボと同僚たちが、ある発見をした。全人類は——祖先がアフリカを出てヨーロッパへ移動したり、アジアを通ってインドネシア経由でオーストラリアへ行き着いたりした私たちはみな——ネアンデルタール人のＤＮＡをわずかに持っている、と。たぶん私自身も、２型糖尿病をもたらすネアンデルタール人の遺伝的変異体を受け継いでいるのだろう。ペーボはこう報告している。「私のもとには『僕はネアンデルタール人です』という男性からのメールがたくさん届くのだが、女性でそんなことを言う人はほとんどいない」。ただし、多くの女性がこう告げてくるという。「私、ネアンデルタール人と結婚しているんです[21]」と！

２つ目に、「モダン・パッケージ」の要素の証拠——たとえば、身体装飾用のビーズや貝殻、骨・雄鹿の枝角・象牙の人工遺物、芸術——がネアンデルタール人の遺跡で発見されると、そうしたスキルや概念は、近くにいたホモ・サピエンスから学んだものだ、とされていた。しかし、最近わかったのは、ホモ・ネアンデルタ－レンシスが、さらに進歩していたとされるホモ・サピエンスから、モダン・パッケージをつくることをただ学んだのではないことだ。それがわかるのは、心躍るような新たな年代決定法のおかげである。木炭や骨などの有機物に頼る「放射性炭素年代測定法」は、4万年を超えると当てにならない。新たな方法は、方解石（炭酸カルシウム／$CaCO_3$）の中のウランとトリウムの比率を使う。ウランは時間と共に崩壊してトリウムになるので、トリウムの比率が高ければ高いほど、その物質は古いということになる。サウサンプトン大学のアラステア・パイクはこの技術を使って、スペインのラ・パシエガ洞窟にオーカーで描かれた壁画の表面に付着した方解石の薄い層が、6万4000年前のものだと証明した。つまり、ここの壁画はそれより古く、解剖学的現生人類がヨーロッパに出現するより少なくとも2万年前に描かれたものなのだ[22]。すなわち、こうした作品は、ネアンデルタール人によって描かれたものに違いない（図8を参照）。以来、ほかの複数の遺跡からも、作品が6万4000年以上前のものだという証拠が出ている。これらの絵は、世界最古の洞窟壁画なのだ。

ネアンデルタール人が数を数えていたという考えは、フランスのレ・プラデル洞窟から出土したハイエナの大腿骨の断片からも裏づけられている。この調査を行ったのは、優秀なフランチェスコ・デリコと同僚たちだ。骨への切り込みは、訓練されていない私の目には、図6によく似ているように見える。さらに、ネアンデルタール人の職人（もしくは職人たち）は、カラスの骨に「複数の刻み目を等間隔で入れるつもりで」切り込みを入れている。現代人が同じことをするのと同じ正確さで[12]。

ネアンデルタール人が数を数えていたことを示す、驚くべき証拠がもう1つある。2020年、オハイオ州のケニオン大学の古人類学者、ブルース・ハーディと専門家の国際チームが発見したのは、アブリ・デュ・マラ（フランス）のネアンデルタール人が5万年ほど前に縄を編んでいたことだ[23]。なぜこの発見が、そんなに驚異的なのか？　この縄の繊維は樹皮でできており、こうした有機物が、私たちの祖

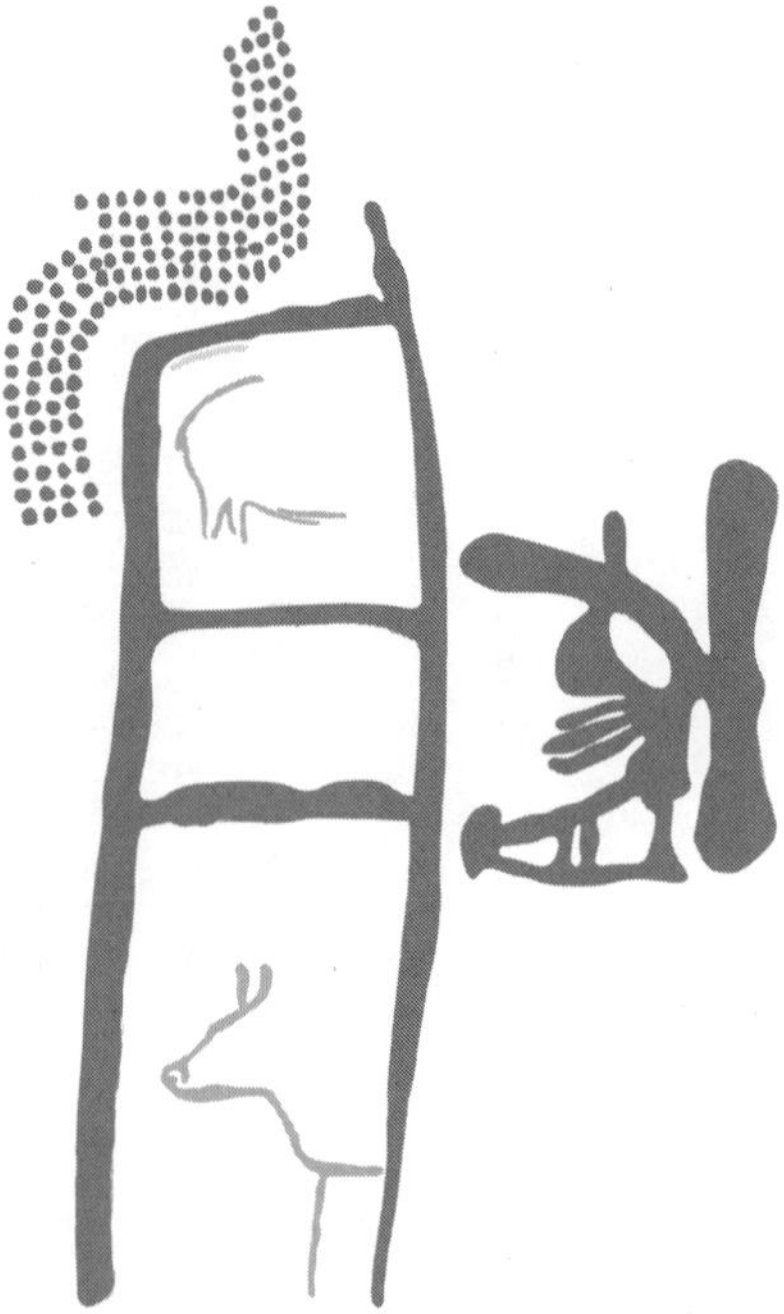

図8　このデザインは点模様と、明らかに野牛《オーロクス》の頭とお尻を描写したものだ。また、右側には興味をそそる謎めいたデザインが施されている[22]。

先の居住地でこれほど長く残存する例は極めて稀だからだ。

この縄の撚り糸は、とても複雑な構造をしていた。糸は繊維の束を時計回り（S字撚り）にねじってつくったもので、その糸を3本、反時計回り（Z字撚り）にねじって束ね、簡単にほどけないかなり丈夫な撚り糸をつくっていた。

ネアンデルタール人が撚る繊維技術を持っていたという事実だけで、彼らの工業の範囲はとてつもなく広がる。撚り糸を使えば、服や縄、袋、網、敷物、さらには小舟をつくることだってできたかもしれない。アブリ・デュ・マラの撚り糸をつくるには、いくつもの

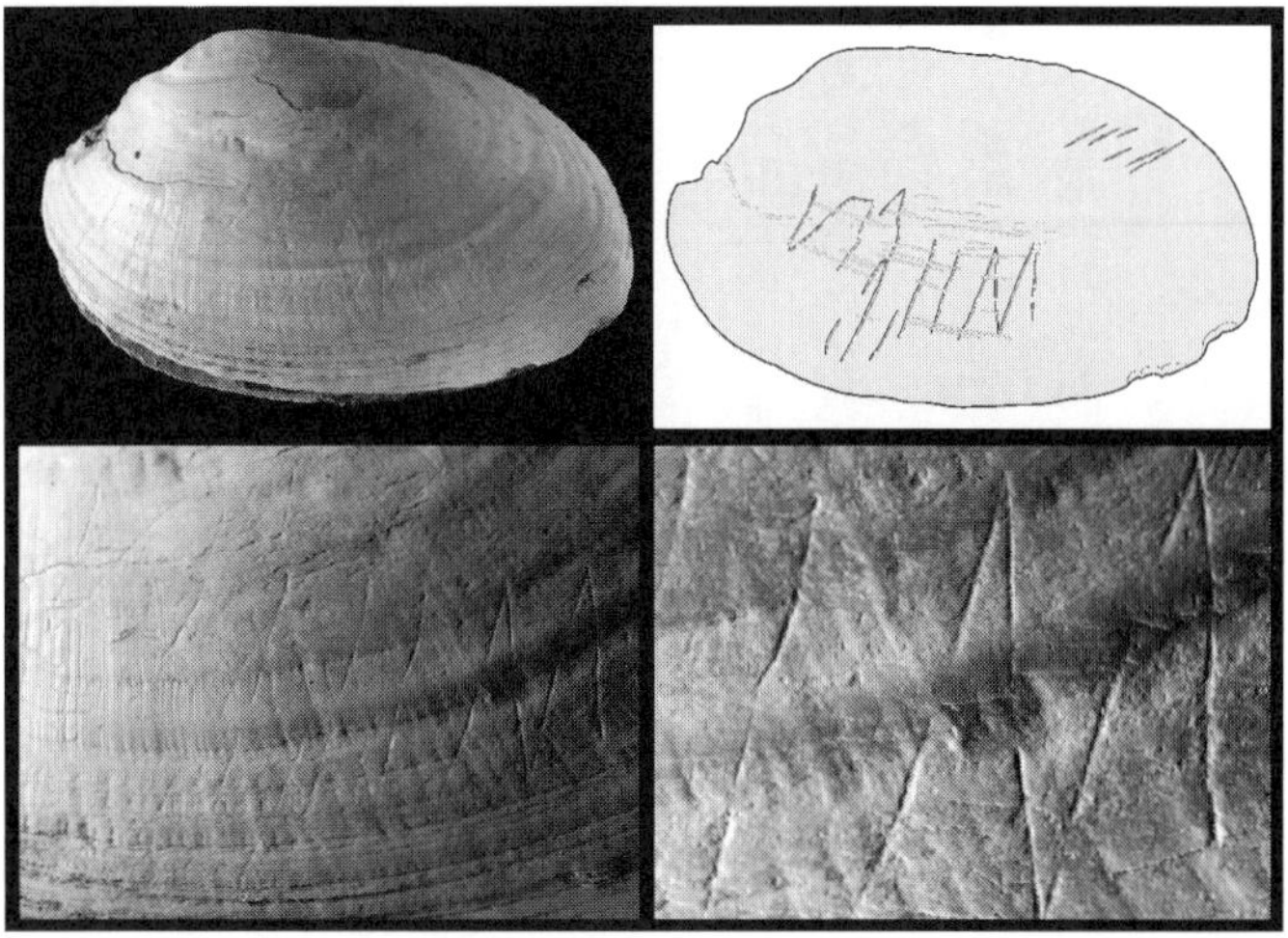

図9　私たちの祖先、ホモ・エレクトゥスによって50万年前に装飾された貝殻。インドネシアのジャワ島で発見された[24]。

連続した操作の流れを同時に把握しなくてはならない。ただ同じステップを繰り返すだけではなく、各ステップが前の段階とつながっていなくてはならないからだ。従って、ハーディと同僚たちは、次のように結論づけた。

「撚った繊維を理解して使用するには、多くの要素で構成される複雑な技術を使用しなくてはならず、さらには対《つい》や集合や数……といった数学的理解も必要になる。縄類をつくるには、一つひとつの操作を把握する、状況に応じた操作記憶が求められる。（複数の撚り糸をねじって縄をつくり、縄を結び合わせて結び目をつくるなど）構造が複雑になるにつれて……人間の言語に求められるような認知的複雑性が求められる……一体どうすればネアンデルタール人が現代人と同等の認知力を持つ存在ではなかった、などと考えられるのか、理解に苦しむ」

ホモ・エレクトゥスの記憶術

ネアンデルタール人がヨーロッパに現れたり、解剖学的現生人類がアフリカを出て最終的にオーストラリアやアメリカ大陸に定住したりするはるか前に、ホモ・エレクトゥスもアフリカを出て、ジョージアのドマニシに（177万年前）、ジャワ島に（150万年前）、中国北部に（70万年前）、そしておそらくヨーロッパに（90万年前）到達していた。そして、43万〜54万年前にジャワ島のトリニールに到達した冒険好きのホモ・エレクトゥスたちは、図9のように貝殻を彫り刻んだ。これはブロンボスの石（図6）に少し似ており、記憶術の一つである「パターン化された抽象模様」の可能性もあるが、もちろん、その創作が計数に関わるものかどうかはわからない。

図9の貝殻に刻まれた印は、図6の確実に人間が刻んだ印にとてもよく似ている。そして、今のところ最古の幾何学模様の彫り込みである。こうした印が意図的につけられたとわかるのは、これが、穴の開いた貝殻が見つかった遺跡の貝殻群から発見されたからだ。貝殻の穴は、「ホミニン」〔訳注：「初期の猿人」以降のすべての人類〕にしか開けられないのだ。とはいえ、今のところ、この印が何を意味しているのかはわからない。それでも、「幾何学模様の彫り込みをすることは、一般的に、現代的な認知と行動を示すものと解釈されている」から、それがホモ・サピエンスとホモ・ネアンデルターレンシスに限定されるのか、あるいは、さらに遠い祖先もこうした認知能力を持っていたのか、問う必要があるだろう。[24] これと酷似した印がドイツのビルツィングスレーベンで、マンモスの骨から発見されている。これ

も約50万年前のもので、「ホモ・エレクトゥスが、計数に関わる可能性のある何らかの記録をしていた」という考えを裏づけている。[15]

こうした印は、相当初期の記憶術の可能性があり、それぞれの印は、観察した何かを数えた記録なのかもしれない。あるいは、印をつけた人にとって、ただ見栄えがよかっただけかもしれない。

骨や石や貝殻や洞窟の壁の印が示しているのは、私たちの祖先であるヒト属のメンバーが、記憶術をつくったのではないかということだ。それは、計数の結果を記録するのに使われた可能性がある。納得のいく説明があるとすれば、こうした印は、数えた物を1対1対応で記録したものだった、ということ。見たり殺したりしたバイソンや、儀式に参加した人たちや、月の満ち欠けの記録だったのかもしれない。おそらく私たちにとって不可解なものも、数えられていたのだろう。石器時代のヨーロッパの洞窟の最深部の壁には、奇妙な怪物のような人間が描かれている。たとえば、フランスのレ・トロワ・フレール洞窟の「呪術師」は、フクロウのような目をした、人間と雄鹿と馬が混じったような姿をしている。[25]

石器時代の数詞

文字を持たなかった私たちの祖先は、数詞を使っていたのだろうか？　もちろん、そうした変化を明らかにする、最古の話し言葉の録音などあるはずもないが、古代の言語を再建することはできる。ある語族の異なる語派に関する証拠資料と、ある意味を持つ単語の形に関する年代の記録があれば。私たちは今や、無関係な複数の語族において継続して使われている、最古の言葉を特定できる。

ほとんどの人は、「インド・ヨーロッパ祖語」について耳にしたことがあるだろう。それはラテン語、古代ギリシャ語、サンスクリット語、ほぼすべてのヨーロッパの言語、そして多くのインドの言語の起源とされている。これらの言語はすべて10進法を用いており、数詞がとてもよく似ている。そうした類似点から、多くの学者が、共通の祖語である「インド・ヨーロッパ祖語（ＰＩＥ）」を再建するに至った。ＰＩＥは、後期石器時代（新石器時代）にある場所で話されていたという仮説に基づいている。先ほど挙げた言語はすべてそこから派生し、話者がヨーロッパやアジアに広がるにつれて、ルールに従って進化していったとされる。ガラパゴス諸島の別の島々に住み着いて、わずかに異なる形に進化していった鳥、「ダーウィンフィンチ」のように。

twoという言葉を例に取ってみよう。フランス語ではdeux（ドゥ）、ドイツ語ではzwei（ツヴァイ）、ウェールズ語ではdau（ダイ）、ラテン語ではduo（ドゥオ）、古代ギリシャ語ではduo（デュオ）、ロシア語ではdva（ドゥヴァ）だ。さらに離れたサンスクリット語ではdve（ドゥヴェ）。これらの形はすべて、ＰＩＥのdu(w)oのような語に由来する。

では、threeを見てみよう。フランス語ではtrois（トロア）、ドイツ語ではdrei（ドライ）、ウェールズ語ではtri（トリ）、ラテン語ではtres（トレース）、古代ギリシャ語ではtreis（トレイス）、ロシア語ではtri.（トリー）。さらに離れたサンスクリット語ではtrini（トリーニ）。ＰＩＥのtreyesのような語から派生したものだ。

こうした単語はすべて、原語ＰＩＥから派生した同語源語である。数が１００に達すると、事はさらに複雑になるが、それでも語源は同じだとされている。ＰＩＥには、サンスクリット語や、ロシア語のようなスラブ系言語などを束ねる系統が存在する。それは「サテム語群」と呼ばれる、「１００」を意味する言葉の最初の音がｓの一群だ（サンスクリット語の１００はsatam［サタム］で、ロシア語の１００はsto［ストー］）。いずれもＰＩＥのk̂m̥tómという語から派生し、しっかり確立された音の変化を経たものだ。最初の音k̂（口蓋閉鎖音）が、ｓ（口蓋摩擦音）に変化したのだ。10について言えば、サンスクリット語はdáśa（ダシャ）でロシア語はdesatj（ヂェーシチ）で、ＰＩＥのdék̂m̥tから派生している。ＰＩＥのもう１つの系統は、ラテン語、ギリシャ語、ケルト語、ゲルマン語などを束ねる「ケントゥム語群」である。ラテン語の１００がcentumでkentum（ケントゥム）と発音されることからそう呼ばれている。また、ラテン語の10はdecemで［dekem《デケム》］と発音され、それぞれＰＩＥのk̂m̥tómとdék̂m̥tのｋがｃに変化したものだ。英語の１００を表すhundredのｈは、さらなる音の変化を経たものである。

現代のヨーロッパとインドの言語、トカラ語、アルメニア語、アルバニア語、近東のいくつかの絶滅した言語、（ただし、バスク語、フィンランド語、ハンガリー語は含まれない）の共通の祖語を再建したことでわかるのは、数詞が人類の言語史の初期に登場し、あまり変化せず予測可能な形で進化するなど、揺るぎがないことだ。従って、人間――ＰＩＥの話者たち――は、少なくとも９０００年前（ＰＩＥが話されていた直近の時代）には、数詞を使って数を数えていたことになる。

数詞は、音の変化にまつわる十分に理解された原則に従って、歳月とともにゆっくりと変化してきた。今では人類史にさらに深く根を下ろしているほかの語族を再建し、数詞がさらに古い時代に存在したのかどうか、確かめる方法もある。アフリカのバントゥー語群のようなＰＩＥと関係のない語族にも、数詞は見つかるのだろうか？　バントゥー語群には、ズールー語、コサ語、スワヒリ語をはじめとした約500言語が属し、何千万人もの話者がいる。あるいは、マダガスカルからポリネシアまで途方もない距離に広がる4億人もの人たちが話す、オーストロネシア語群はどうだろうか？

こうした語族においても、数詞の起源は同じく古いのだろうか？　つまり、各言語で現在使われている数詞の語源は同じなのか？　また数詞は、その言語を最初に話していた人たちになじみ深かったはずの言葉——たとえば、母、岩、火、子ども、手——と同じくらい古いのだろうか？　では、PIEから派生した複数の言語の、「手」を意味する言葉を見てみよう。わかったことは、音の変化の原則に従ってゆっくり変化してきた形が、1つとは限らないことだ。実際、まるで逆だった。2つのまったく異なる形が存在するのだ。1つはPIEのǵʰésr̥に由来する、英語とドイツ語のhandや、サンスクリット語のhás-taだ。一方、それとはまったく異なる無関係な形が、ロマンス諸語に現れた。「手」はラテン語の末裔ではmanusで、スペイン語とイタリア語ではmano。途中のどこかで、ǵʰésr̥に由来する語がman-から始まる形に置き換わったのだ。

今では、さまざまな単語の置換率を調べることができる。石器時代に「コンピューター」を意味する語を求めても仕方ないので、もっと基本的な概念の言葉を調べている。言語学者のモリス・スワデシュ（1909〜1967年）は、約200の基本語彙——実際には、基本的な意味——のリストを作成した。それらは文化や気候や環境の特性とは無関係なので、スワデシュは言語を比較し、その変化を点を結んで示すことができた。リストに含まれていたのは、人を表す語（女、男、子ども）、親族を表す語（妻、母）、身体の部位の名前（手、舌）、動作、代名詞、形容詞（よい、悪い、汚い）、一〜五までの数

順位	インド・ヨーロッパ語族 (n=200語)	バントゥー語族 (n=102語)	オーストロネシア語族 (n=154語)
1	**二**	食べる	子ども
2	**三**	歯	**二**
3	**五**	**三**	たたく
4	誰	目	**三**
5	**四**	**五**	死ぬ
6	私	空腹	目
7	**一**	象	**四**
8	私たち	**四**	十
9	いつ	人	**五**
10	舌	子ども	舌
11	名前	**二**	八

表2　11の意味を持つ語彙の置換率を、変化が遅いものから並べた順位（1位＝最も遅い）。「一」～「五」までの数詞は太字にした。IEの最も変化の遅い11語に入った5つの最小数詞の置換率は0.0000002。バントゥー語族で11語に入った4つの最小数詞の置換率は0.00036で、オーストロネシア語族は0.00007[26]。

詞だった。

進化生物学者のマーク・パーゲルとアンドルー・ミードと同僚たちは、この語彙の中で置換率を比較した。彼らの発見は、次の通りだ。

「『汚い』は［スワデシュの］リストの中で最も速く変化した語だった。語彙の置換率は1年につき約0・0009。おおむね1000年に1つ、語源の違う新しい形が出現したことになる。この置換率は、私たちのサンプルの86のインド・ヨーロッパ（IE）語群においては、47の語源の異なる形を生み出した。一方、置換率が最も低い語は、IE言語系統樹の全体を通して、同じ語源に由来するたった1つの形で表現されていた。このように形がゆっくり進化する語の中には、『二』『三』『五』といった数詞や、『誰』『私』という代名詞が含まれていた[26]」

彼らはその後、バントゥー語族（103言語）とオーストロネシア語族（400言語）に目を向けた。各言語にまつわる歴史的記録を用いて、各言語の年代を（可能な部分で）確定し、実に手の込んだ統計を使って、「時間軸付きの」系統樹を再建した。「IE系統樹のスタートはおよそ7654±915年前で、オーストロネシア語系統樹のスタートは6924±500年前、バントゥー語系統樹は6929±418年前だと測定されている」。明らかになったのは、どの語族も語彙の置換率が実によく似ていたことだ。

彼らはその後、変化――ある語が語源の異なる語に置き換わること――が最もゆっくりな語を表にまとめた（表2を参照）。

こうした再建は約1万年をベースにしているが、パーゲルと同僚たちは、（「五」を最大とする）最小数詞は変化のスピードが遅いので、10万年にわたって変わらないままだろう、と主張している。五を超える数詞は同じように保存されていないため、大きな数詞はのちに加えられた可能性がある。

あらゆる語族が派生した最初の言語（共通基語）がないのなら、この発見は、数詞とは誰か一人が自分の計数に役立てるために発明したものではない、と示している。数詞は、その言語の話者が少なくとも1万年前、いやおそらく10万年前にはすでに持っていた概念を表現するために使われていた。話者たちがまだ5という観念を持っていないのに、「五」という数詞を持っても意味がなかったはずである。

もちろん、数を数えることを発明してみんなに教えた最初の先生がいた可能性を否定するわけではない。もしかしたら、複数の先生たちがそれぞれに計数と対応する数詞を発明し、自分が属する小さな一族に教え、その集団が大きくなっていったのかもしれない。だが、その可能性は低いだろう。

第2章で述べたように、すべての言語に数詞があるわけではない。アマゾン川流域の一部の言語や、オーストラリア先住民の言語（パマ・ニュンガン語群）の大半には、数詞がほとんどない。どうやらこうした言語の大半は、1、2、3にあたる数詞しか持たないらしいのだ。時折4にあたる数詞を持つ場合もあるが、9つの言語は1と2にあたる数詞しか持っていない。[27] こうした数詞も、私が知っている言語においては、そして、おそらくほとんどの言語において、数を数えるのには使われていない。たとえば、ワルピリ語では、歴史的に、――ほかの多くのオーストラリアの言語もそうなのだが――計数システムは「ない」「一」「二」「いくつか」「たくさん」で成り立っている。[28]「一」と「二」ですら、やや大雑把に使われているらしく、たとえば「二」が「三」を表している場合もある。また、こうした数は、言語によっては名詞や会話のほかの部分の文法上の標識［訳注：語や文につくことによって、文法的機能を示すもの］として表現されることも多い。ワルピリ語には、単数、双数（＝2）、少数（いくつか）、複数（たくさん）に対する標識がある。ワルピリ語では実のところ、クレア・ボウエンとジェイソン・ゼンツが編集した大規模な言語資料にある49言語と同じように、3は「2と1」という組み合わせで表現される。ただし最近では、メアリー・ラフレンのような教育の向上に取り組む言語学者の協力を得て、ワルピリ族の児童たちは新たな数詞を教わっている。

状況は、遠く離れたアマゾン川流域の言語ととてもよく似ている。アレクサンドラ・アイヘンヴァルト（P65～66を参照）は、次のように書いている。

「数を数える慣行がないからといって、人々が数量の違いを認識できないわけではない。人類学者アラン・ホルムバーグは述べている。ボリビア東部のシリオノ族は『3より大きい数を数えられない』と。ホルムバーグは、さらにこうも述べている。彼らは100本のトウモロコシの束から1本が取り除かれたら、必ず気づける……［とにかく］『計数の基盤となる原理は存在するので、そのギャップを埋めるのはささいな問題である』（ヘイル／1975年）。だからスペイン語やポルトガル語の計数システムは、アマゾンの人たちに瞬く間に習得され、使用されているのだ。とくにお金を使わなくてはならない場面では」

なぜこうした言語に数詞がないのかはよくわからない。だから、古代の人たちが何を、なぜ数えていたのかを問う必要があるだろう。シュメールでトークンや粘土に刻んだ記号が発達したのは、シュメールの会計士たちが、新たに発明された定住農業の生産物やその交易を記録する必要があったからだ。注目してもらいたいことがある。それは、最初のトークンが純粋な数ではなく、脂尾羊や油のような物の数だったことだ。

伝統的農業や交易をほとんど行わないニューギニア高地の遠い渓谷では、身体の部位を使って数を数えていたが、これは交易とは別の目的に役立っていた。ここの集団には、贈り物を交換する文化があったのだ。ふさわしいお返しをするなら、もらったブタの数を覚えておかなくてはならない。

古代オーストラリア人が長距離間で広く交易していた証拠は数多くあるが、彼らは面と向かって交易をしていたようだ。つまり、古代シュメール人のような船荷証券やインボイスの必要がなかったから、書く必要も生じなかった。おそらく交易は「これをくれたら、これをあげる」という対面での物々交換だったのだろう。この手の取引に、数詞は必要ない。部族間のコミュニケーションには手話が広く使われていたが、やはり数を表すサインはないらしく、[29]木の棒や骨や石に数を刻んだ様子もない。

　また、古代オーストラリア人は基本的に狩猟採集民だったから、季節ごとに交易するほど食物に余裕はなかった。これも肥沃な三日月地帯やニューギニアの住人と違うところだ。とはいえ、これは推測にすぎない。オーストラリアの言語には、なぜ通常あるはずの数詞を補完するものがないのかは、依然として謎のままだ。とくに、ほかの語族において5までの数詞があれほど不変で、あれほど古くからあることを考えると。もしかしたらパマ・ニュンガン祖語の最古の話者たちは、実は数詞を持っていたけれど、使わなくなって消滅したのだろうか？

　すでに話したように、最古の文字システムは、計数の結果を記録するために使われていた。また、シュメールのトークンやインカのキープのように、古代には数的情報を記録する、文字を使わないシステムもあった。先史時代のヒト属のメンバーは——サピエンス、ネアンデルターレンシス、そして、もしかしたらエレクトゥスも——数えた数を骨や石や洞窟の壁に記録していた。太古の人類は、ほぼ間違いなく数詞を持っていた。この証拠は、人類も人類の祖先も数を数えられたこと、数えた結果を表現できたことを強く示唆している。私たちが、すでに数や計数の概念を持っていたからだ。そしてそれは、「私たちの祖先は、計数のメカニズムを受け継いでいた」という主張を裏づけている。

第4章 サルは計算できるのか？——類人猿とサル

ヒト属の祖先は、数を数えて計算するだけでなく、数えた結果を骨や石や洞窟の壁に記録していた。たとえ文字——言葉を表す記号——を持っていなくても。彼らはおそらく10万年前には、数詞を口にしたり耳にしたりしていただろう。今考えているのは、さらに遠いヒト科の祖先である大型類人猿や、それよりさらに遠縁のサルたちも数を数えたり計算したりできるのかどうか、できるとしたら何を数えられるのか、である。私たちが共通の祖先から計数のメカニズムを受け継いでいるのなら、彼らの計数や計算は私たちが頭頂葉に持つのとよく似た脳のネットワークの中で行われているはずだ。実は、３０００万年前に共通の祖先から分かれた、現代のマカクザルの頭頂葉のある領域は、計数と若干の計算を行っている。マカクザルは数を数えるのがわりあい得意だが、霊長類のチャンピオンは、わずか６００万年前に私たちから枝分かれした大型類人猿だ。

京都大学の天才チンパンジー・アイ

あらゆる動物の数学能力をめぐる最も驚異的な話の1つは、京都大学霊長類研究所（ＫＵＰＲＩ）で、松沢哲郎がチンパンジーのアイとその息子のアユムに行った研究である。松沢はその始まりを、次のように説明している。

「１９７７年11月30日、１歳のメスのチンパンジーがＫＵＰＲＩに到着した。西アフリカの4ヵ国——ギニア、シエラレオネ、リベリア、コートジボワール——に広がるギニアの森で生まれた野生のチンパンジーだ。つまり、ニシチンパンジー（学名：Pan troglodytes verus）だということ。この子は、動物商を通じて購入された。野生のチンパンジーの輸入は、当時はまだ合法だった。１９７０年代には、日本は主にB型肝炎の生物医学研究のために、１００頭を超える野生のチンパンジーを輸入しており、この幼いチンパンジーもその1頭だった。しかし、彼女は生物医学の研究施設ではなくＫＵＰＲＩに送られ、日本初の類人猿の言語研究プロジェクトの被験者となった。チンパンジーは間もなく『アイ』というニックネームをもらった。アイは日本語で『愛』を意味し、日本で人気のある女の子の名前の1つだ。アイは１９７６年生まれと推定されたので、到着したときは1歳くらいだった」[1]

ちょうどこの時期、大型類人猿と何らかの言語コミュニケーションが取れる可能性に対して、科学界は大いに盛り上がっていた。類人猿の発声器官は人間とは大きく異なるので、ほかの手段が検討された。アメリカやカナダのろう者が使用する「アメリカ手話」が、チンパンジーのワショー[2]とニム・チンプスキー、ゴリラのココとのやりとりに使われた。ジョージア州立大学のデュエイン・ランボーは、チンパンジーのラナとのやりとりに別の方法を使った。ラナは、コンピューターのキーボードに描かれた「レキシグラム」という抽象的な記号に反応するよう求められた。

こうした言語能力の研究というより、「［松沢が］本当に目指したのは、明確に定義された視覚的記号を通して、チンパンジーから見た世界を研究することだった……チンパンジーはこの世界をどのように見ているのだろう？ 私たちと同じように認識しているのだろうか？ と」。ランボーのように、松沢もレキシグラム——日本語の漢字にどこか似ている黒と白の図形——を使った。レキシグラムはコンピューターで管理されるため、何が行われ、アイがどんな行動を取ったのか、客観的で正確で詳細な記録が得られる。レキシグラムに加えて、松沢は、「見本合わせ」の手法（第1章を参照）を用いて、アイがアルファベットの26文字と0～9までの数字を認識・記憶できるかどうかを調べた。この手法を使って異なる刺激を識別する能力を調べつつ、松沢と同僚たちは、短期記憶、逐次学習、生物学的運動知覚、色覚と物体認識、顔認識、さらには錯視さえも検査した。

アイが5歳くらいになると、数の訓練が始まった。アイはすでに物体や色の名前に合わせてレキシグラムを使うことを学んでいた。まず、11種の色を表す記号——たとえば、「◇」は「赤」——を、その記号が描かれたキーを押すことで学んだ。それから、鉛筆「◈」、靴、ボール、スプーンといった14種類の物の記号を、適切なキーを押すことで学習していった。アイがきちんと学べたので、松沢はある物――たとえば赤い鉛筆――の「数」についての訓練を行い、次に新しい物や新しい色を取り入れて、アイがやはり新しい物の数を挙げられるかどうか、確認することができた。別の試験では、アイは、数字と色と物のキーを好きな順番に押すよう求められた。たとえば、「赤、鉛筆、６」のように。わかったことは、数のキーが常に最後に押されることだった。

注目してほしいのは、物の集合の「数」をある数字と一致させるためには、アイが集合の物の性質とは無関係な数字の意味を認識していなくてはならないことだ。つまり、アイが心でとらえる「数」のイメージは抽象的、少なくともわりあい抽象的である、ということ。私がとくに驚異的だと感じるのは、５歳のアイが11種類の色の記号と14種類の物の記号と６つの「数」を記憶して正しく使い、求めに応じて正しく提示できる点である。

偉大な霊長類学者のジェーン・グドールも、同じようにアイに感銘を受けていた。

「初めてアイを見たとき、彼女はほかのチンパンジーたちと一緒に囲いの中にいた。目が合ったので、私はチンパンジーが挨拶し合うときに出す優しく喘ぐような《パントグラント》声を出したが、アイは返事をしなかった。１時間後、私はうずくまって、コンピューターに向かうアイを観察しようと、小さな窓ガラスをのぞき込んでいた。松沢にこう警告された。『アイは間違えるのが嫌いです。とくに知らない人が見ているときは。毛を逆立てて、あなたに向かって突進し、ガラス窓をたたくでしょう。でも、心配は要りません。防弾ガラスですから！』」（松沢らが編集した『Cognitive Development in Chimpanzees

（未邦訳：チンパンジーの認知発達）』（２００６年）の序文）

　松沢と同僚の友永雅己が考案した実験は、画面に点の集合を不規則に並べ、毎回異なる配置で提示する、というものだった。画面の隣に置かれたタッチパネルには、数字がやはり不規則に並び、毎回異なる配置で提示される。アイは点の数に相当する数字に触れるよう求められた。実験の条件は２つ。１つ目は、アイが数字に触れるまで、点が表示される。２つ目は、点は１００ミリ秒間表示されたあと、抽象模様で覆われて見えなくなる、というもの。

　点を短く表示する条件のときは、アイと４人の人間は同等の正確さで課題をこなしたが、点の数が５つを超えると、アイのほうがずっと速くこなした。表示時間の制限のない条件のほうでは、人間もアイも点の数が増えるに従って反応時間が増えたが、アイのほうが反応は速く、とくに点が最も多い９つのときは、人間よりずっと速く反応した。[3]

　ジェーン・グドールは、「短く提示された一連の数を覚える」という別の課題に取り組むアイを観察した。

　「ある出来事が説明しているのは、こうした［集中の］質がいかにアイの成功を高めるかだ。アイはコンピューター画面に映る一連の数を記憶して、２つ目の画面で再現する、という難しい課題に取り組んでいた。そこには撮影班がいて、私もいた。静かな環境で課題に取り組むのに慣れているアイは、撮影班がもっとよく見ようと一人、また一人と移動し、たびたび檻《おり》にぶつかると、集中力を失いだした。そしてミスをし始め、数分後には、毛を逆立て始めた。私は、きっと足を踏み鳴らして不満を爆発させるだろうと思っていたが、アイは突然、課題に取り組むのを一切やめた。逆立っていた毛も元に戻り、アイはじっと座って2つの画面の間の一点を見つめているようだった。少なくとも30秒か、たぶんもっと長く、アイはまったく動かなかった。それから、また取り組み始めた。それ以降は、騒がしい人間の観察者たちにもう注意を向けることはなかった。まさに、ここで投げ出すか、さもなくば気を取り直して課題を進めるしかない、と決心したかのように！　とにかく、あの中断が何を意味していたにせよ、アイはそれ以上ミスをしなかった！」（松沢らが編集した『Cognitive Development in Chimpanzees』の序文）

チンパンジーの頭の中にある地図

アイは幅広い訓練を積んでいたが、彼女の見習いである息子のアユムはどうだったのだろう？　「アユムがコンピューターに向かうところを観察した」と、グドールは書いている。「アイと同じように、彼も素晴らしい集中力を持っているようで、小さな報酬のために正解のパネルを喜んで押していた」

松沢の研究方法では、チンパンジーは、研究所に来て認知課題に取り組むことを選べる。強制はしないし、課題をこなすことで食べ物の報酬が追加されることもない。チンパンジーたちは、課題を楽しんでいるように見えた。また、大人のメスが実験に参加することを選ぶときは、子どもを連れてきても構わない。野生の幼いチンパンジーは母親のそばを離れず、5歳まで乳を飲んでいることさえある。アイがアユムを連れてきたとき、タッチパネル式のコンピューターがアユム用に提供されたから、アユムがそうしたいなら、母親を観察して真似ることができた。

「[彼は]アラビア数字を学び始めた……4歳で。アユムは練習を始める前に、生まれたときから母親がコンピューターで課題をこなす姿を観察していた。自分の番が来たとき、アユムはまず数字の1に触れ、次に2に触れた。2004年4月のことだ。のちにアユムは、『1-2-3』と触れることを学び、その後、『1-2-3-4』……と順に学んでいった。次第に、母親と同じように1〜9までのすべての数字に触れることに成功した。アユムはその後、次の段階に進んだ。数字を記憶することである。モニターに5つの数字が現れるところを想像してほしい。アユムが最初の数字に触れると、ほかの数字は白い長方形に変わる……それでもアユムは、長方形に[数字の]正しい順序で触れることができる。この課題をこなすためには、最初の数字に触れる前に、数字とそれぞれの位置を記憶していなくてはならない。一目見た5つの数字を記憶するアユムの力は、今や母親を超え、人間の大人たちをも超えている」

この調査では、数字を表示してから隠すまでの間隔――見る者が情報を取り込まなくてはならない時間――をさまざまに設定した。間隔が650ミリ秒の場合は、人間はアユムと同等の成績が取れるが、アイは取れない。さらに間隔が短くなると、アユムは人間よりよくできる。[4]

こうした調査からわかるのは、チンパンジーが研究所で、数的能力を極めて高いレベルまで発揮できるようになること。これは、彼らの脳が「数のモジュール」を受け継いでおり、そのおかげで数を数えられるし、数の大きさの順序を学べるし、簡単な計算ができることをうかがわせるが、証明してはいない。

彼らが数のモジュールを持っているなら、チンパンジーが人間の課題を上手にこなすのも、おそらく驚くには当たらない。すべての動物種の中で、私たちに最もよく似ているのは、大型類人猿——チンパンジー、ゴリラ、ボノボ、オランウータン。中でもとりわけよく似ているのが、チンパンジーなのだ。チンパンジーは人間（ホモ・サピエンス）と同じ科（ヒト科）の一員で、彼らの種族が私たちから枝分かれしたのはわずか600万年前だ。地球の生命史においてはそれほど前のことではないし、脊椎動物の歴史の1パーセントを占めるにすぎない。チンパンジーと私たちのゲノムの違いは、2パーセント未満だ。彼らの脳は私たちの脳より小さいが、それほど小さいわけでもない。あちらが384グラムで、平均的な人間の脳は1350グラムだ。彼らの脳のニューロンは280億個で、私たちのは860億個だが、構造はとてもよく似ている。

チンパンジーの目を見張るような認知能力は、驚くには当たらない。野生では、絶えず更新される認知地図が必要だからだ。実がなる木を見つけ、その実が食べられるくらいに熟れる時期をはじき出し、木になっている実がすでに取られてしまったのかどうかを記憶するためである。それから、植物のどの部分が食用で、どの部分を食べてはいけないのかも、知っておく必要がある。[5]

1970年代にアメリカの霊長類学者、エミル・メンゼル（1929〜2012年）が実施した素晴らしい実験は、若いチンパンジーが最高の食べ物が見つかる場所を記憶できることを証明した。[6]その実験を説明しよう。実験者が、1頭のチンパンジーを連れて野原を歩いた。2人目の実験者が、無作為に選んだ18ヵ所に、1つずつ果物を隠した。チンパンジーはそれをすべて見ていたが、即座に食べ物に近づくという普通の反応は許されなかった。メンゼルのチームはこれを16日間、毎回隠す場所を変えて繰り返した。平均すると、被験者である4頭のチンパンジーは、18個の隠された食べ物のうち12・5個を発見したが、対照実験に参加した2頭のチンパンジー――食べ物の隠し場所を見せられず、ただ野原を探し回った――は、平均で1個未満しか発見できなかった。メンゼルは次のように報告している。「被験者の動物はたいてい、食べ物が隠された草や葉の茂み、木の切り株、地面の穴に向かって、的確にまっすぐ走っていき、食べ物をつかむと、少し立ち止まって食べ、また次の場所にまっすぐ走っていった。その場所がどれほど遠くても、視覚的な障害物でどれほど見えにくくても」

2つ目の実験では、すべてを果物にするのではなく、半分の場所には、チンパンジーが果物ほどは好まない野菜を隠した。すると、チンパンジーたちは果物があると記憶している場所にまっすぐ向かい、野菜は無視した。つまり、チンパンジーはちらっと見せられた18ヵ所と、そこにある物を記憶する途方もない力を持っていたのだ。しかし、さらに驚異的なのは、チンパンジーたちが、実験者が歩いた記憶に残っているはずの道を通らず、最短距離で行ける最善の道を選んだことだ。要するに、彼らは、最善の経路を求める「巡回セールスマン問題」［訳注：セールスマンがいくつかの都市をすべて一度ずつ訪問し、最小の移動距離で戻る経路を求める数学の問題］を解いたことになる。これには頭の中の地図と高度な計算が必要だが、チンパンジーがどうやって解いているのかはまだわかっていない。

類人猿の数の上限は？

私たち人間、とくに石器時代の祖先と同じように、チンパンジーも縄張り意識が強く、社会性があり、小さな集団（コミュニティ）で暮らし、遊び、母親を中心とした集団で子育てをし、死者を悼み、ほかのコミュニティを攻撃し、道具を使用・作製する。ジェーン・グドールが、草の茎でシロアリを釣り上げるチンパンジーの様子を詳細に報告して以来、アフリカ全土の野生のチンパンジーの研究現場では、道具の使用が綿密に調査されている。

チンパンジーはまた、声や顔の表情でコミュニケーションを取る、雑食性の果食動物である（肉や昆虫をはじめ何でも食べるが、手に入るなら果物を選ぶ）。そして協力し合い、順位をつけ（群れを支配するオスがいる）、コミュニティのほかのメンバーを認識し、だますこともできる。私たちと同じように、彼らも積極的に社会を学んでいる。子どもは群れの慣行――たとえば、石の台座と石のハンマーを使って殻の硬いパームナッツを割る方法など――を母親から学ぶ。これは概して、師弟間の学びに近い。師匠（母親）が手取り足取り教えるわけではないが、子どもは母親の動きを間近に見ることができる。アユムがそうしていたように。

別のチンパンジーの群れが暮らす、コートジボワールの「タイ国立公園」では、マックス・プランク進化人類学研究所のクリストフ・ボッシュが、母親たちが子どもに積極的に教える姿を観察した。では、わが子に教えるある母親の様子を紹介しよう。

「1987年2月22日、サロメは非常に硬いパンダ科のナッツを割っていた。6歳のサルトルは、母親がすでに一部を割った18個のナッツのうち17個を取った。そして、母親が見ている前で、彼女の石のハンマーを手に取り、自分でナッツを割ろうとした。このナッツはなかなかうまく割れない。硬い木の殻の中に3つの実が別々に埋め込まれているので、ナッツが一部割れても、別の実も手に入れたいなら、毎回ナッツを元の位置にきちんと戻してから割らなくてはならないのだ。ナッツが1回うまく割れたあとに、サルトルは2つ目の実を手に入れようと、ナッツをでたらめに石の台座に戻した。だが、サルトルがたたく前に、母親のサロメがナッツを手に取って、台座をきれいにし、ナッツを注意深く正しい位置に戻した。するとサルトルは、母親が見ている前で上手に割って、2つ目の実を食べた。こうして母親は、ナッツの正しい置き方を実演して見せたのだ。子どもは、いずれ一人で割れるようになったのだろうが[7]」

集団が違えば、とくに遠く離れた集団であれば、人間も同じだが、文化が違う。たとえば、道具の使い方が違っていたりする。このナッツ割りをするのは、西アフリカのチンパンジー（学名：Pan troglodytes verus）だけで、中央および東アフリカのチンパンジーはしない。葉っぱの折り畳みは、水を飲むのに使われているが、その厳密な手法は集団によってさまざまだ[8]。おそらく積極的に教えるのも、一部のチンパンジー特有の文化なのだろう。人間と同じように、あるスキルの獲得には感受期［訳注：学習が成立する一定の期間］があるようだ。ナッツ割りを学べるのは4～5歳（最年少3歳、最年長7

歳）までで、その時期を過ぎると学びづらくなるようだ。

ほかの大型類人猿も、チンパンジーとよく似た数的能力を持っている。ある調査で、チンパンジー（学名：Pan troglodytes）とボノボ（学名：Pan paniscus）、ゴリラ（学名：Gorilla gorilla）、オランウータン（学名：Pongo pygmaeus）に、ある課題を与えて比較した。一皿につき0～10粒の食べ物が載った2つの皿から、粒が多いほうの皿を選ぶ課題だ。食べ物は、選んだあとでしかもらえない。それは、皿に載った食べ物を見て選べるときも、皿が覆い隠されて数を思い出さなくてはならないときも同じだった。2つの課題において——見て選ぶ場合も、思い出して選ぶ場合も——種による成績の差は見られなかった。[9]

とはいえ、被験者が数を数えたのではなく、それぞれの皿の食べ物の量を見たり記憶したりしただけだった可能性もある。では、類人猿たちが本当に数を数えて記憶しなくてはいけない状況にしたらどうだろう？　次の課題では、被験者の類人猿は、食べ物が1粒ずつコップAに放り込まれる様子を見せられ、その後コップBに1粒ずつ放り込まれる様子を見せられた。2つのコップの中身は見えない。被験者はどちらかのコップを選ばなくてはならないが、粒が多く入ったコップを選べば、より多くの報酬がもらえる。どちらのコップにも6粒以下しか入っていないときは、ボノボ以外の類人猿はみんな、どうにか粒が多いほうのコップを選べた。だが、どちらのコップにも6～10粒の食べ物が放り込まれた場合は、どの類人猿も成功しなかった。[9]　つまり、比較の課題をこなすために類人猿が記憶できる物の数には上限があるようだ。

数でチームを統制するチンパンジー

チンパンジーは、私たちと同じように、協力して狩りをするために行動を調整する。また、交尾するかもしれない相手を守ろうと同盟を組んだり、縄張りをパトロールしたりする。群れが道を渡らなくてはならないときに、力を持つオスが護衛役を務めている動画を観たことがあるだろう。では、数を数えることについてはどうなのだろう？　協力して数を数えられるのだろうか？　松沢の研究所で行われた、別の巧みな実験を紹介しよう。

先ほど述べた、アイとアユムが順番通りに数字に触れていく課題について考えてみよう。アイが1に触れると、アユムが2に触れ、アイが3に……と協力し合うことはできるのだろうか？　3組のチンパンジーの母子を使って、実験が行われた。全員が数字の順序をよく知っていた[10]。

3組すべてが、最小限の試行錯誤を経て、瞬く間に課題を学び、ほぼ完璧な正確さでこなせるようになった。つまり、すべてのチンパンジーが1〜9までの数字を正しい順序で学べた上に、協力し合って、正しい順序で数字に触れることができたのだ。何の問題もなく。

これらは類人猿が持つ途方もない数的スキルだが、こうした能力が野生でどのように使われているのか調べてみる価値はあるだろう。これは、注意深く管理された研究所で実験するよりも、解明がはるかに難しい。野生で協力し合って数を活用する様子を、観察できるものだろうか？　その一例が、クリストフ・ボッシュの研究だ。タイ国立公園の20メートル先がほぼ見えない鬱蒼《うっそう》とした熱帯雨林で、ボッシュはチンパンジーの複数のコミュニティを調査していた。そんな状況でも、チンパンジーたちはたいてい7〜12頭の集団に分かれて食料を探し、約80頭から成るコミュニティと連絡を取り続ける。全員で密林の中を何時間も決まった方向に移動するのだが、ある集団からほかの集団は見えない。そのため、聴覚的なコミュニケーションが求められる。その1つが「パントフート」と呼ばれる、大きなわかりやすい鳴き声だ。もう1つは、音がよく響く「板根《ばんこん》」と呼ばれる地上に発達した板状の木の根を手や足で「ドラミング」することだ。これは1キロ以上離れていても聞こえる。

ボッシュが40年前にある群れで観察したのは、実に驚くべき現象だった。群れを支配するオスのブルータスが、木の根っこをドラミングした。ブルータスが同じ木を2回ドラミングすると、全員が60分休憩してから、また活動を再開した。「一度、ブルータスが同じ木を4回ドラミングするのを聞いたが、コミュニティはそのあと2時間16分休憩した。わずか一例で結論を導くわけにはいかないが、ドラミングの回数が休憩の長さを示している可能性はある」。さらに、ブルータスがある木を1回たたいたあとに別の木を2回たたいたときは、進行方向を2本の木の間に変更した合図だったようだ。[11] これは、ボッシュが適切に指摘している通り、「記号的コミュニケーション」で、ここでの記号システムの要素の1つは数だった。

この数にまつわるドラミングは、ブルータスに特有のものでも、タイ国立公園に特有のものでもないことが判明している。タンザニアのゴンベ渓流国立公園やウガンダのキバレ国立公園で、ジェーン・グドールも観察していた。また、タイ国立公園の森林では、ボッシュのチームがブルータスとほかの5頭の大人のオスが発する音声を録音し、データを収集していた。明らかに、使われた数はわずか2までに限定されている。4が使われた事例も1つあるが、おそらく2を2回繰り返したのだろう。

野生における数的評価は、チンパンジーの2つの集団が対立したときにも起こる。グドールがゴンベで初めて観察したように、チンパンジーは縄張り意識が強く、明確に定められた行動圏を持っている。だから、オスは自分たちの縄張りに侵入するよそ者のオスを攻撃する。グドールが観察した敵の命を奪った5件の攻撃には、少なくとも3頭の大人のオスの集団が関わっていた。どの攻撃も、対立するコミュニティの1頭を攻撃する、敵を数で上回っている、というケースだった。敵を殺したチンパンジーたちは、自分たちの頭数と敵の頭数を比較していたのだろうか？　どうすればその事実を明らかにできるだろう？

答えは、「再生《プレイバック》」実験がくれる。再生実験は、生物が大きすぎたり強すぎたり危険すぎたりして、ほかの方法で調べられないときに用いられる。たとえば、再生実験は行動生態学者カレン・マコームが、タンザニアのセレンゲティ国立公園のライオンの縄張り防衛を調べたことに端を発している（第5章を参照）。チンパンジーのコミュニティは、よそ者の声だと思われるパントフートが近くで聞こえたら、縄張りに侵入される恐れがあるので、どう対処するか決めなくてはならない。オスたちはオスの侵入者を攻撃して殺そうとするだろうが、侵入者を数で上回っていたら、成功する確率が高まる。その場合、数で負けている集団は逃げ出して、いずれ戦う日のために生き延びようとする可能性が高い。

ウガンダのキバレ国立公園で、ハーバード大学のマイケル・ウィルソン、マーク・ハウザー、リチャード・ランガムが、群れを防衛する側が、攻撃を加える前に、侵入者に対する数的評価を本当に行うのかどうかを調査した。彼らはカニャワラ・コミュニティの縄張りの境界にラウドスピーカーを設置して、1頭のよそ者のオスのパントフートを再生した[12]。

結果は印象的かつ明快なものだった。防衛側が3頭を超えている場合は、ほぼ確実に反撃の声をあげた。つまり、攻撃的なパントフートを開始したのだ。そして、「侵入者」を攻撃する確率は防衛者の数と共に高まり、8頭集まると、ほぼ確実にラウドスピーカーに近づき始めた。

これは本当に数的評価だろうか？　防衛者が聴覚的情報——ラウドスピーカーのパントフート——を、ほかの様相の情報——たとえば、見回して自分たちの頭数を確かめたときの視覚的情報——と比較するのには、ある程度の抽象性がある。ただし、これは「n対1」の事例で、nのほうには1〜9くらいの幅があった。侵入者の数もさまざまに変化したらどうなるのかを確かめたら、さらに興味深い実験になっただろう、と私は思う。「ウェーバー比」の特徴——差分の比率——の影響を確認できただろうか？　これは、第5章でお話しするように、マコームと同僚たちがライオンの群れに対する再生実験で調べたことである。

チンパンジーが「巡回セールスマン問題」のような複雑で現実的な計算ができる証拠もあるが、彼らが研究所の中での簡単な計算をこなせる証拠もいくつかある。たとえば、霊長類学者のサラ・ボイセンは、チンパンジーのシーバが、数字と物の集合とを——たとえば、「2」と「■■」のように——最大5まで結びつけられるよう訓練した。シーバはまた、2つの数字が提示されている場所を探検させてもらい、その後、5つの数字の中から1つを選んで報酬をもらっていた。シーバは間もなく、2つの数字の合計が4以下ならば、答えを選べるようになった（1は「1＋0」であり、2は「0＋2」や「1＋1」

であり、3は「0＋3」や「1＋2」であり、4は「1＋3」や「2＋2」である、と[13]。これはボイセンが述べているように、人間の子どもたちが数を学ぶ方法とはまるで異なっている（第2章を参照）。アイの最初のふるまいでさえ、人間のそれとは異なっていた。新しい数字——たとえば3——を学んだとき、アイは1と2の意味に対する知識をもとに、「3は新しい数を意味するに違いない」と一般化したりはしなかった。だが、人間の子どもたちは、しばらくすると無意識のうちに、次の数詞や「数」に対する一般化を行う。ただし、人間の子どもたちがまず数詞を学び、耳から入ってくるほかの言葉の意味を学ぶのと同じように文脈の中で数を学んでいることは、注目に値するだろう。つまり、人間の子どもたちは言語を持たないチンパンジーよりも有利なスタートを切っているのだ。

「サルと大学生の基礎数学」

サルは私たちにとって、大型類人猿よりもさらに遠縁に当たる。最後の共通の祖先がいたのは、類人猿なら約600万年前だが、サルの場合は3000万年前までさかのぼる。サルはまた、大型類人猿よりずっと脳が小さい。たとえば、マカク属のアカゲザル（学名：Macaca mulatta）の脳は、のちほどお話しするように、人間の能力のモデルとしてよく使われるが、重さは約96グラムで、ニューロンの数は64億個だ。ちなみに、チンパンジーの脳の重さは384グラムで、ニューロンは280億個ある。もちろん、違っているのはサイズだけではない。仕組みも、よく似ているように見えても、アカゲザルの脳は人間やチンパンジーの脳の単なる小型版ではない。人間の、そしておそらくチンパンジーの認識力にとっても極めて重要な前頭前皮質が、アカゲザルの場合はわりと小ぶりなのだ。ただし、のちの章でお話しするように、魚や昆虫のちっぽけな脳ですら、数を数えることはできる。重要なのは、ある動物が何を、どの程度まで数えられるかなのだ。

サルの数的能力を決定的に示した最初の調査は、ニューヨークのコロンビア大学の優秀な学生だったエリザベス・ブラノンとその指導教員のハーブ・テラスが行った。[14] 彼らの調査は、数的能力の非常に厳格な試験だった。2つの1〜4個の物の集合から「数」が大きいほうを選ぶ訓練をしたあとに、マカクザルのローゼンクランツとマクダフは、新しい2つの集合を2組提示された。そこで重要だったのは、新たな2組を提示された際の、彼らの反応だった。新たな2組の中には、訓練でなじんだ物の集合もあったが、目新しい物の集合もあった。ローゼンクランツとマクダフは、訓練試験で、多いほうを選ぶと報酬がもらえた。これは「道具的条件づけ」の一例で、テラスはハーバード大学でこのパラダイムの指導者であるフレッド・スキナーの教え子だった。マカクザルがほかの視覚的特性にではなく「数」に反応していることを確認するために、非常に広範な対照実験が行われた。図1で、使用された刺激集合の一部を紹介している。

サルたちは、両方の集合がなじみのある物でも、一方が目新しい物の集合でも、両方の集合が目新しい物で構成されていても、数の順序づけをすでに学んでいた。

サルたちは、目に見える物や聞こえるものだけを数えているわけではない。彼らは、自分たちの動作も数えられる（動作の計数については、第5章でさらに詳しくお話しする）。東北大学の丹治順と同僚たちは、やはりマカク属のニホンザル（学名：Macaca fuscata）に、レバーを5回押し、1・4〜7・

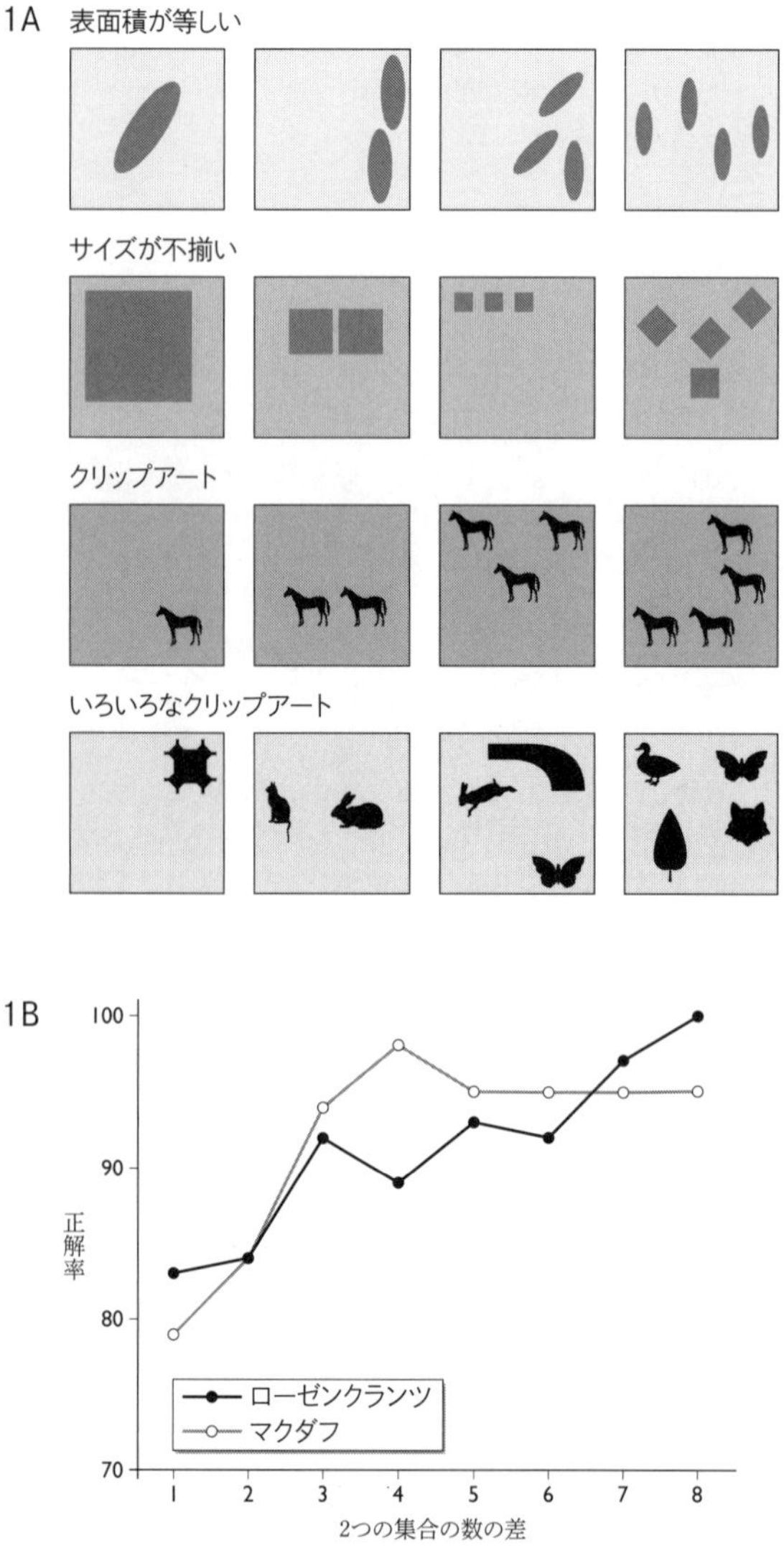

図１　１Ａ：サルに対する最初の「数の順序づけ実験」に使われた刺激の例。１Ｂ：２つの新しい集合が提示された試験の結果。「ウェーバーの法則」に従っている――２つの集合の差が大きければ大きいほど、大きい集合が正確に選択される率も上がった[14]。

5秒間合図を待って、レバーを5回回し、そのサイクルを繰り返すよう求めた。かなりの訓練が必要だったが、サルたちは10ヵ月後には非常に正確にできるようになり、ほぼ必ず、少なくとも4回は正しい動作ができるようになった。[15]

　動物認知の専門家であるカナダ・ゲルフ大学のハンク・デイヴィスは信じている。動物は数的情報を使うことができるが、ほかの量的基準——面積、体積、時間——や、非量的特性——色、形、におい——が判断に使えない場合に「最後の手段」として使っているにすぎない、と。[16,17]だが、ノースカロライナ州のデューク大学にいたエリザベス・ブラノンとジェシカ・カントロンによる素晴らしい実験によると、実はマカクザルは数的評価を、選択する際の「最初の手段」にしている。[18]それを調べるために、彼らは「見本合わせ」の課題（第1章を参照）を使い、サルたちに数、もしくは、手がかりになり得るほかの特性——色、表面積、形——に基づいて見本合わせをする選択肢を与えた。たとえば、図2Aで示すように、サルたちは2つの丸印を選ぶよう訓練され、それを選ぶと報酬を与えられた。その場合、サルは丸印に反応していたのかもしれないし、2つであることに反応していたのかもしれない。「検証試験《プローブ・トライアル》」では、2つの丸印を選択肢として提示しなかったので、サルは数（2本の短剣）か形（4つの丸印）に基づいて選ぶことになった。

　同じように、図2Bで示すように、サルたちは1つの大きな正方形を選ぶよう訓練されたので、検証試験では、数（1つ）か面積に基づいて選ぶことになった。

　その結果、基本的に、サルは数を最初の手段として使うことが明らかになったが、面積の比率が難しすぎる——25パーセント以下の——場合や、「数」が大きすぎる——物が8つ以上の——場合は、判断にほかの特性を使うことがわかった。

実のところ、「数」を識別するマカクザルの能力は、人間ほど優れてはいないものの、人間によく似ている。どちらの種においても、比率の影響が顕著に現れるのだ。[19]

さらにもう1つ、ブラノンの研究所が発見したサルと人間の類似点は計算に関するもので、「サルと大学生の基礎数学」という興味をそそるタイトルの研究論文で報告された。[20] もちろん、サルが「3＋2＝？」のように提示された問題に正解できるとは誰も思わないだろう（数字を使う特別な訓練を積まない限り。P164〜165を参照）。だから、算数の問題は、別の形で提示する必要がある。サルか人間が、たとえば、3つの点がついたパネルを見せられる。そして0・5秒後には4つの点がついたパネルが現れ、また0・5秒後には、2つの小さなサブパネルのついたパネルが現れる。片方のサブパネルには7つの点があり（正解）、もう1つのサブパネルには4つの点がある（不正解）。被験者の課題は、正しい数を示すサブパネルに触れることだった。初期訓練で提示された足し算は、「1＋1」「2＋2」「4＋4」だった。

のちの試験では、合計が2、4、8、12、16になる、あらゆる組み合わせがテストされた。たとえば、8が合計なら、組み合わせは「1＋7」「2＋6」「3＋5」「4＋4」「5＋3」「6＋2」もしくは「7＋1」である。2頭のサル、ボクサーとファインスタインも、14人の大学生もこの課題をこなせたし、サルも人間もよく似たパターンを示した。正確さは2つの選択肢の比率（やはり「ウェーバー比」）に左右され、どちらのグループでも「サイズ効果」が認められた。つまり、正確さは合計の大きさに左右され、合計が大きくなるほど正確さが損なわれた。カントロンとブラノンは、サルが（そして人間も）点の全

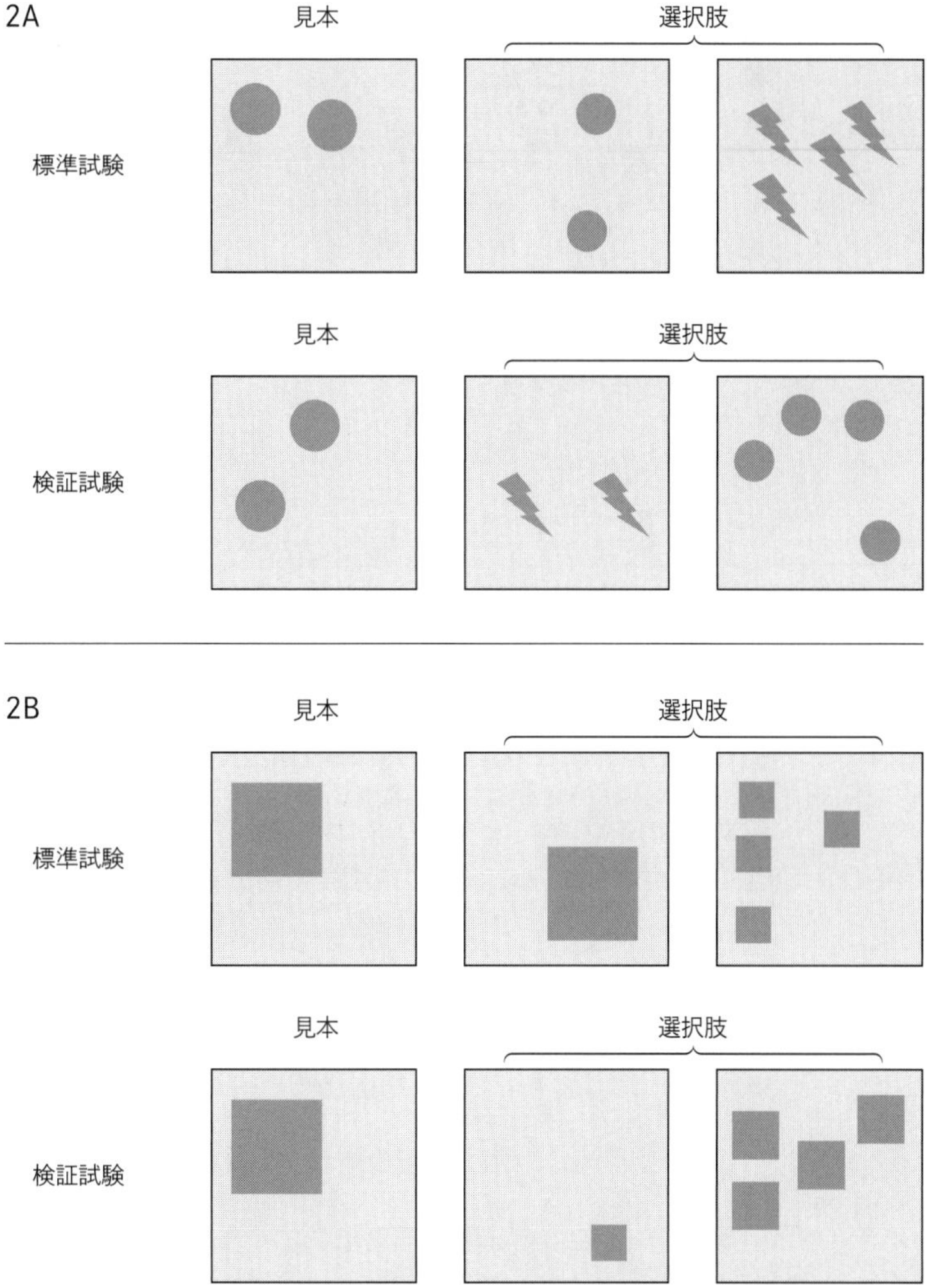

図 2　「見本合わせ」の課題。サルは「標準試験」で訓練され、その後「検証試験」で選択するよう求められるが、検証試験の選択肢にはサルが訓練された刺激は含まれていない。2 A の検証試験では、サルは「数」（2）か形に基づいて選択をする。2 B では、「数」（1）か面積に基づいて選択をする。どちらの場合も、サルはほかの特性よりも「数」に基づく選択をすることが多かった[18]。

表面積を使って選択しないように配慮した。また、単に表面積が大きい集合を選ぶのが得策、とはならないようバランスよく選択肢を提示した。当然ながら、サルと大学生には大きな差があった。人間は課題を即座にこなせたが、サルたちは偶然を上回る成績に達するまでに、少なくとも500回の訓練試験が必要だった。そして、のちの試験を始める前に、サルたちはそれぞれ5000回の訓練試験を終えていた（こうした訓練の量は、サルの調査が被験者と実験者双方にとって大変な作業である理由の1つだ[20]）。

サルに記号を教えることはできる。何年にもわたって行われているある調査では、3頭のマカクザルが、ジュースの滴《しずく》の数として提示される0〜9滴の量に対応する0、1、2、3、4、5、6、7、8、9という数字を教わり、10〜25滴を表すXYWCHUTFKLNRMEAJという文字を教わった。ハーバード大学の神経科学者、マーガレット・リヴィングストンと同僚たちは、サルの記号スキルに基づく実に巧みな実験を行った。2つの数を足すサルの能力を調べたのだ。基本的な手順は、次の通りだ。画面の左側か右側に、たとえば6の数字を映し、反対側には、たとえば4と3を映す。4と3の合計は6より大きいので、サルが「単集合」ではなく合計のほうを選んだら、報酬のジュースの滴の数が多くなる。初期訓練では、記号ではなく点が使われたが、もちろん右側の点は足し算されたのではなく、数えられただけだったかもしれない。記号を使った状況では、数を数える必要はない。しかし、サルたちはこうした記号や、記号と報酬の滴数との関係について、多くの経験を積んでいたから、実際に足し算をしたのではなく、何らかのつながりを利用したのかもしれない。その可能性を排除するために、実験者はサルたちに、0〜25を表す四角形でできたまったく新しい記号を教えた。いくつか例を挙げるなら、こんな感じだ――。たとえば、サルの被験者は画面上で、19滴に相当する単独の記号ではなく、2つの記号の合計（9＋13＝22）滴を選ぶことができた。[21]

点、数字、新しい記号という3つの状況において、サルが合計値を、主観的にとらえた2つの数の値と絡めてどのように認識しているのかをモデル化することはできる。大雑把に言えば、3つの状況のいずれにおいても、サルが認識している合計値は、実際に正しい足し算の結果になっているということだ。ただし、ディスプレイに表示される数の組み合わせによっては、小さい数を実際よりも小さく、大きな数を実際よりも大きく認識するという間違いも見られた。

これらは実に素晴らしい研究所内での調査だが、サルはこの数的能力を自発的に、訓練なしに使っているのだろうか？

足し算するサルとヒトの乳児

「野外実験」によって、それを明らかにすることはできる。初期のある調査では、プエルトリコのカヨ・サンティアゴ島で、放し飼い状態のマカクザルを使って自然な採餌活動を再現した。サルたちは広い保護区域で暮らし、実験に参加したければ参加できる状態だった。このような形でサルの数的能力の評価を行ったのは、動物行動学の専門家であるマーク・ハウザーとライラン・ハウザーと心理学者のスーザン・ケアリーだ。ケアリーはすでにお話ししたように、人間の子どもの数的能力発達の分野に欠かせない人物だ。

「2人の研究者は互いに2メートル離れ、被験者から5～10メートル離れた場所にいた。研究者それぞれがサルに独特の色をした不透明な箱を見せ、横に倒したり広げた手を中に置いたりして、空っぽであることを強調した。それから、2人とも地面の足元の前に箱を置いた。片方の研究者はそのあと、サルが見ていることを確認しながら、［りんごのスライスを］1切れ以上箱に入れた。りんごがきちんと入ったところで、研究者は立ち上がり、下を向いた。続いて、もう1人の研究者が［りんごのスライスを］1切れ以上箱に入れ、立ち上がって下を向いた。そうした動作が終わると、研究者は2人とも向きを変え、それぞれ反対方向に歩き去った[22]」

訓練はなかったので、観察された行動は、サルたちの自然な行動である。ちょうど異なる数の実がなる、2本の枝を見たときのようなものだ。では、サルたちはそのあと、りんごのスライスが多く入った箱を選ぶのだろうか？　そのためには、サルは3つのことをしなくてはならない。箱1のスライスの数を数える（または足す）、箱2のスライスの数を数える（または足す）、結果を比べる――だ。第1章でお話しした単純なアキュムレータ・モデルの観点で言えば、箱1に対応する「参照記憶」と、箱2に対応する「作業記憶」があるから、比較のプロセスでは、2つの記憶の量を比較すればよいだけだ。脳内にアキュムレータがあれば、野生のサルなら、最小の労力で最大の実を獲得し、成功を収めるだろう。

このときは15頭のサルがテストされたが、サルたちは「2切れ対1切れ」「3切れ対2切れ」「4切れ対3切れ」「5切れ対3切れ」のときは問題なく選べたが、差分の比率（ウェーバー比）が小さい――

5対4（20パーセント）の——ときや、数の一方が5より大きくなったときは、失敗した。

ちなみに、サルたちが実は計数や足し算を使わず、それぞれの箱の中の食べ物の総量を把握しているだけ、という可能性も残るが、その戦略を取る場合、各スライスの量を足したり合計したりしなくてはならないから、私のような人間にはさらに難しく思える。

ブラノンのチームが行ったもう1つの実験も、まったく訓練を必要とせず、やはりマカク属のサルにとっての自然な行動に着目したものだ。実はこの実験は、「数」を抽象的にとらえるサルの能力を証明している。

アカゲザルの被験者に、ほかのアカゲザルが声を出している1〜3本の動画を見せた。たとえば、片方のモニターには声を上げる3頭のサルが映っていて、もう一方のモニターには2頭が映っている。ここで同時に、2頭の声か3頭の声を聞かせる。アカゲザルは、2頭もしくは3頭のサルの声を聞き、聞こえる声の数と、画面に映るサルの数が一致している動画を長く見つめる。[23]

サルは何の課題もこなしていない。ブラノンと同僚たちが、被験者のサルが3頭のサルが映る動画と、2頭のサルが映る動画を見つめる時間を記録しただけだ。すると、画面に映るサルの数と、聞こえる声の数が一致しているほうのモニターを長く見つめることがわかった。つまり、サルは目に見える「数」と耳から聞こえる「数」を、偶然の一致と思われるよりも高い頻度で一致させたのだ。

ブラノンの研究所の大きな特徴の1つは、ブラノン、彼女の教え子たち、同僚たちが、難しいことで有名な2つの被験者グループ——サルと人間の赤ん坊——に、たびたび同じ実験的パラダイムを使って取り組んでいることだ。この難題にうまく対処している唯一の研究所ではないか、と私は思う。ほかの研究所は、どちらかのグループにしか対応していない。だから当然、ブラノンは赤ん坊に対しても並列実験を行った。生後7ヵ月の乳児に、2人の人間の声か3人の人間の声を聞かせたのだ。乳児たちは、聞こえる声の数と目に見える話者の数が一致している動画を長く見つめる。[24]

カヨ・サンティアゴ島で放し飼いにされている、さらに自然に近い環境のサルを被験者として、マーク・ハウザーとイェール大学の2人の同僚が、カレン・ウィンが人間の乳児に行った調査（第2章を参照）を再現した。その結果、サルも幼い人間と同じで、足し算ができることがわかった。[25] 理屈は単純だ。足し算の結果が不可解なものだったとき、サルが異なる反応をするか否かを調べたのだ。一例を紹介しよう。サルに、好きな食べ物であるレモンを3個見せ、そのあと仕切りで隠した。その後、レモンを1個、仕切りの後ろに加えるところを見せた。それから仕切りを取り除き、レモンを見せた。「3＋1」の正しい合計である4個のレモンか、「3＋1」の合計としてはあり得ない8個のレモンを。サルはそれぞれに対して異なる反応を――たとえば、不可解な結果を長く見つめるなど――するのだろうか？　ウィンの実験の乳児たちは、不可解な結果を長く見つめた。サルも同じだろうか？　もちろん、8個のレモンのほうが4個より興味を引くだろうから、実験ではその調節もしなくてはならない。ある条件では、サルは「4＋4＝4」もしくは「4＋4＝8」を提示された。サルがレモンの量が多いほうを長く見つめるなら、8個のレモンを長く見つめるはずだが、私が「算数的な予想」と呼ぶものをサルが備えているなら、4個のほうを長く見つめるはずだ。果たして、その通りになった。

また、サルたちがレモンの総量に反応している可能性もあるので、大きな、中くらいの、あるいは小さなレモンを使って調節すればサルたちがこの状況で、「数」を最後の手段としてしか使わないのかどうかの確認もできる。注目してほしいのは、サルたちが何の訓練も受けていないことだ。たった一度試験を受けただけなので、ここで測定されたことは、サルにとっての自然な行動なのだ。

重要な変数は、ほかの多くの状況と同じで、ウェーバー比――２つの結果の差分の比率――である。これは、サルが実際に数的プロセスを利用していたことを示している。たとえば、「2＋2＝6」のときと「2＋2＝4」のときは、難しい２：３の比率なので、サルは同じ時間レモンを見つめた。ここにも、訓練されていないサルと、訓練されていない乳児との類似性が見出せる。

サルのマフィアとそのビジネス

インドネシア・バリ島のウルワツ寺院で放し飼いにされている、マカク属のカニクイザル（学名：Macaca fascicularis）は真剣だ。観光客の持ち物を略奪するのだが、盗んだ品を喜んで食べ物と交換する。これは学習行動だ。若いサルよりも年かさのサルのほうがよくやるし、ウルワツでも、よくやるグループとあまりやらないグループがいる。また、観光客が大勢訪れる場所でも、ほかのサルたちは、こういうことを一切しない。ウルワツのサルは眼鏡や帽子、靴、カメラを盗むのが好きなようだが、理由は、しっかり固定されていないことが多く、盗みやすいからだ。[26] それにしても、なぜ寺院にいるサルたちがカメラをほしがるのだろう？　サルにとっては価値のないものだが、あとで価値のあるもの（食べ物）と交換できることを学習したせいだ。

とはいえ、観光客にとって一番価値の高い物が、物々交換で最高のごちそうに変わるのだろうか？

これはカナダのレスブリッジ大学の動物行動学者、ジャン・バティスト・レカと同僚たちが投げかけた問いだ[27]。携帯電話、財布、眼鏡は、サルたちが略奪をもくろむとくに価値の高い所持品だ。「サルたちは、うわの空の観光客から物をひったくる達人になったんです。『貴重品はすべてジッパーつきの手提げバッグにしまって、肩から斜め掛けにするか背中にしっかり固定しておくように』という寺院スタッフのアドバイスに耳を貸さない人もいますからね」とレカはインタビューで話している[28]。子ザルは盗んだ物の価値を理解していないようだが、年かさのサルたちは違う。彼らは値打ちの低い物よりそこそこの物、そこそこの物より高い物を狙っていた。それどころか、さまざまな価値の物を同じ観光客から盗める状況では、一番価値の高い物を選ぶ傾向にあった。賢いサルたち、少なくとも熟練したサルたちは、価値の高い物を盗むだけでなく、そうした品物でより大きな報酬を引き出せると知っているので、ささやかな報酬を拒否し、多くの食べ物や好きな食べ物が出てくるまで待つ。未熟な子ザルや若いサルたちは、値打ちのある物を盗んでも、最初に提示された報酬で手を打ってしまいがちだ。自分が盗んだ物が物々交換の段階で、どんな価値を持つのかをまだ学んでいないのだ。

レカと同僚たちはこうした熟練した行動を「価値に基づく引き換え品選び」「略奪／物々交換の報酬最大化」と呼んでいる。これは、「大事なカメラに何かあったら困るんだろう？」という、カニクイザル・マフィアによる「みかじめ料」の取り立てなのだ。

こうした行為には確かに計算が含まれているが、計数や数的な何かが関わっているのだろうか？　ベテランのサルは記憶の中に、盗めそうなさまざまな品物の価値に対する主観的な物差しを持っているはずだ。その物差しは、単なる順序づけかもしれない。たとえば、「スカーフより眼鏡、眼鏡よりカメラ」のような。あるいは、物の種類ごとに数値を与えているのかもしれない。「カメラ＝果物3つ、眼鏡＝果物2つ、スカーフ＝果物1つ」のように。これなら物々交換のときに、そのまま活用できる。レカと同僚たちは、こうした行動には広範な認知能力が必要だと考えている。

「臨機応変の選択、自制心、満足の遅延［訳注：目の前の報酬を我慢し、より価値の高い報酬を得るまで満足を先送りすること］、行動計画、計算に基づく互恵性……といったものが、最善の経済的選択をする個体の能力を助けもするし、妨げもするだろう。こうした特性が、今回の調査で明確に調査されなかったとしても、そのいくつかは私たちの今後の観察調査や実験調査の対象になるだろう」

だが、残念ながら、数的能力はそこに含まれていない。

ヒヒは脳で計算し、足で投票する

ヒヒは、研究室のような環境では数的能力を示す。実際、あるとても興味深い調査によって、ヒヒが理屈の上では計数に相当することができると証明できる。これも、エリザベス・ブラノンの研究所による調査である（図3を参照）[29]。

ヒヒたちは大きいほうの集合を選ぶよう、とくに訓練されてはいなかった。ただバケツに投入されたピーナツの数を把握しただけだ。そして、2つ目のバケツに投入されるピーナツの数を目で追い、それ

a)バケツ1に、連続的に5つのピーナツが投入される。
バケツ1
バケツ2
ヒヒはバケツ2にピーナツが投入されている間も、基本的にバケツ1の前に座っていた。
b)その後、バケツ2に連続的にピーナツが投入される。
5つの
ピーナツ
バケツ1
バケツ2
ヒヒは、バケツ2がバケツ1とおおよそ同じ「数」になると、たいていバケツ2に移動する。

図3　試験の例。ヒヒは、連続的にピーナツが投入された2つの集合という選択肢を提示された。ヒヒはたいてい、最初のバケツへの投入は完了したが、2つ目のバケツへの投入は未完了というタイミングで選択をした。試験の途中でバケツ1からバケツ2に移動することで、早めの決断を示したのだ。これは、ヒヒが2つ目の集合の数を数えて、最初の集合の数と比較したことを示している[29]。

が最初のバケツと同じ数に達すると、2つ目のバケツに近づき始める。つまり、彼らは数を数え、すべてのデータが入力される前に比較を行うのだ。私たちならそうするように。

そして、私たちと同じように、バケツ1からバケツ2に移動する確率は、バケツ2に投入されたピーナツの数がバケツ1のピーナツの数に近づき、それを超えるタイミングで高まった。もう1つの特徴は、そろそろ予測がつくだろうが、やはり「ウェーバー比」である。バケツ2を選ぶ確率は、2つのバケツに投入されたピーナツの数の比率に左右された。差分の比率が大きくなればなるほど、ピーナツの多いバケツを選ぶ傾向が高まった。

野生のヒヒに対するある素晴らしい調査で明らかになったのは、彼らが野生において、数を数える能力を進行方向を決めるのに活用していることだ。アフリカの多くの場所で、ヒヒは最大100頭ほどのオスとメスから成る団結力の強い「群れ」で暮らしている。群れは食料を探したり、寝る場所を選んだりするとき、一緒に移動する。そうなると、群れはどうやって向かう場所を「決める」のか、という疑問がわいてくる。群れを支配するオスの1頭に従うのか？　それとも、ある方向へ動き始めた1頭についていくのだろうか？　過去の研究では、どちらの説にも決定的な証拠はなかった。

そこで、この問題――霊長類学者のリチャード・バーンが「恐ろしい規模での観察業務」と呼ぶ問題――を解決するために、ケニアの「ムパラ研究センター」で暮らすアヌビスヒヒ（学名：Papio anubis）のある群れの動きを、ヒヒの専門家の国際チーム――アリアナ・ストランドバーグ・ペシュキン、ダミエン・ファリーヌ、イアン・カズン、マーガレット・クロフット――が調査した。[30] この調査のために、チームはある特別な措置を取った。群れの大人と大人に近いメンバーの8割に特注の首輪型GPS（全地球測位システム）を装着し、「移動の始まり」を記録したのだ。

チームはヒヒたちの性別や階層を把握していたので、「リーダーに従う」という単純なケースかどうか調べることができた。この実験は、そうでは**ない**という過去の複数の調査を裏づける結果になった。ヒヒたちは、群れの進行方向についての決断を、各方向に向かう仲間の相対数に基づいて、民主的に行うことがわかった。たとえば、Aが北に向かい、Bが西に向かい始めたとしたら、群れの大半は、AとBのどちらが多くの追随者を集めるかを観察し、多くを集めたほうに加わる。つまり、Aが多くを集めたら、Bの周りにいたグループも、Aの周りのグループに加わる。チームは、こんな疑問を抱いた。ヒヒたちは本当に数を数えているのだろうか？　それともほかの基準、たとえば、ヒヒの全質量などを使ったのだろうか？　チームはすべてのヒヒを知り、体重も把握していたので、各グループのヒヒの質量を実際に計算することができた。さらに、それぞれのヒヒの決定が、「ウェーバー比」に従っていたこともわかった。つまり、グループAとグループBの差分の比率が大きいときのほうが小さいときよりも、ヒヒはすばやくAを選択できた。

サルのアキュムレータ

ほかの霊長類と私たちの関係を調べるもう1つの方法は、数的課題をこなす脳のシステムが似ているかどうかを確かめることだ。もし似ているなら、私たちと彼らの数的能力は共通の祖先から受け継いだものだ、という考えの強い根拠になるだろう。

第2章でお話ししたように、人間の脳には「加算コーディング」を行う領域――アキュムレータ――が、左右の半球の頭頂間溝のそばの後上頭頂葉皮質に存在している。[31] そして、頭頂間溝が人間の数的判断を支えていることも判明している。物が同時に提示されても、連続的に提示されても。[32] また、連続的に提示されるのが（正方形のような）目に映る物であっても、（警告音のような）音であってもだ。[33] それに、こうした領域が数的能力に欠かせないことも、私たちは知っている。そこが損傷を受けたら、複数の集合の「数」を評価したり比較したり、といった簡単な数的課題ですら、難しくなったり解けなくなったりするからだ（第2章を参照）。

ジェイミー・ロイトマンがエリザベス・ブラノン、マイケル・プラットと共に行ったデューク大学の調査では、サルの大脳皮質の、だいたい同じ領域（外側頭頂間皮質）に、アキュムレータのような働きをするニューロンが確認された。サルが見る点が増えれば増えるほど、そのニューロンも発火するのだ。[34]

サルの調査では、人間や、実はチンパンジーの調査よりもはるかに正確に、数に関係する脳の領域を特定できる。人間の調査はｆＭＲＩのような脳機能イメージング技術に頼っており、せいぜいいくつかの「ボクセル」を含む領域を見つけ出せるにすぎない（Ｐ89～90を参照）。しかも、各ボクセルには50万個を超えるニューロンと無数のつながりが存在する。この技術はニューロン内の酸素の取り込みによって成り立っているので、活動が検出される前に、たびたび数秒間の遅れが生じる。遅れが生じにくいほかの技術もあるにはあるが、空間分解能がかなり粗くなる。ただし、難治性てんかん患者の手術で、脳の表面が露出しているときに、数百個のニューロンへの影響を測定できることもある。[35]サルに対して、ロイトマンと同僚たちが用いた標準的な手順は、３Ｄ画像を使って、麻酔したサルの脳に電極プローブを定位固定法で挿入するやり方だ。これならプローブの正確な位置を確認できるので、おそらく単一のニューロンからの記録が取れる。また、この方法は酸素の取り込みではなく電気信号に頼っているので、反応——ニューロンの発火率——を即座に記録できる。ニューロンが活発になればなるほど、発火率も上がる。覚醒状態のサルの場合は、ロイトマンらの調査が示しているように、たとえば、サルが見た物の数に応じて、発火率も単調に増加するかどうかが確認できるだろう。

そうなると、サルの外側頭頂間皮質にあるアキュムレータの中身がどうなるのか、という疑問がわいてくる。そこにはアキュムレータのレベルを一定の「数」の表現に結びつける「翻訳機能」があるはずだ。つまり、レベルがこのあたりなら「4」に相当し、このあたりなら「5」に相当する、といった具合に。言うなれば、水銀のレベルが温度の目盛に対応している温度計のようなものだ。実際、このシステムはよく「温度計コーディング」「目盛コーディング」と呼ばれている。認知神経科学者のスタニスラス・ドゥアンヌと神経科学者のジャン・ピエール・シャンジューによると、アキュムレータのレベルは、ある種の心的な目盛付き数直線と結びついている。つまり、特定のニューロンはある特定の「数」、たとえば4に最も強く反応するが、それに近い「数」──3、5、2、6など──にはあまり強く反応しないのだ（第1章を参照）。数詞を使って数を数えることを学んでいる子どもたちは、アキュムレータのレベルを数詞と結びつける必要がある。このレベルは「2」を、あのレベルは「3」を意味する……といったふうに（第2章を参照）。

サルのアキュムレータ・ニューロンが外側頭頂間溝野にあるなら、目盛付きの数直線はどこにあり、どのように働いているのだろう？　答えを見つけたのは、神経科学者のアンドレアス・ニーダー（当時はマサチューセッツ工科大学のアール・ミラーの研究所にいたが、その後、ドイツのテュービンゲン大学の自らの研究所に移った）と、東北大学の丹治順と同僚たちである。

先ほどお話ししたように、丹治が調べたサルたちはレバーを5回押し、次にレバーを5回回し、そのサイクルを繰り返すことを学んだ。左頭頂葉、とくに頭頂間溝の一部にあるニューロンの記録から、サルが動作を数えていたとき、これらの細胞が発火していたことがわかった。そして、細胞Aの活動のピ

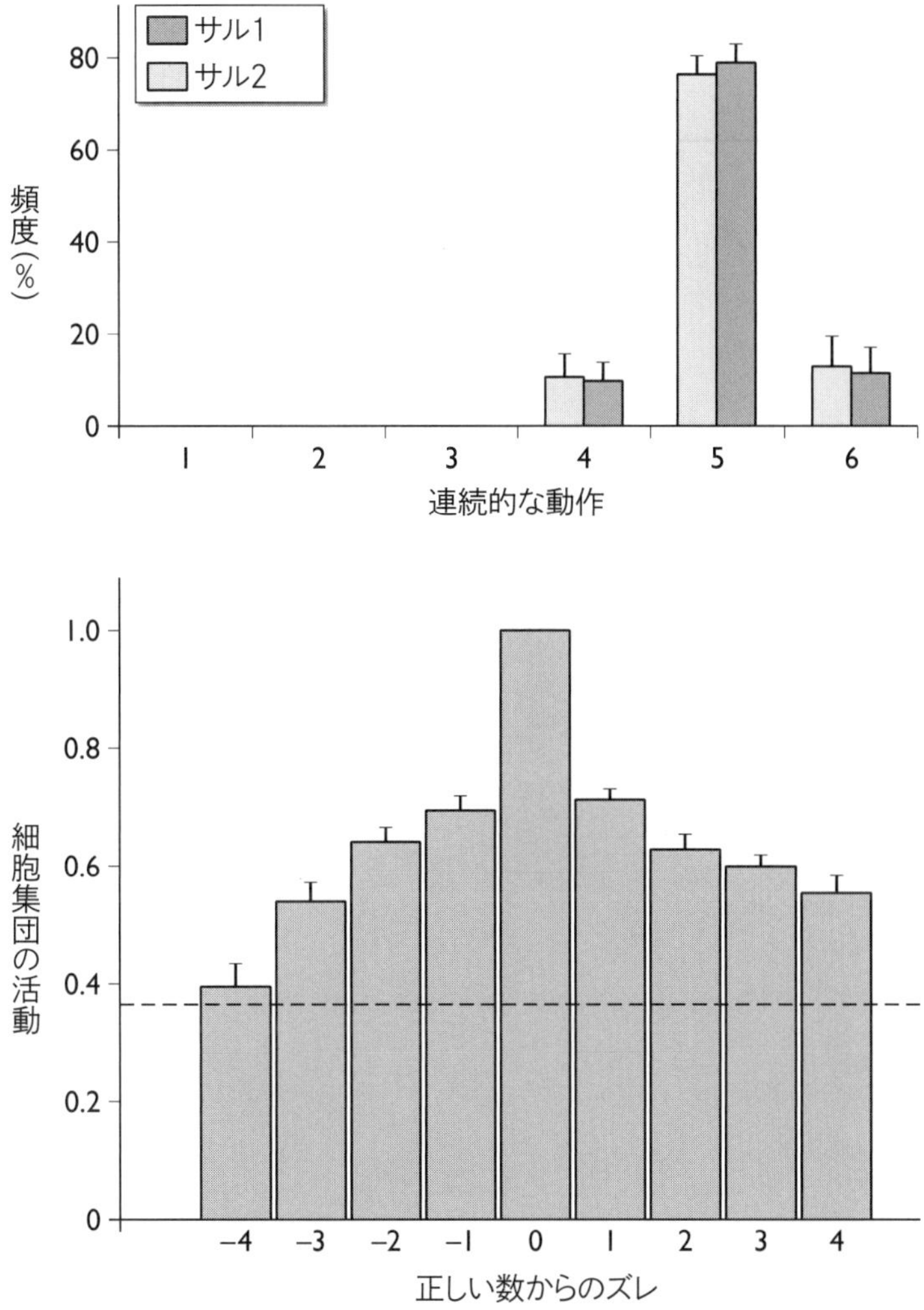

図４　２頭のサルがレバーを５回押し、合図を待ってから、レバーを５回回す。上のグラフは、反応の大半が正確で、ミスは±１の範囲内だと示している。下のグラフは、動作の回数による頭頂葉の細胞の活動を示している。活動のピークは正しい数のときで、近いが正しくない数のときは活動が低下している[15]。

ークは、最初に押したときか回したときに生じ、別の細胞の活動のピークは、2回目に押したときか回したときに生じた、などと判明したのだ（図4を参照）。

ニーダーは、「遅延見本合わせ」という方法を使った。サルが画面上で1つ、2つ、3つ、4つ、もしくは5つの丸印を見せられ、1秒後に、見本と見た目の異なるパネルと、「数」が異なるパネル、という2つの選択肢を与えられた。たとえば、見本が3つの丸印なら、選択肢は3つの四角形と4つの丸印、といった具合に。当然ながら、選択がほかの視覚的な特性ではなく「数」に基づいていると確認するために、とても注意深い調節が行われた。最初の調査では、サルがレバーをつかんだときに試験が始まった。サルは、見本と試験のパネルが同じ数を示していればレバーを放し、数が違っていたらレバーを持ち続けるよう求められた。

ニーダーは、サルの脳の2つの領域——人間の数的課題に関わっていると判明している、前頭葉と頭頂葉——を記録した。決定的な証拠は、見本刺激の提示から選択肢の提示までの瞬間を記録することで得られた。重要なニューロンは、ロイトマンのアキュムレータ・ニューロンのすぐそばにあるとわかった。腹側の頭頂間皮質、つまり外側頭頂間溝野の近くにある頭頂間溝の「底」にあったのだ。これらのニューロンは、ニーダーの発見によると、特定の数にチューニングされていた。つまり、サルがある特定の「数」を見たときに、最も強く発火したのだ。だから、たとえば、「3のニューロン」は、サルが今提示された3つの丸印を思い出しているときに、最も強く発火した。これらがアキュムレータではないのは、その発火率が、チューニングされている「数」に比例しないからだ。

要するに「3のニューロン」は3つの点の集合だけでなく、2つや4つや5つの丸印に対しても発火する。すなわち、チューニングが正確ではなくおおよそなのだ。だから、ニーダーをはじめとした多くの人たちは、その根底にあるモデルは「概数システム」だと説明している[36]（第1章を参照）。これで、脳の計数メカニズムを明らかにしようとしたら、深刻な問題を引き起こすだろう。私たち人間は「3くらいだけど、2か4かもしれないし、場合によっては1か5かもしれない」などとは数えない。私たちは「3」と正確に数えるのだ。私は、人間の子どもたちがどのように内なるアキュムレータに目盛をつけることを学ぶのかを説明してきた。アキュムレータの値をいかに数詞に対応させるのかを。とはいえ、子どもたちが常に正確に数を数えているわけではない。物を1つ見落としたり、同じ物を2度数えてしまったり、というミスもするから、アキュムレータには少しあいまいなところがあるだろう。人間の子どもたちは、正確に数えることを学ぶのに役立つ数詞を持っている。サルは通常持っていない。ただし、先ほど話したように、数を表す記号を教わると、サルも驚くほど正確に、かなり大きな数を認識したり、それを使って計算したりできるようになる。

ニーダーの研究とロイトマンらの研究の重要な特徴は、サルの脳内で「数」の処理に重要な役目を果たす領域が、人間の脳内で「数」の処理に重要な役目を果たす領域と一致している、と示していることだ。私たちが人間の脳で特定した領域と、ニーダーと同僚たちが特定した領域を比較すると、ハッとするだろう。私たちも彼らも、核となる領域が頭頂葉にあることに加えて、頭頂間溝として知られる大脳皮質の溝の「底」にあることを発見したのだ。これは偶然の一致ではないだろう。この発見は、人間とサルに備わる「数」の処理のメカニズムが、共通の祖先から受け継がれたことを示している[37]。

同じ年に発表された2つの調査結果は示していた。一度にずらりと並べて提示されても、1つずつ提示されても、こうした核となる領域が「数」に反応している、と。そして、それは、「数」の抽象的概念――提示される様相にも、提示される物の視覚的特徴にも影響されないこと――にとっても重要な結果である。

その後の調査で、ニーダーが明らかにしたのは、サルの頭頂間皮質にある一部のニューロンが「数」だけに反応していたのに対し、ほかのニューロンは、同じような「遅延見本合わせ」の課題において、連続量――このときは、線の長さ――だけに反応していたことだ。そして、いくつかのニューロンは、「数」と長さの両方に反応していた。[38]

たまたま私たちの調査も、「数 vs.連続量」について調べていた。青色の部分と緑色の部分を持つ大きな四角形を提示して脳の反応を調べる「連続量」の調査と、その大きな四角形の青色部分と緑色部分を切り分けて小さな四角形として提示して脳の反応を調べる「数」の調査を行ったところ、連続量に対するものとは異なる、「数」に対する脳の活性化が認められた。[32]

人間については、数的な機能を持つ特定のニューロンが確認されていない、というのはまったく事実ではない。ただし、脳組織を確認するには、露出させた脳を電極を使ってマッピングしなくてはならないので、たまたま病気で開頭手術をする人がいない限り調べられない。ある事例は、患者ががんの一種である「神経膠腫《グリオーマ》」を患っており、手術で取り除く必要があった。カルロ・セメンザとパドヴァ大学とヴェネツィアのサン・カミロ病院の同僚たちが行った極めて重要な調査では、手術中に意識のある9人の患者の頭頂葉を調べることができた。[39] 彼らが採った方法は、電極を用いてニューロンを刺激し、一時的に通常の動きを妨げることだった。そうすることで、左右の頭頂葉と周辺の領域に、掛け算や足し算に関わるいくつかの場所があることを明らかにできた。

重度の衰弱性てんかんで、薬物治療などに反応しない症例では、てんかん病巣を取り除く手術も必要になる。てんかんの病巣の大半は側頭葉にあるので、ニーダーと同僚たちはこの症例の手術に立ち会わせてもらった。その際、側頭葉に見つけたのは、サルが簡単な計算課題をこなす際に記録された頭頂間溝のニューロンとよく似た動きをするニューロンだった。側頭葉とくに左側頭葉は、事実を記憶するいわゆる「意味記憶」がある場所で、そこには言葉の意味や、「バナナは果物だ」「パリはフランスの首都だ」のような世の中の事実が記憶されている。だから、数的事実が——（点のような）記号でないものも、記号（数字）も——この領域で認識されるのは、驚くには当たらない[38]。

サルの脳に関するニーダーの研究はまた、前頭葉が数のネットワークの一部であり、前頭葉のニューロンは数的情報をより抽象的に認識することを明らかにした。人間の脳もサルの脳とよく似た形でつながっており、前頭葉、とくに左前頭葉が左右の頭頂葉とのネットワークを構築していることも、私たちは知っている。だから頭頂葉が活性化すると、前頭葉も活性化するのだ[40]。人間が新たに算数を学ぶと、左右の頭頂葉と左前頭葉のつながりが強化される[41]。実際、数的課題に取り組んでいる間に情報を運ぶ白質線維（ニューロンから別のニューロンへと情報を運ぶ軸索〔訳注：ニューロンの長い突起部分〕）をたどることもできる[42]。

私たちの最も近い親戚である類人猿とサルは、人間の助けがなくても自然に世の中を数の観点から見ているが、研究所や巧妙な野外実験においては、彼らがどのように、なぜそうしているのかを、いくぶん明らかにすることができる。私たちと同じように、彼らの能力も「ウェーバーの法則」を特徴としている。アンドレアス・ニーダーや丹治順の巧みな実験が明らかにしたのは、サルも数的課題をこなすときに、人間と同じ脳の仕組みを使っていることだ。従って、それなりに自信を持って言える。私たちは、3000万年ほど前に霊長類と人間の共通の祖先から、数的能力の基盤を受け継いだのだ、と。

第5章 ライオンとクジラのかぞえ方は？――哺乳類

人間の一番近い親戚である類人猿とサルは、数を数えられるし、計算もできる。関係がもっと遠いほかの哺乳動物たちも、計数や計算ができるし、実際している。ネズミのような小さな脳を持つ動物から、人間よりも大きな脳を持つ動物に至るまでだ。研究所にいるラット〔訳注：大きくて尾の長いクマネズミ〕やネズミ〔訳注：ハツカネズミ〕は数を数えるのがとてつもなく得意だが、大きすぎたり高価すぎたりして研究所では試験できない動物たちも、野生では数的能力を発揮してけがや死から身を守り、集団の利益を支えている。

命がけで敵を数えるライオン

想像してみてほしい。自分が、侵入者から群れを守ろうとしているメスのライオンだったら、と。縄張りはタンザニアのセレンゲティ国立公園のサバンナで、そこには侵入者が身を隠せる背の高い草が生い茂っている。その上、敵に遭遇するのは、たいてい夜間か薄明かりの時間帯だ。姿は見えないけれど、ライオンの咆哮《ほうこう》がどんどん近づいてくるのが聞こえる。一体どっちの声なのか？　自分の群れのライオンか、侵入者か？　群れの子どもの父親たちが吠える声と、よそ者のオスたちの声は聞き分けられる。よそ者の中には、子殺しをするオスもいるだろう。耳慣れないうなり声が聞こえたら、どうすればいい？　もしかしたら、メスの侵入者の声かもしれない。それも別の問題をはらんでいる。ライオン同士の争いは、大きなけがや死につながりかねない。[1]さあ、どうする？　戦うか逃げるか？　こちらが数で勝《まさ》っていたら、侵入者はおそらく撤退するだろう。群れの無血の勝利だ。向こうが数で勝っていたら、攻撃してくるから逃げなくてはならない。侵入者が、こちらの縄張りも、メスも、子どもたちも、わがものにするかもしれない。数を正しく把握することは、死活問題なのだ。

メスのライオン（学名：Panthera leo）は、社会性があって互いに協力し合う。メスライオンは最大18頭のメスから成る群れで暮らし、「においづけ行動や咆哮で縄張りの共同所有を宣伝する。群れと群れが接触すると、激しい追跡に発展することもあり、頭数で勝るメスの群れが勝利を収める可能性が高い……しかし、争いは大けがにつながるリスクが高いので、めったに観察されない」[2]。つまり、吠える声から何頭の侵入者がいるかを判断し、かつ味方が何頭いるかを把握しなくてはならないのだ。相手を数でしのげているかどうかを。

研究者がライオンの群れに張り込みをして、侵入者が現れたときに何が起こるのか観察することはできる。だが、何かが起こるまで、果てしなく待つ羽目になるかもしれない。当時ケンブリッジ大学にいたカレン・マコームと同僚のミネソタ大学のクレイグ・パッカーとアン・ピュージーは、座して待つのではなく、群れのメンバーが本当に数的評価を行うのかどうか確かめる方法を考案した。マコームは自ら「再生《プレイバック》」と名づけた、ラウドスピーカーを使う方法を開発した。そして、その方法で、メスのアカシカ（学名：Cervus elaphus）がオスのどんな吠え声を最も魅力的に感じるのかを明らかにした。低い声のオスを好むのか、一度に多く吠えるオスを好むのかを調べるために、音程を操作し、メスの近くに設置したラウドスピーカーから録音した声を再生した。その結果、メスが低い声をまったく好まず、一度により多く吠えるオスに強く惹かれることがわかった。ただし、マコームはこの調査では、メスの数的能力に焦点を合わせてはいない[3]。

マコームは、これとよく似た技術をライオンの群れに使おうと、群れと群れの境界あたりにラウドスピーカーを設置した。再生したのは、１頭のメスの「侵入者」の耳慣れないうなり声、もしくは、３頭の侵入者のうなり声だ。これで、群れのメンバーが「侵入者」を攻撃する見込みを明らかにできる。防衛する側の頭数はさまざまだった。結局、３頭の防衛者は、侵入者が１頭の場合は戦おうとスピーカーに近づく確率が高いが、侵入者が３頭の場合は接近する確率は極めて低いことがわかった。防衛者が６頭なら、ほぼ確実に３頭の侵入者に近づくが、防衛者の群れに幼いライオンがいる場合は、必ず接近する。

セレンゲティのオスのライオンに対する比較調査では、群れのオスはラウドスピーカーに接近するかどうかを決める前に、味方と侵入者に対する数的評価を行った。そして、不利な比率のときは、接近する前に、群れのほかのオスが加わってくれるのを待つ。ただし、群れに定住しているオスは、ほぼ確実にスピーカーに近づく。[1]

こうした調査が示す実に重要な点は、ライオンたちの評価が、耳に入るうなり声の数と、目に映る群れの頭数との数的比較に基づいていることだ。つまりこれは、様相の異なる比較であり、セレクターが感覚様相にかかわらず「ライオン」だと認証し、適切にアキュムレータを更新していることがわかる。「再生」という画期的な方法を使って、集団間の争いで数的情報が活用されているか否かを調べる取り組みは、ほかの動物種にも取り入れられている。前の章では、チンパンジーの群れに対してパントフートを再生した例を紹介したが、この方法はブチハイエナ（学名：Crocuta crocuta）の調査にも使われている。ハイエナはライオンと同じように、仲間が集まったり別れたりを繰り返す「離合集散」社会で暮らしており、群れの大きさが劇的に変動することがある。また、鋭い歯と強力な顎《あご》を持つため、群れと群れとの争いは死をもたらしかねず、たいていの場合、大きいほうの集団が勝利を収める。王立協会の「数的能力の起源」に関する会議に素晴らしい貢献をしてくれたサラ・ベンソン・アムラム[4]と、ミシガン州立大学の同僚たちは、ケニアの「マサイ・マラ国立保護区」で暮らすハイエナの2つの実験群《クラン》に対して、「再生」を使って数的評価を調べた。その際、1頭か2頭か3頭のよそ者のハイエナ（侵入者）が発する、「フープ」と呼ばれる遠距離で仲間と呼び合う声を使った。[5]

「離合集散社会では、あるクラン［訳注：母系の群れ］の小さめのサブグループが、近隣のクランの大きめのサブグループと遭遇することは珍しくない。そうした状況では、大きめのサブグループはそれほど犠牲を払わずに、小さめのサブグループを攻撃できる。従って、離合集散社会でサブグループの規模に大きなばらつきがあると、グループ間の攻撃が生じやすい。離合集散社会で暮らす動物たちは、集団間の攻撃的なやりとりに発展する前に、数の上での勝算や、防衛者と侵入者の数の比率を評価する能力がないと、淘汰の波にさらされやすくなるだろう」[4]

このライオンの調査の変形バージョンでは、フープを一斉にではなく連続的に聞かせ、「侵入者」が1頭でも2頭でも3頭でも、防衛者たちが、侵入者の頭数に合うフープをきちんと聞けるようにした。ライオンと同じように、ハイエナがスピーカーに近づくかどうかも、防衛者と侵入者の比率に左右された。重要なのは、これも様相の異なる、抽象的な比較であること。味方は目で確認できるが、侵入者の数は耳でしか確認できない。味方と侵入者の数的比較をする際には、ライオンと同じように、感覚様相にかかわらずセレクターがハイエナだと認証し、アキュムレータを適切に更新しているのだ。

小さなネズミは大きな数が苦手？

小さくて安価な動物であるラットとネズミ――現代の「モルモット」たち――は、研究所では広くテストされているが、彼らの野生生活については、これまでほとんど関心が払われてこなかった。だが、こうした動物は並外れた数的能力を示している。

まずラットの話から始めるのは、動物の計数にまつわる重要な考えの多くは、ラットの調査に由来するからだ。B・F・スキナー（1904〜1990年）はハーバード大学教授で、「行動主義」の重要人物だった。彼の「オペラント条件づけ」――望ましい行動に対してのみ報酬を与えることで、動物に学習させる――という手法は、途方もない偉業を達成したと言える。1958年、コロンビア大学博士課程の優秀な学生だったフランシス・メクナーは、論文の一部をスキナー学派の主要雑誌『Journal of the Experimental Analysis of Behavior（実験的行動分析誌）』に発表した。この調査はスキナーの原理と手法に基づくもので、手法の中には「スキナー箱」〔訳注：レバーを押せば餌が出てくる装置〕や、スキナー学派が「固定比率スケジュール」と呼ぶ、動物が一定の回数反応したあとに報酬をもらえる方法も含まれていた。メクナーは、固定比率のパラダイムの変型である素晴らしい手法を開発した。それは、ラットがスキナー箱のレバーAを一定の回数押し、その後レバーBに移ることで報酬をもらう、という手法だ。[6]ラットがAを一定の回数押さずにBに移ると、報酬はもらえない。メクナーによると、ラットの被験者は、レバーAを4回、8回、12回、16回押すことを学習した。このデータは、ラットの数的能力を証明しただけでなく、ほかにも2つ、興味深い特性を明らかにした。1つは、求められる数が大きくなるにつれて、ミスの比率も大きくなったことだ。これは、第1章でお話ししたように「スカラー変動性」として知られている。数学的に言えば、反応の標準偏差を平均（この場合は目標数）で割ったもの――変動係数――は、一定である。変動係数が一定なら、たとえば8回と12回を識別する能力は、識別される数量間の比率の関数になるから、おなじみの「ウェーバーの法則」の話に戻る。

2つ目は、ラットのミスが、レバーを少なく押すより多く押すことで生じる傾向が強かったことだ。ラットは押す回数が多すぎた場合には報酬がもらえるが、少なすぎた場合にはもらえなかった。これが何を意味するのかについては、ネズミの実験を説明するときに、改めてお話ししたいと思う。

１９８３年、当時ロードアイランド州のブラウン大学にいたウォーレン・メックとラッセル・チャーチは、ある研究論文を発表した。この研究によって、出来事の回数を数え、その時間を測定できるアキュムレータ・メカニズムの初めての証拠が提示された。[7]同一のメカニズムでそのどちらもこなせることは、動物が比率を推定する（時間÷回数）のに必要なことである。つまり、計数も計時も「共通通貨」――アキュムレータの値――として測定される。もちろん、比率を計算する明確な方法も、時間と回数の両方が数で表現されていなければ使えない。彼らの研究論文のタイトルは「計数・計時プロセスのモード制御モデル」で、２人はこう主張していた。「アキュムレータ・メカニズムの操作『モード』は、計数と計時で切り替えられる」

　この時の実験では、ラットに、持続時間と回数にばらつきのある一連の音を聞かせた。ラットは、４：１の回数の比率（持続時間は調節されている）も、４：１の持続時間の比率（回数は調節されている）も識別できた（図１を参照）。

　ラットは、右のレバーか左のレバーを選んで押すことができた。回数の試験では、８回音がしたときに右のレバーを押すと報酬がもらえた。また、２回音がしたときに左のレバーを押すと、報酬がもらえた。その際、刺激の合計持続時間は、4秒で統一されていた。時間の試験では、常に4回、独立した音が鳴ったが、合計持続時間はさまざまで、持続時間が2秒のときに左のレバーを押すと報酬がもらえ、持続時間が8秒のときに右のレバーを押すと報酬がもらえた。結果は明快だった。ラットは、持続時間も回数も識別することを学習できた。２つの課題で、どちらの様相の識別能力もほぼ同等だったので、同じメカニズム――アキュムレータ――が両方に使われていたことがわかる。メックとチャーチは、結

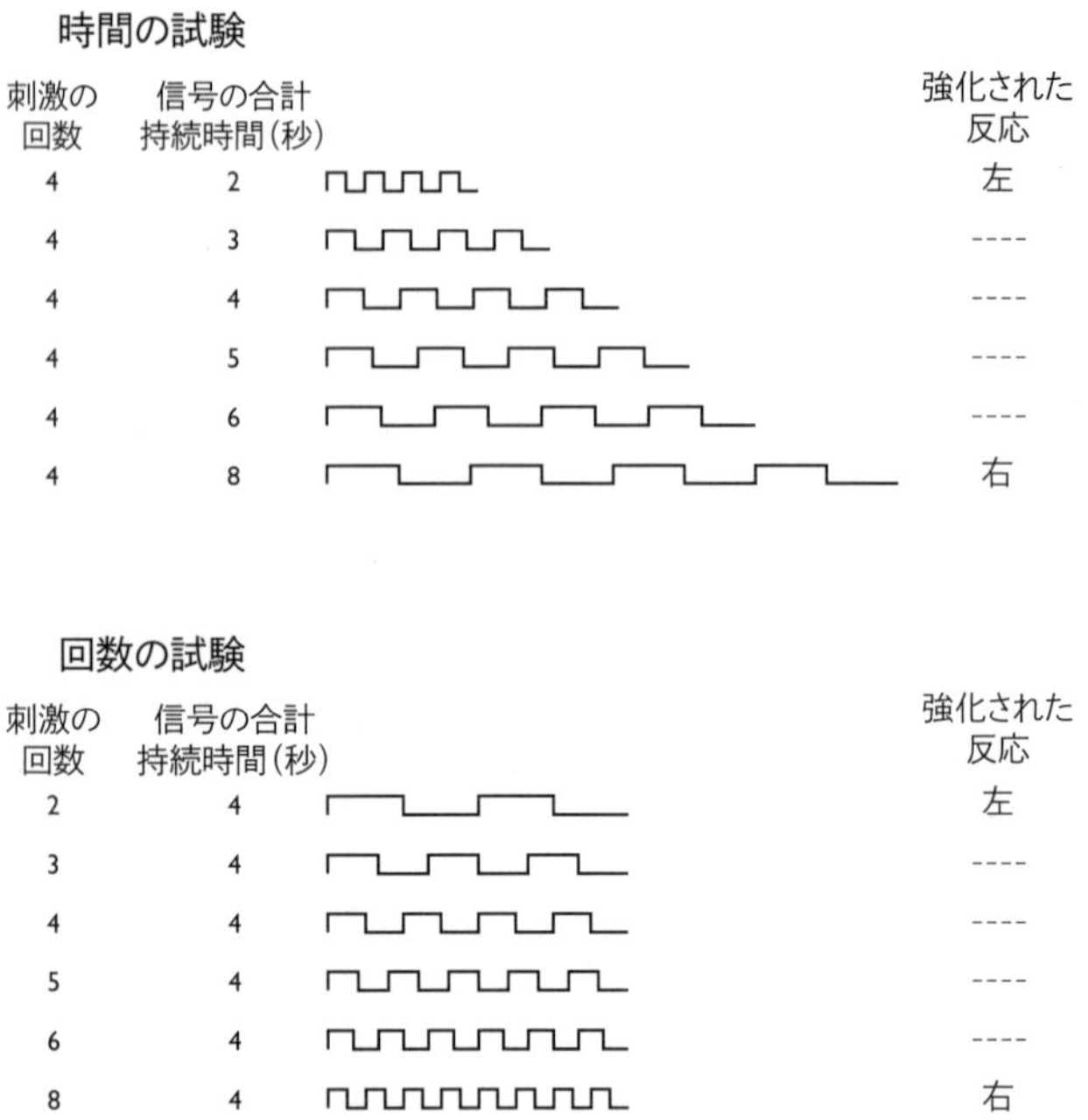

時間の試験
刺激の回数
信号の合計持続時間（秒）
強化された反応
4 2 左
4 3 ----
4 4 ----
4 5 ----
4 6 ----
4 8 右
回数の試験
刺激の回数
信号の合計持続時間（秒）
強化された反応
2 4 左
3 4 ----
4 4 ----
5 4 ----
6 4 ----
8 4 右

図1　ホワイトノイズの発生回数は、盛り上がったこぶで表現されている。「時間の試験」（持続時間）では、発生回数は4回に統一されているが、持続時間は2～8秒と幅がある。「回数の試験」では、持続時間は統一されているが、発生回数は2～8回と幅がある[7]。

果を議論する際に、計時と計数のメカニズムを説明している。これは、彼らの非常に影響力のあるアキュムレータ・モデルについての、初めての発表である（第1章を参照）。

「ペースメーカーはパルスを発生させる。モード・スイッチを入れれば、パルスをアキュムレータに送ることができる。『ペースメーカー—スイッチ—アキュムレータ』のシステムは、時計／計数器と呼べるだろう。スイッチが実行モードや停止モードのときは時計として使われ、イベントモードのときは計数器として使われる。いずれの場合も、アキュムレータの値が作業記憶に送られる……現在のアキュムレータの値は、前回の反応が強化された際に記憶されたアキュムレータの値、つまり、参照記憶に保存された値と比較される。決定プロセスとは、反応を決める反応ルールのことである」

もちろん、ラットの脳内にまったく同じように機能する非常によく似た２つのメカニズムが存在し、一方は持続時間に、他方は計数に対応した可能性もある。

この画期的な調査以降、多くの追跡調査や再現が、ラット以外の生物でも行われている。次の第６章では、鳥がこうした計数課題で、少なくともラットと同等以上の成績を収める様子をお伝えしたい。

ネズミは数を多めに見積もる

さらに最近は、関心がもっぱらネズミの数的能力に注がれている。科学者たちは１００年以上にわたって研究用マウスを調べてきたから、彼らの行動に関しては多くのことがわかっている。ネズミは長生きしない――研究室では2年、野生ではそれ以下だ――から、発育研究に適している。もう１つ、ネズミを選ぶ理由で近年重要度を増しているのが、ゲノムである。ネズミのほぼすべての遺伝子は、人間の遺伝子と同じ機能を持っているので、今では科学者が多くの遺伝子を改変した系統（遺伝的変異体）を検査し、そうした遺伝子が病気や行動においてどのような役割を果たしているのか調べることができる。

野生のネズミの関連研究はほとんどないが、ロシアのノヴォシビルスク国立大学のソフィア・パンテレーエワと同僚たちが、ある種の自発的な行動を報告した。セスジネズミ（学名：Apodemus agrarius）はアリを狩って食べるが、アリが刺すこと、しかも多くのアリに刺されると痛いことを知っている。この調査では、野生のネズミと研究所育ちのネズミを実験アリーナに置いて、2本の透明のトンネル内にいるアリを見せた。トンネル内のアリの数には、5対15、5対30、10対30と差をつけた。明らかになったのは、研究所育ちのネズミも野生のネズミも、ほぼ必ず数が少ないほうのトンネルを選んだことだ。この論文のタイトルが、すべてを総括している。「ネズミはまず数えてから狩りをする」[8]

最近、トルコ人科学者、ビルゲハン・キャフダログルとフワット・バルジュが行った素晴らしい調査について説明したいと思う。この調査はメクナーのパラダイムを使っているが、新しくとても重要なことを示している。ネズミたちは3つの固定比率スケジュール――彼らは「固定連続番号（FCN）スケジュール」と呼んでいる――で訓練されたので、レバーを10回、20回、40回押してから、レバーを替えて報酬をもらわなくてはならなかった。わりあい小さな脳しか持たないネズミが、そんなに大きな数を数えられるのだろうか？　結果、ネズミは、メクナーが最初にラットで行った調査ととてもよく似た反応を示し、大きな数も数えられることがわかった。[9]

注目すべきことは、反応の広がり――変動性――が、レバーを押さなくてはならない回数と共に増したことだ。つまり、スカラー変動性があり、この調査においては、3つのスケジュールで同じように認められた。だからといって、ネズミがレバーを押す必要のある回数について、おおよその数感覚しか持っていないわけではない。ネズミが押した回数の分布を見ると、ピークは、どの目標数のときも、正しい数より大きな数だったことがわかった。そして、その数は20回を目指したときより40回を目指したときのほうが相対的に大きく、10回を目指したときより20回を目指したときのほうが相対的に大きかった。キャフダログルとバルジュは、「ネズミが何らかの形で、自分の内なる不確かさに触れ、レバーを押すときにそれを考慮したからだ」と主張している。確実に報酬を得るためには、少なく押して報酬をもらえなくなるより多く押すほうがよいので、内なる不確かさを大きく見積もったときには、多めにレバーを押して間違えたほうがよい。ただし、余分にレバーを押すのには、余分な労力というコストがかかる。キャフダログルとバルジュが、ネズミが不確かさを見積もったという前提で、報酬とコストの最適なバランスを計算したところ、ネズミたちが最善に近い形で行動していることがわかった。

クジラとイルカの高度な数的能力

素晴らしい計数の能力を持つネズミだが、脳の重さは0・5グラムにも満たない。一方、クジラは巨大な脳を持っている。たとえば、マッコウクジラ（学名：Physeter macrocephalus）は、地球上のあらゆる動物の中で最大の脳を持ち、その重さは大人のオスで7・8キロもある。人間の脳は、約1・4キロだ。言うまでもなく、クジラの中には、地球上を歩いたり泳いだりしているあらゆる生物の中で最大の巨体を持つものもいる。だから、体重に占める脳の質量の比率もほかの生物より大きいなら、計数のような認知課題に使える脳の質量も、ほかの生物より大きいと言えるのかもしれない。もう1つの問題は、脳の構造のどこに、そのニューロンがあるかだ。

定説になっているのは、人間の脳において、認知にまつわる重労働を担うニューロンは大脳の新皮質──脳の表面を覆う薄い層──にあること。そして、頭頂葉の表面のニューロンが、人間の数的能力の拠点であることだ。さて、クジラの脳を理解するのは難しい上に、おそらくとても高くつくだろうし、さまざまな脳の領域にあるニューロンの数を数えるのも容易ではないだろう。捕鯨の中心地である北欧のフェロー諸島に拠点を置くあるチームが、脳の重さが3・0〜4・6キロあるヒレナガゴンドウ（学名：Globicephala melas）の新皮質のニューロンを数えた。[10] 彼らは、年少のクジラと大人のクジラ10頭の新皮質のニューロンの数を370億個──人間の約2倍！──と判断した。また、クジラの脳は人間の脳より折り畳まれているので、皮質の表面積がさらに広いことになり、それが認知能力にも反映されている、と考えられる。つまり、多く折り畳まれていればいるほど、よいということ。「人間の新皮質の表面積は、2275平方センチメートル（ディナー・ナプキンくらいのサイズ）だが、マイルカの新皮質の表面積は3745平方センチメートルだ（広げた新聞紙より大きい）」。[11] また、クジラ目の動物の脳には紡錘《ぼうすい》神経細胞（フォン・エコノモ神経細胞）がある。人間と類人猿以外にはほぼ見られず、社会的知性に重要な役割を果たしているようだ。

それでは、クジラ目の動物たちは、少なくとも私たちと同じくらい賢いのだろうか？　おそらく。クジラ目の動物は洗練された社会的な行動を取り、同盟を結んだりおそらく破棄したりもする。狩りのときには協力し合い、狩りの技術を共有し、地域の方言を伴う複雑な発声をする。子育てを分担したり、社会的な遊びを楽しんだりもできる。[12] 食料探しでは、人間を含むほかの種と協力し合い、[13] すべてをかなり平和的に行う。

意外な話ではないと思うが、クジラや、イルカを含むほかのクジラ目の動物たちの数的能力についてのささやかな研究は、水族館で行われている。

とはいえ、野生においても、数的能力を示す間接的な証拠はある。ザトウクジラ（学名：Megaptera novaeangliae）は毎年、南極の冷たい海で長旅に備えてオキアミをたらふく食べたあと、最大５０００キロも移動し、グレートバリアリーフの暖かい海で繁殖する。[14] 実は、ザトウクジラは毎年、同じ経路を驚くほど忠実に繰り返す。この離れ業を成し遂げるために、クジラは経路の計算をしている。地球の磁場や、太陽・月・星の位置、休憩して軽食を取る海山のような海中の地形、海中の温度勾配やたぶんほかの手がかりも駆使して、今いる場所を知り、次にどこへ向かうべきかを知るのだろう。これは驚くべき偉業で、おそらく方角や距離の計算を山ほどしているはずだ。船乗りはそれを「自律航法」と呼び、科学者は「経路積分」と呼ぶ。思い描いてみてほしい。大型船の航海士が地図と羅針盤と分度器と定規と経度測定用の時計《クロノメーター》を手に、経路を考えている姿を。クジラは道具の恩恵を一切受けずに、その巨大な頭の中で一から十までこなしているのだ。哺乳類や鳥のナビゲーションを行う脳の主な構造の1つは海馬で、クジラ目の動物は巨大な海馬を持っている。中には、人間より大きな海馬を持つものもいる[15]（ナビゲーションについては、昆虫のナビゲーションを扱う第9章でさらに詳しく説明するので、メカニズムがよく理解できると思う）。

水族館にいるクジラ目の動物を対象に、研究所で行うような実験がいくつか実施された。ある素晴らしい事例では、1頭のシロイルカ（学名：Delphinapterus leucas）と3頭のバンドウイルカ（学名：Tursiops truncatus）に、2つの箱のうち、魚が多く入ったほうの箱を選ぶという簡単な課題が与えられ

図2　このイルカの課題の基本的な手順は、要素の数が小さいほうの集合を選ぶことだ[17]。

た。[16] イルカは、選んだ箱の中の魚をご褒美にもらった。1〜6匹の魚を比較する試験をしたところ、全頭がかなりよい成績を上げたが、「ウェーバーの法則」に完全に従ってはいなかった。つまり、バンドウイルカがたまたま、「1対5」よりも「4対6」の比較で好成績を上げたのだ。ある興味深い条件では、シロイルカは箱の中身が見えないので、ある種のソナー「訳注：超音波を発して、はね返ってくる反射波によって物体の形や大きさなどを把握する能力」を使って推定しなくてはならなかった。イルカはほとんどの時間を真っ暗な海中で過ごすので、彼らが使うシステムは、立て続けにクリック音を放つコウモリのシステムと似ていなくもない。イルカはそのクリック音の反響から、とくに食物についてよく理解することができる。ただし、イルカがどちらの箱を選んでもご褒美がもらえたことを、心に留めておく必要がありそうだ。

さらに厳格な試験が、ドイツのニュルンベルク動物園でアネット・キリアン率いるドイツのチームによって、６歳のバンドウイルカ「ノア」に行われた。[17] ３次元の物体の２つの集合から数が小さいほうを選ぶ訓練をしたあと、ノアは２次元の物体の小さいほうの集合を選ぶよう求められた（図２）。

このように、選択の成功が「数」によるもので、（刺激の全表面積のような）ほかの視覚的特性によるものではないと確認するため、さまざまな大きさのさまざまな物体を使って、ほかの視覚的変数を調節することは可能だ。この調節によって、ノアは確実に「数」に基づく選択をすることができた。ノアはまた、以前に提示されたことのない対《つい》の数——「５対６」——にさえ対応することができた。たぶん驚くほうがおかしいのだろう。イルカは大きな脳を持つ——少なくとも人間と同程度の大きさで、体重に占める脳の比率は人間よりも高い——のだからこうした数の識別ができるはずなのだ。だが、心に留めておくべきなのは、イルカが陸生動物とはまったく異なる——液体の多い——環境で暮らしていることだ。

クジラ目の動物の計数能力の上限や計算能力については、いまだ解明を待つ状態である。

ネコの脳で観測された「計数」ニューロン

研究所での調査によると、多くの哺乳類は「数」に基づく識別ができる。イヌは「ウェーバーの法則」の影響を受けながら、数が多いほうの食べ物を選ぶ。同様の影響は、オオカミ、飼い猫、飼育下のアシカ類、ゾウ、コヨーテ、クロクマにも見られる。[4] 最後のクロクマが、少なくとも私にはとくに興味深い。以前、ある学生から質問されたことがあるのだ。「数的能力を持つ生物はみんな、社会的な生物ですか？」と。私が挙げた事例がすべて社会的な動物だったせいで、「だから彼らにとって数的能力が重要なのではないか？」と考えたらしい。これはとてもよい質問だったが、当時おどおどしながら認めたように、私は答えを持っていなかった。今は、答えを知っている。サラ・ベンソン・アムラムと同僚たちが、次のように記しているのだ。「アメリカクロクマは単独で行動する肉食動物だが、移動刺激と共に提示されても、［点の］数量を識別できる。従って、この能力は社会的な種にだけ発達したものではないし、集団のメンバーを把握しておく必要性から生じた適応とは限らない」[4]

こうしたかなり大きな脳を持つ動物から、話をラットに戻そう。ラットは、ずらりと並んだ見た目が同じ箱の中から、位置に基づいて（18個の箱の列から、最大12番目までなら）、食べ物が入った目標の箱を1つ選ぶことを簡単に学べる。つまり、ラットは12まで1つずつ数を数えて、記憶した情報を用いて食べ物を見つけられるのだ。アキュムレータ・メカニズムの観点から言えば、アキュムレータの値を、あとで使うために高い精度で保存する方法を持っているに違いない。[18] 驚いたことに、ラットはこの

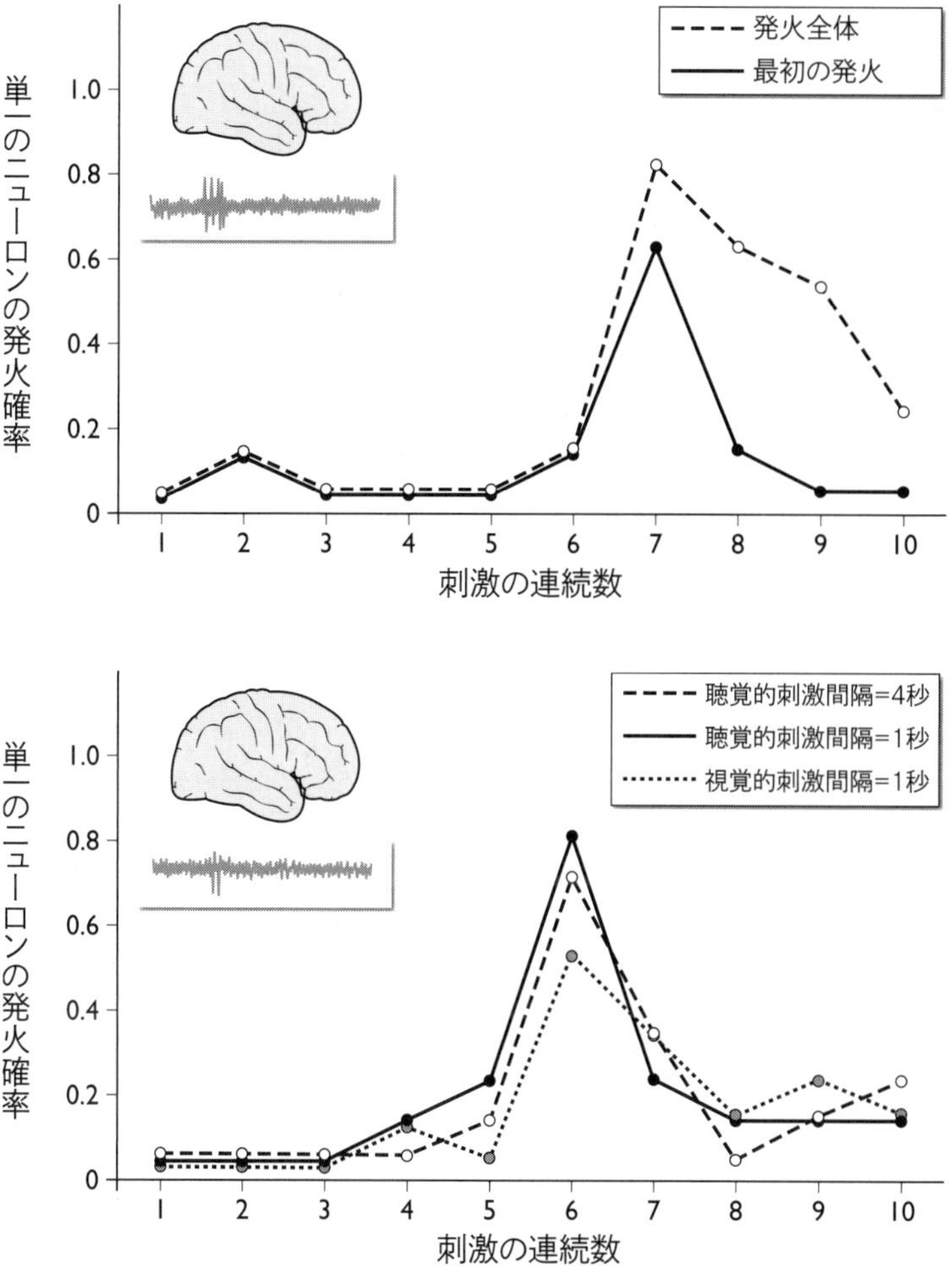

図３　ネコの頭頂葉の単一のニューロンが反応する確率。上のグラフでは、このニューロンはほかのどの数よりも７つの連続刺激に反応する傾向が非常に強い。下のグラフは、ある単一のニューロンが、聴覚的か視覚的かといった様相や、聴覚的に連続提示されたクリック音の間隔にかかわらず、６つの刺激に対して反応した確率を示している[20]。

情報を1年以上記憶していられる。[19]

さて、ネコ好きの人には残酷だと顰蹙《ひんしゅく》を買いそうな調査もある。ずいぶん古い1970年のものだが、カリフォルニア大学アーヴァイン校のリチャード・トンプソンと同僚たちは、ネコの数的能力の神経基盤を調査した。[20]そのためにトンプソンは、麻酔されたネコの脳の「連合野」と呼ばれる領域に電極を埋め込んだ。そこがさまざまな様相の刺激に反応し、それらを結びつけることのできる大脳皮質領域だからだ。幸い、連合皮質のその領域は頭頂葉にあることが判明した。トンプソンは、一連のクリック音や光のフラッシュに対する、個々のニューロンの反応を記録した。前提となった考え方は、どちらの様相も連合野で認識され、ネコが刺激を聞いた場合も見た場合も、まったく同じニューロンが同じ「数」に対して同じように反応するだろう、というもの。

クリック音か光が1秒おきに、聴覚的もしくは視覚的に連続で提示されるテストをしたあとに、4秒おきにクリック音が聴覚的に連続で提示されるテストが実施された。短い間だが、細胞は刺激の様相や間隔にかかわらず、最大7までの特定の「数」をコード化することがわかった（図3を参照）。

トンプソンと同僚たちは、2つ、5つ、6つ、7つの刺激をコード化する4つの「計数」細胞を観察し、こう結論づけた。「ここで説明される『計数』細胞は、数の抽象的な性質をコード化するかのようなふるまいをする」と。こうした細胞は離散事象［訳注：決まった時間に起こることではなく、たまに起こる事象］によって作動し、それぞれの目標数に至ったときにだけ発火する。

私たちが提唱しているアキュムレータ・メカニズムの観点から言えば、聴覚的な出来事にも視覚的な出来事にも、セレクターはアキュムレータへのゲートを開くが、「7のニューロン」が発火するのは、アキュムレータがあらかじめ決められた値に達したときだけである。

野生のライオンやハイエナが抽象的な数的評価を使って、集団間の命に関わる争いを最小限に抑える姿をご紹介した。研究所のような環境では、ラットは報酬を得るために音を数えることができるし、ネズミは数えすぎの「コスト便益比」を最適化する形で、少なくとも40回までレバー押しの回数を数えられる。これらの調査やネコの頭頂葉のニューロンの反応が示しているのは、こうした生物がすべて、生まれながらに脳内にアキュムレータのようなメカニズムを備えており、様相や提示の仕方が違っても、「数」に反応できることだ。このメカニズムの起源が、あらゆる哺乳類の共通の祖先にあると考えることはできるし、むしろその可能性が高いのではないだろうか。

第6章 鳥は動物界の計算チャンピオン——鳥類

鳥は、空気力学的に形づくられた小さな頭に収まるちっぽけな脳をしているが、今からお話しするように、数に関しては動物界のチャンピオンであることがわかっている。「数」を正確に識別できるだけでなく、人間の幼い子どもと同じように計算ができるのだ。さらに驚いたことに、どうやら彼らは何の覆いもない海の上を何千キロも飛び、それからまたもとの場所へ帰る道を見つけられる。どうすればそんなことができるのか、多少は判明しているが、少なくともまだわかっていないのは、そうした旅の構想を練るのに必要な計算についてだ。

「後者関数」を理解した伝説のヨウム・アレックス

鳥の計数については、本当に驚くような実例が1つある。オウムのアレックスは30年間にわたって、最初はアリゾナ大学で、その後はブランダイス大学とハーバード大学で、比較心理学者アイリーン・ペッパーバーグの訓練を受けた。２００７年のアレックスの死は、『エコノミスト』誌や科学誌の『ネイチャー』など世界中のメディアで広く報道された。『ニューヨーク・タイムズ』紙は追悼記事に、「おしゃべり上手なオウムのアレックス死す」という大見出しをつけた。記事を書いたベネディクト・キャリーは、アレックスがどのように訓練されたのかを次のように説明している。

「ヨウム［訳注：オウム目インコ科の鳥］は社会性のある鳥で、あっという間に集団力学を察知する。実験において、ペッパーバーグ博士は一人のトレーナーを雇い、1粒のブドウのような小さな報酬をめぐって、事実上アレックスと競争させた。アレックスはトレーナーが報酬を得るためにしていることを観察し、ブドウを要求することを学んだ。研究者たちはその後、アレックスが言葉の発音を学ぶのに一緒に取り組んだ」（２００７年9月10日）

このやり方は「モデル／ライバル法」と呼ばれ、ペッパーバーグがアレックスの訓練に成功して以来、ほかの動物の訓練によく使われている。

アレックスはまた、実にユニークな性格をしていた。訓練試験を何十回も繰り返してうんざりしたときは、くちばしで刺激トレイから物を振り払って、ケージに戻りたいと要求した。２００７年9月にアレックスが死んだときの、ペッパーバーグへの最後の言葉は、「いい人でいてね。愛してるよ」だった。とくに注目に値するのは、アレックスが、人間にしかできないと思われていたことができたことだ。

驚かされるのは、『ニューヨーク・タイムズ』紙にあるように、多くの言葉を話したり、理解したりできたことだ。広範な訓練のあと、アレックスは、50の異なる物体、7つの色、形を認識できた上に、その名前を言うこともできた。話す能力もコミュニケーション能力も桁外れで、自分が何を求められているのかを理解しているようだった。トレイに載った物体の形や色や素材について尋ねられると、正確に答えを返した。そして、どんな大きさや色をしていても、鍵のことは「鍵」と呼んでいた。

アレックスが平均的なヨウム（学名：Psittacus erithacus）よりも賢かったことを疑う余地はない。研究所のほかのオウムたちよりも、語彙の課題でずっとよい成績を取っていた。たとえば、グリフィンという12歳のオウムが完全に習得できたのは、20語だけだった。ちなみにアレックスは時折、1羽でいるときも言葉の練習をしていた。

アレックスの認知発達には、「物の永続性」も含まれていた。つまりアレックスには、その物体が視界から隠れても存在し続けている、という期待があったから、予想外の物が目の前に現れると、驚きや怒りさえ示した。影響力あるスイスの心理学者ジャン・ピアジェの発見によると、人間の赤ん坊は、生後8ヵ月頃になってようやく認知発達のこの段階に到達する。[1]

アレックスは、「同じ」「違う」という抽象的な関係概念を学ぶことができた。「何が同じ？」「何が違う？」と問われると、「トレイの上の、組み合わせが異なる何対《つい》かの物体について、正しい英語の分類名（「色《カラー》」「形《シェイプ》」「素材《マーマー》［マテリアル］」）を使って正しく答えた。アレックスの正解率は、訓練では使われなかったがなじみのある物体の対《つい》に対しては69・7〜76・6パーセント、色と形と素材の組み合わせになじみのない物体を含む対《つい》に対しては、82・3〜85パーセントだった[2]」

だが、とくに興味をそそられるのは、彼の数的能力である。アレックスは少なくとも6までの数の名前を挙げられた。数詞と物体の集合の関係を学び、のちには数字と集合の関係も学んだ。

初期のある調査で、アレックスはなじみのあるトレイに載った、同じ種類の1～6個の物体で構成される集合内の物の数を挙げる（数詞を声に出して言う）ことを学んだ。するとその後、さらに訓練しなくても、全体の中の一部分《サブセット》の数も答えられるようになった。そして、「2つの色と2つの物体カテゴリーという4つの項目群から成るさまざまな集合（たとえば、青色と赤色の鍵とトラックのおもちゃなど）を提示され、1つの色と1つの物体カテゴリーの組み合わせで表現される物の数を答えるよう求められた（たとえば、「青い鍵はいくつある?」のように）」。この種の課題をアレックスは驚くほど正確にこなし、少なくとも66パーセントで正解した。そして、「4つの項目群」という条件では、9回のうち9回正解した。[3] これが重要なのは、意図的に青い鍵だけを見つけてアキュムレータの値を正しく増やすためには、セレクターをかなり巧みに使えなくてはならないからだ。また、ある程度、数を抽象化していることもわかる。「六」という語は――アレックスが口にした場合も、耳にした場合も――実験トレイ上のあらゆる物体の集合に対応していた。

第1章で詳しく話したように、数を数える能力を持つとは、数えた結果を使って算術演算に「相当」する作業ができる、という意味だ。もちろん、本書で説明してきた調査の多くには、2つの集合AとBの「数」を比較する操作（A＜B、A＞B、A＝B）が含まれていた。研究所での調査の中には、簡単な計算（A＋BやA－B）が含まれているものもある。ここで注目してほしいのは、「数」の比較にさえ足し算が含まれている可能性があること。ある集合を目にしたとき、その「数」は、物体を「1＋1＋1

……」と連続的に足し上げることで確認されたのかもしれない。実際、一部の実験においては、物体は1つずつ提示されたので、比較するには必然的に足し算が必要になった。すでにお話ししたように、霊長類はこうした操作を訓練しなくてもできる。では、アレックスはどうだったのか？

アレックスは間違いなく、集合と集合の足し算ができた。その足し算の課題に何が含まれていたのかについては、もう少し詳しく話す必要があるだろう。足し算される物体は、なじみのある（ナッツのようなおやつだった。ナッツの2つの集合がなじみのあるトレイに置かれ、それぞれの集合の上には、プラスチックのカップ（A、B）がかぶせられた。アレックスにカップAの下にある物を見せると、その後、またカップがかぶせられた。次に、カップBの下にある物を見せると、その後、またカップがかぶせられた。そして、アレックスはナッツを見ることができなくなったあとで、「ナッツの合計はいくつ？」と尋ねられた。ペッパーバーグは指摘している。「正しく答えるためには、アレックスはそれぞれのカップの下にある数を記憶し、若干の組み合わせ演算をしなくてはならなかった」と。その訓練はまったく行われていない。

なじみのあるほかのさまざまなおやつも、合計が1〜6になる足し算に使われた。どの問題でもアレックスは8分の7もしくは8分の8の成績を収めたが、例外的に合計が5になる問題については8分の4の成績しか取れなかった。ミスをしたときは、単にでたらめな数を選んだのではなく、片方のカップの下の集合の数だけを答えていた。つまり、足し算をせずに、片方の集合にだけ目を向けたことがわかった[4]。

アレックスは、小学1年を修了した子どものように、「数字」を理解できたのだろうか？　ペッパーバーグとハーバード大学の発達心理学者スーザン・ケアリーは、それを調査した。すでにお話ししたように、アレックスは1~6個の物で構成される集合内の物の数（数詞）を、声に出して言えた。その後、1~6の「数字」の名前を言うよう教えられた。この課題では、7と8の数字も使われた。[5] アレックスに（6<7、7<8、6<8、8>7、8>6、7>6という）順序づけの訓練をするのに、またモデル／ライバル法が使われた。トレイの上の数字にはさまざまな色がつけられ、「どの色の数字のほうが大きい／小さい？」という問いへの答えをトレーナーが見せることで、6（シーシー／アレックスにとってのシックス）と7（シーノン／アレックスにとってのセブン）と8（エイト）の順序を教え、7と8の数的な地位の根拠を示した。

アレックスは、7と8という新たな記号を加えても、順序づけの課題をかなり正確にこなした。実験の数字がさまざまな色で提示されたが、それがオレンジ色でも黄色でも青色でも、「7は何色？」という問いに正しく答えた。

この課題のもう1つの結果も、実に興味深いものだった。アレックスが集合の数を答えたあとに、1つか2つの物体が加えられたり取り除かれたりすると、一度を除いて、アレックスは変化した集合の数を正しく答えた。たとえば、7個のブロックの集合が提示されると、「7」と答え、1つ加えられると「8」と答えた。また、8個のブロックの集合から2つが取り除かれると、「シーシー（6）」と答えた。

アレックスは、「数」を変える——足したり引いたりする——と、口頭での数詞も変えなくてはならないことを理解しているようだった。これは第2章で説明した2~3歳児に行った実験と少し似ている。[6] ただしアレックスは、人間の多くの子どもたちのようにただ別の数詞に変えるだけでなく、正しい数詞を答えた。アレックスはピアジェが「数の保存」と呼んでいた概念を持っていたように思われるが、ピアジェはこれが人間の子どもたちに認められるのは、7歳に近づいた頃だと考えていた。

ペッパーバーグとケアリーは、アレックスが「後者関数」を理解している、と結論づけた。つまり、おおよその数感覚を持つのではなく、数が順序通りに並び、整数 n の後ろには「$n+1$」……と1大きい数が続いていくと理解していたのだ。「これらは整数の概念の論理的基礎の1つだ。アレックスがそれを活用していることで、こうした計算資源が人間特有のものだという主張は崩れるだろう……2つの理由から、私たちは、次の仮説を支持するに至った。1対1対応と（概数ではなく）正確な数に基づく認識が、アレックスが数詞に与える意味を支えていた」

アレックスの死の直前に、ペッパーバーグは数字の足し算を教え始めていた。アレックスにそんなことができたのだろうか？　物体と物体とを足す課題のように、2つの数字が提示され、その後、カップをかぶせて隠された。数字は1〜5までの範囲で、合計は最大で8だった。さまざまな色の数字が実験トレイに載っているのが見える状態で、アレックスは、カップで隠された2つの数字の合計の色を答えるよう求められた。15回の試験——実施できたすべての試験——のうち、12回正解した。[7]

「名前のない数」を考えていたカラス

オウムとカラス科の鳥（カラス、ワタリガラス、ニシコクマルガラス）は、チンパンジー以外のどの種よりも数を上手に扱うことがわかっている。動物の数的能力に関する初期の研究で最も優れたもの

図1　オットー・ケーラーが鳥の試験で使った刺激の一部。「見本合わせ」の基本的な手順である。鳥は大きなパネルの刺激見本を、２つの小さなパネルの一方と一致させなくてはならない[8]。

は、実は、鳥に関するものだった。オットー・ケーラーが考案した実験方法は、第1章でお話ししたように、さまざまな鳥や一部の哺乳類の数的能力を調べる、適切に管理された実験の基準となった。とはいえ、ケーラーは信じていた。動物は研究所では「数」を使うことを学べるが、野生で使うことはできない、と。

ケーラーが好んだ方法は、「見本合わせ」だった。特定の「数」の見本を提示すると、カラスたちは最大7までの「数」を合わせることができた。たとえば、ケーラーがニシコクマルガラスにインクでつけた点（もしくはほかの物）で見本となる数を提示すると、カラスは同数の点がついた箱の蓋を見つけるよう求められた。カラスが正しい箱を見つけて、蓋を取ると、食べ物の報酬がもらえる。

第1章で指摘したように、鳥がインクの総面積や物体の総量といったほかの視覚情報ではなく、数的情報を使っていることを、まず確認することが重要だ。ケーラーは、課題が総面積などに基づいて解けないようにすることで、実に手際よくこの問題に対処した。図1は、この方法の事例を示している。

ケーラーはまた、この実験の興味深い別バージョン——連続的に数合わせをする方法——も使った。ニシコクマルガラスは5個の餌——見本と同じ数——を手に入れるまで、箱を1つずつ開けなくてはならなかった。5個の餌は、最初の箱に1個、2番目の箱に2個、3番目の箱に1個、4番目の箱に0個、5番目の箱に1個、と分けて入れられており、箱は合計8つ並んでいた。鳥はそのあとケージに戻って、課題を終えたことを示さなくてはならない。ある稀に見る素晴らしい事例では、鳥がケージに戻ったとき、ケーラーは「不正解。1つ足りない」と記録しようとした。すると、ニシコクマルガラスが、箱が並んでいる場所に舞い戻って、驚くようなパフォーマンスを見せた。

「鳥は最初の箱の前で頭を1回下げ、2番目の箱の前で2回下げ、3番目の箱の前で1回下げ、さらにそのまま進んで4番目の蓋を開け(餌はない)、5番目の蓋も開けて、最後の(5つ目の)餌を取った。それを終えると、後ろに並んだ残りの箱には一切触れず、終わったという潔い態度で、巣箱に戻った[9]」

もう1つ、ケーラーが考案したパラダイムでは、鳥はn個の箱から餌を集め、そのあと蓋にn個の点かプラスチック片がついた箱を見つけて報酬を受け取る。つまり、鳥は私たちがするように連続的に数を数え、数えた物の総数を記憶して、課題の次のパートをこなしていることがわかる。そう、鳥の脳内で、連続的に提示された集合も同時に提示された集合も、同じように認識されているのだ。これはかなり抽象度が高い。

私は、ケーラーの鳥たちは本当に数を数えていたと主張しているが、ケーラー自身は、鳥たちは数を数えているのではなく、脳内で「名前のない数」を使っている、と信じていた。そこでは数は「等号《イコール・マーク》」で構成されている。注目してほしいのは、それぞれの物が「不等号」で表されていたら、計数が、数える物の性質に左右されてしまうことだ。等号は「ニューメロン（数的標識）」――ゲルマンとガリステルが人間の子どもについての画期的な著書、『数の発達心理学――子どもの数の理解』で提唱している、生まれながらに備わった「数」の認識――にとてもよく似ている（第2章を参照）。つまり、等号を使えば、動物が数えなくてはならない物が何であっても、それぞれの物が動物の頭の中で同じように認識される。物の「記号」についても、同時に提示されても、連続的に提示されても同じことが言える。アキュムレータの仕組みが、まさにこれなのだ。それぞれの物や出来事が、同じ単位で表現される。ケーラーによると、箱の前で頭を下げるニシコクマルガラスは、見本と一致しているかどうかを判断するために「名前のない数を思い浮かべていた」。それでもケーラーは、訓練によって明らかになった数的能力が野生でも観察できるとは信じていなかった。この点については、のちほど改めてお話ししたいと思う。「私たちの数的能力は祖先から受け継いだメカニズムに基づいている」という進化にまつわる主張をする際に、明らかに重要なことだからだ。

ケーラーは、ヨウム、セキセイインコ、カラス、ワタリガラス、カササギといったさまざまな鳥を研究していたが、リスを扱うこともあった。「賢馬ハンス」のような問題（P34〜35参照）を注意深く避けるために、自分もほかの実験者も見えない場所に身を置くこと、鳥たちの様子をフィルムに収めて鳥の行動の客観的な記録を提示することに心を注いだ。

ケーラーの画期的な調査に倣《なら》って、新たな実験パラダイムが考案された。素晴らしい事例の1つは、別のヨウム「ジャコ」に対する調査だった。ジャコは連続的な光のフラッシュの数を、連続的な動作の数——一列に並んだ食物のトレイから餌を取っていくこと——と一致させることができた。それだけでなく、光のフラッシュがフルートの音に変わると、ジャコは音の数と動作の数を一致させる訓練もしていないのに、きちんと数合わせができた。[10] これは、音と動作のように様相が異なっても値が変わらない、数の抽象性のよい例である。

ハトとサル、どちらが数に強いのか？

さらに最近では、アンドレアス・ニーダー——第4章で紹介した、サルに数合わせの訓練をし、サルの脳内に「数のニューロン（ナンバー・ニューロン）」を発見した人物——が、利口なカラス科の鳥に目を向けている。この事例では、1羽のオスと1羽のメスのハシボソガラス（学名：Corvus corone corone）に。ニーダーは、マカクザルに用いたのとほぼ同じ実験計画を使った（第4章を参照）。つまり、被験者がほかの視覚的特性ではなく本当に「数」を使うよう、多くの調節をした上で「見本合わせ」を行った。「数」が増えると通常生じる（点が増える＝点の大きさを調節しない限り点の面積も増

図2　カラスの見本合わせ。

える、などの）問題を調節したのだ（第1章・第4章を参照）。現代のテクノロジーを使ってケーラーの手法を更新したため、カラスはタッチパネルをつついて、見本合わせを行うことになった[11]（図2を参照）。

カラスはこれがかなり得意で、常に偶然を上回る確率で、1、2、3、4、5個の点を一致させることがわかった。これは、どんな調節をしようが、カラスが本当に「数」を使って課題を解くことができる、と示した事例だった。実のところ、カラスの正確さは、サルたちとほぼ同等のレベルだった。

数的能力に関して、霊長類と肩を並べる鳥は、カラスだけではない。ある画期的な調査で、エリザベス・ブラノンとハーブ・テラスは、サルを訓練すれば、4以下のさまざまな視覚的な刺激の集合を、1〜4個へと数が小さい順に並べられる、と明らかにした。その際、サルがほかの視覚的特性ではなく「数」を使用するように、集合内の物体の大きさ・形・色を調節したり無作為化したりした。その後、訓練で使用しなかった目新しい対《つい》の「数」を使ってサルを試験したところ、簡単にこなし、「ウェーバーの法則」に従っていた。つまり、正確さが、集合間の差分の比率に左右されたのだ(この調査の説明と刺激の例については、第4章を参照)。

ハトも、サルと同じくらいよくできる。ニュージーランドのオタゴ大学のダミアン・スカーフ、ハーリン・ヘイン、マイケル・コロンボが、ブラノンとテラスがサルに使った刺激を借りて、3羽のハトを調査したところ、サルとほぼ同じ結果が得られた。[12]

ブラノンは、こうコメントしている。「私は、サルにこんなことができるなんて驚きだ、と思ったのだから、それ以上に感動すべきだ。ハトにもできるなんて!」

こうした試験には多くの訓練が必要だったが、数的能力を証明するのに、まったく訓練の要らない調査もある。そうした研究がとくに重要な理由は、生物の自然な行動や野生で観察できるかもしれないことを確認できるからだ。

ヒヨコが生まれ持った計算能力

多くの鳥は、卵から孵《かえ》るときに最初に見たものを「刷り込む」ことで知られる。ヒナが最初に見たもののあとを追うのは、それが巣の仲間か母親である可能性が高く、生き延びる助けになるからだ。ガチョウの刷り込みと言えば、1973年にノーベル賞を受賞したコンラート・ローレンツ(1903〜1

989年）を連想するが、実はこの現象は古代から知られていた。古代ローマの博物学者、大プリニウス（西暦23〜79年）は、「リカデス（Lycades）のあとを忠犬のように追いかけていたガチョウ」について話している。[10]また、『ユートピア』（1516年）のトマス・モア卿は言うまでもなく、何人もの初期の博物学者が、この現象を描写していた。しかし、ローレンツは、刷り込みが起こるのは、孵化したばかりのガチョウの子が、生まれて数分のうちに動くものを見たときだ、と気がついた。

では、もし生まれたばかりのヒナが、巣の仲間を2羽見たらどうなるのだろう？　そのヒナは、1つや3つの物体よりも、2つの物体のあとを追いがちになるのだろうか？　あるいは、巣の仲間がいなくて、左に動く1つの物体と、右に動く2つの物体を見た場合は、どちらについていくのだろう？　数にまつわる重要な問いは、ヒナが、それが何の集合であれ、1つから成る集合と2つから成る集合を見分けられるのかどうかだ。ヒナが、右へ行く4つの物と左へ行く1つの物を見たとしよう。そのあと右に向かっていた4つのうち3つが左へ行き、4つから成る集合が左へ、1つだけが右へ行った場合、ヒナは、今や左へ行く物のほうが多い、と計算できるのだろうか？

これらは、ジョルジオ・ヴァロルティガラとルシア・レゴリンと同僚たちが、孵化したばかりのヒヨコ（家禽《かきん》――セキショクヤケイ（学名：Gallus gallus）――のヒナ）に投げかけた問いだ。レゴリンの元教え子のローザ・ルガニは、2017年に王立協会で行われた「数的能力の起源」に関する有名な会議で、チームの研究についての極めて明快な素晴らしい発表をしてくれた。[13]ちなみにこの会議を計画したのは、ジョルジオとランディ・ガリステルと私である。

ルガニの説明によると、この研究では、ヒナたちをさまざまな形・大きさ・色をした異なる数の物体と共に育てた。あるグループのヒナは、1つの物体と共に、別のグループのヒナは3つのまったく同じ物体と共に育てられた。

試験では、一緒に育った物体とは色も形も大きさも異なる、まったく新しい物体が使われた。ヒナたちは、物体がまるで違うものであっても、一緒に育った物体と同じ「数」の物に近づいていった。つまり、ほかに何の手がかりもない場合は必ず、ヒナたちが数を頼りにできることがわかった。そしてこれは、彼らが生まれ持った能力に違いない。訓練も学習のチャンスもなかったのだから。

また、動くプラスチックのボールの集合が見えた場合、ヒナたちは数が大きいほうの集合を選ぶこともわかっている。のちの調査では、ボールが仕切りの後ろに隠されたあとに、ヒナがボールの数を記憶し、自由に選べる状況なら、大きいほうの集合（3個対2個）に近づくかどうかを調べた。[14]

ヒナが生まれ持った「記憶した『数』を識別する能力」もさることながら、さらに驚異的だったのは、生まれ持った計算能力だった。2つの条件が用意された。1つ目の条件では、4つのボールが仕切りの後ろに消え、1つのボールが別の仕切りの後ろに消えた。ヒナに見えるように、2つのボールが最初の仕切りから2つ目の仕切りの後ろに移されたあと、ヒナは待機していた箱から出され、どちらの仕切りに近づくこともできる状態になった。ヒナは2つの仕切りの後ろを見ることができないので、起こったことの記憶を頼りにするしかない。かなりの頻度でヒナは、今3つのボールがある仕切りのほうに近づいた。そのためには、ヒナは4から2を引き、1に2を足さなくてはならなかった。2つ目の条件では、5つのボールが仕切りの後ろに移動し、もう一方の仕切りの後ろにはボールがなかった。その後、3つのボールが最初の仕切りから2つ目の仕切りに移動した。ボールが多いほうの仕切りに近づくには、ヒナは5から3を引き、０に3を足さなくてはならない。ヒナが単に最後に移動したボールに近づいているのではなく、計算していることを確認するため、対照条件として、最後のボールのあとを追ってもボールが多いほうの仕切りに行かない状況も用意された。どちらの条件においても、ヒナは70パーセントの確率でボールが多いほうの仕切りに近づいた。[14]

重要な点は、ヒナは最初、右手の透明な待機箱の中におり、物体が２つの仕切りの後ろに移動するのを見て、その後、その物体が片方の仕切りからもう一方の仕切りに移動するのを見ていたこと。そして、待機箱から出たときには、すべての物体は仕切りの後ろに隠されており、出来事の記憶に基づいて判断しなくてはならなかったことだ。

さえずりで数的能力を鍛える

研究所での調査が示しているのは、鳥たちが生まれ持った計数能力を学習によって使えるようになることだ。しかし、なぜ鳥たちは、生まれながらに数を数えられなくてはならないのか？　その能力は、野生でどんな使い道があるのだろう？　ウィリアム・ローダー・リンゼイ（１８２９〜１８８０年。Ｐ３５４を参照）のようなダーウィンの信奉者たちは、「下等動物」には「数を数える能力」がある、と主張していた。ダーウィンと一緒に研究していたジョージ・ロマーニズ（１８４８〜１８９４年）は、ヴェルサイユ宮殿の森林監視員のとあるエピソードを報告している。監視員の仕事には、カラスを含む害獣を撃つことも含まれていた。この監視員は、カラスが、隠れ場に入るハンターを見ると巣に戻らないことに気がついた。そこで、カラスをだますために、6人の男が隠れ場に入り、その後5人が去ってハンターだけを残すことにした。「そこまでの計算はできない」と考えたからだ。[15]

数を数える能力は、さまざまな種に、さまざまな形で得になることが判明している。たとえば、水鳥のアメリカオオバンはどれだけ食料を探せばよいかを計算するために、自分の卵を数える。[16] 巣に寄生する鳥（コウウチョウなど）は、宿主の巣にすでにある卵の数を数えて自分が卵を産むタイミングを合わせる。メスのコウウチョウは、宿主が卵を抱き始める、最大数に近くなるよう自分の卵を産みつける。[17] また、鳴禽類《めいきん》（鳴き鳥）も、自分がさえずる回数とライバルがさえずる回数を数えられなくてはならない。鳴禽の多くは同じ種の先輩の鳴き声を真似ることでさえずりを学ぶが、おそらく生まれながらの素朴なさえずりを、聴覚にフィードバックされる声が、聞き覚えたお手本とそっくりになるまで修正していくのだろう。この能力は、鳥の一般的知能というより種に特有の認知能力のように思われる。[18] そしてこの能力は、脳外套《がいとう》にある特殊なニューラルネットワークを通して活用されている（これについては、のちほど詳しくお話しする）。[19]

たとえば、ヌマウタスズメ（学名：Melospiza georgiana）のような鳴禽も、さえずる回数が増えると気づく。これが重要なのは、近くにいるオスのさえずりではない以上、危険をもたらす可能性があるからだ。

渡り鳥のナビゲーションシステム

鳥は、巣からかなり離れた場所で餌を探すし、中には当然ながら、何百、何千キロも離れた場所まで飛ぶ鳥もいる。この途方もない行動には、船乗りが「自律航法」と呼ぶような複雑な計算が求められる。人間がやる場合は通常、地図や羅針盤や計算機が必要だ。羅針盤の方位に従って移動距離を読み、船が地図上のどこにいるのか計算することになる。また、鳥の場合は、餌を探し終えたら巣に戻らなくてはならないから、現在地を割り出すだけでなく、「帰巣ベクトル」——巣に戻る直線ルート——を見極めなくてはならない。2つの重要な要素は、羅針盤と地図だ。鳥の羅針盤は、さまざまな情報に頼っていることが判明している。太陽の位置、太陽が見えないときは空の偏光パターン〔訳注：日光が大気中の粒子に当たって散乱した光が偏って、天空に形成されるパターン〕、夜の星、そしてたぶん風向などである。鳥の地図にはランドマークがコード化されており、海鳥の場合は、巣の場所に近くなると、巣まで導いてくれるにおいがコード化されていたりする。多くの鳥は、磁気を感受する目のメカニズムを使って、緯度を推定している。これは長距離を飛ぶ渡り鳥には欠かせない機能だ。

経路発見のもう1つの手がかりは、移動した距離だ。おなじみのランドマークが、その情報をくれることもある。あるいは、「自己手がかり」と呼ばれる鳥自身が発する情報によって推定されることもある。たとえば移動速度を推定する「オプティカル・フロー」——物体または海が網膜を横切る速度——や、距離を見積もる手段としてのエネルギー消費などである。こうした情報源がどのように活用されるかは、鳥が巣の近くで餌を探しているのか、伝書バトのように遠出の帰路にあるのか、とんでもない長距離を旅しているのか、などに左右される。

こうした長距離移動は驚異的だと言わざるを得ない。オオソリハシシギ（学名：Limosa lapponica

baueri）はアラスカで繁殖し、ニュージーランドで越冬する。年間往復で2万9000キロも旅をするのだ！　アラスカからニュージーランドまで、11日間ノンストップで飛行する。しかも、科学者が追跡のために腰のあたりにつけた、5グラムの衛星タグまで背負って[20]。

距離がとてつもないだけでなく、彼らは太平洋を渡る。太平洋の上空を、オグロシギ属の偉大なる専門家たちは、「地球上で最も複雑で季節的要因に左右されやすい大気状況」と説明する。この旅をするために、オオソリハシシギは昼も夜も方向感覚を維持する必要があるから、昼間は太陽コンパスを、夜間は天空コンパスを使って、天体位置表（時間と共に変わる太陽と星の位置表）に合わせなくてはならないはずだ。彼らはまた、モデリングによると、方位の推定に役立つとされる磁気感覚を持っていると考えられている[21]。さらに、常に風速と風向も考慮に入れなくてはならない。ただしそれは、2次元に限った話。鳥たちは飛ぶのに最適な高度も計算しなくてはならないのだ。そうした長距離移動をする鳥はたくさんいる。グリーンランドやアイスランドに住むキョクアジサシ（学名：Sterna paradisaea）は、毎年7万キロというさらに長い旅をする。わずか40センチの羽で南極まで飛び、また同じ集団営巣地《コロニー》に戻るのだ。

鳥のナビゲーションの偉大な専門家、オックスフォード大学のドーラ・バイロによると、「鳥たちは主に、地図と羅針盤のナビゲーションに頼っている」。頭の中に地図があるから、空間における現在地と、目的地から見た現在地を把握できる（そのあと羅針盤を使って、計算した目的地に至る方向に飛び始める）。

バイロは、それを次のような実験で調べた。

「伝書バト（学名：Columba livia）の体内時計をずらす（つまり、時差ぼけ状態にして、太陽の位置の解釈を誤らせ、羅針方位をずらす）実験を行いました。体内時計がずれたハトたちを放すと、最初は（巣箱に向かっているつもりで）誤った方向に飛んでいきますが、いくつかの事例証拠によると、巣箱に帰るのとおおよそ同じくらいの距離を飛んだ頃に、何かがおかしいと気づき始めます。つまり、最初に（自分で放鳥地点まで飛んだのではなく、車で運ばれたのですが）巣箱までの距離を何かしら予想していたことになります。これはたとえば、伝書バトが2つの座標付き地図のようなものを備えていれば、うまくいくでしょう。地図上には、「巣箱」が座標で示されており、放鳥地点でも座標を加えることができる。もしくは、以前同じ場所から帰巣した経験から学んで、飛行距離を覚えていたのかもしれません」（私信より）[22]

マンクスミズナギドリ（学名：Puffinus puffinus）は、コロニーに戻ろうと飛び立つときは、そこまでの方向と距離の両方を知っているように見える。距離が遠いときは、早めの時間に出発するからだ。[23]

ミヤマシトド（学名：Zonotrichia leucophrys gambelii）の素晴らしい調査が明らかにしたのは、地図や地図の方位がどのように学習されるかだ。ミヤマシトドは経験豊富な成鳥と未熟な幼鳥が群れを成し、ワシントン州から南カリフォルニアやメキシコに移動する。この調査では、鳥たちは9月半ばに、ニュージャージー州ニューアークに飛行機で運ばれた。温度や圧力が管理され、窓はないがずっと薄明かりがついた分室に入れられて。[24]そのあと、車でニュージャージー州プリンストンに輸送され、放たれるまで研究所の鳥かごに3羽1組で入れられていた。

さて、ワシントン州から飛ぶときは、鳥たちはだいたい真南に向かう。それより3700キロ東で放たれた鳥たちは、一体どうするのだろう？　ワシントン州からのルートを飛んだ経験を持つ成鳥たちは、越冬地に向かって南西に飛んだが、経験のない幼鳥たちは真南に向かった。つまり、「長距離の渡りを行う大人の鳴禽が使う、学習によって得たナビゲーション地図は、少なくとも大陸規模の広がりを持っていることがわかる。未経験の幼鳥たちは、持って生まれたプログラムに従って遠い越冬地を探し、ずれを修正することなく本来備わったままの方向に飛び続ける」[24]

こうした旅には、複雑で高度な計算が必要だ——英国の探検家ジェームズ・クックの太平洋への航海を思い出してほしい。鳥たちがリアルタイムに、どうやって旅をしているのかは、いまだ正確には解明されていない。そこで、ハワイ・モロカイ島に住む船乗りの友人、ケヴィン・ブラウンに聞いてみた。「近代的な設備がない場合は、どうやって距離を推定するの？」と。たぶんこの答えが、鳥がどう対処しているかのヒントになるだろう。ケヴィンは言った。「移動距離は『手用測程儀』を使えば計算できる。つまり、物体が船と平行して移動した時間を計るんだ。でも、これでわかるのは船の速度だけだから、移動距離はやっぱり、計算の問題だな」

科学史家のマイケル・ハモンドが、補足説明をしてくれた。

「手用測程儀は、リールに巻いたロープにつながれた木片でできた単純な装置だった。ロープには、約14・4メートルごとに結び目《ノット》がついていた。この道具を使うためには、木片を海中に投げて、砂を詰めた砂時計のようなタイマーをひっくり返す。タイマーは28秒を計ってくれるが、道具を30秒間海に入れておきたいので、木片を投げてタイマーをひっくり返すのにかかる2秒を引いておくのだ。手を通過していった結び目の数が、毎時移動する海里数に相当する。船の速力の単位『ノット』が私たちの語彙にあるのは、こういうわけだ。これが機能する理由は、簡単な計算にある。ロープを1時間海に放って出ていったロープが何キロになったかを数える代わりに、扱いやすい規模の時間と距離に縮小しているのだ。1時間には30秒の区切りが120回あるので、14・4メートルの区切りが120個でだいたい1海里［訳注：1852メートル］という考えだ。正確な数字ではないがかなり近いので、船乗りにとっては十分近い数字が得られる」[25]

鳥の脳内にあるのは3次元の地図？

鳥が「オプティカルフロー」を使って速度を推定できることは、すでに知られている。鳥の脳内の時計の1つが、速度と時間の関数である距離を推定するのに使われているのだろう。船乗りの測程儀のように、こうした推定はどうしてもおおよそになってしまうから、推定された距離はほかの情報、たとえば、そのとき使えるランドマークや天体がくれる手がかりと照合されるのだろう。

鳥や、のちほどお話しする昆虫をはじめとしたほかの生物は、どのように経路積分の計算をしているのだろう？　興味をそそるある可能性を、サセックス大学のトーマス・コレットが提示している。アキュムレータが1つではない可能性を、想像してみてほしい。

「昆虫がどこかの目的地に向かうとき、複数の空間的アキュムレータが、昆虫の現在の進行方向に応じてそれぞれ更新されていく。最も単純なのはアキュムレータが2つのケースだ。この場合、例えば片方のアキュムレータは東西方向、もう片方のアキュムレータは南北方向の経路成分を積算している。目的地にたどり着くまでの間、2つのアキュムレータがそれぞれの方角の経路成分を積算する。アキュムレータにはどのように最終状態に達したかの履歴は保持されていないが、2つのアキュムレータの中身のベクトル和をとれば、それが帰巣ベクトルとなる[26]〔訳注：東西方向、南北方向にそれぞれどれだけ移動したかを2つのアキュムレータ（東西方向担当と南北方向担当）が記憶しているので、その記憶に基づいて逆方向に同じだけ進めば巣に帰れるということ〕」

数の観点からナビゲーションを考える1つの方法を、ガリステルが提案している。3ビットの情報――000、001、010など――だけで方位を8分の1の正確さで表現できる。つまり、羅針盤における8つの主要な方角（北、北東など）を表せるのである。[27]〔訳注：3ビットは2進数の3桁のことであり、000、001、010、011、100、101、110、111の8（＝2^3）通りの値がある。つまり、これらの番号を方角に割り振ることで8通りの方角、すなわち北・北東・東・南東・南・南西・西・北西を表せるということ〕

ガリステルは明らかに船乗りの航海と、動物のナビゲーションを比較している。この話は、ハチのナビゲーションを扱う第9章に再び登場する。[28]

「ナビゲーションの計算は、緯度・経度による位置把握や、方角と距離による位置把握とは異なる原理に基づいている。空間ベクトル〔訳注：ここでの「空間ベクトル」とは、現在地や目的地の位置を座標平面上に表したもの〕に関して定義されている最も一般的な4つのナビゲーション計算は、(目的地までの進路を知るための）ベクトル減算〔訳注：目的地の位置を示す空間ベクトルから現在地の空間ベクトルを引くことで、進むべき進路を表す空間ベクトルが求められる。より具体的には、『目的地の空間ベクトル－現在地の空間ベクトル＝進路の空間ベクトル』という計算を指している〕、(進むべき方角を知るための）デカルト座標から極座標への変換〔訳注：デカルト座標は位置を、極座標は方位を知るための座標系。前のステップで進路の空間ベクトルを計算したが、空間ベクトルはデカルト座標で表されるので、進むべき方角を知るためには極座標に変換する必要がある〕、(ある進路すなわち航程線*の最終到達地点を知るための）極座標からデカルト座標への変換〔訳注：前のステップで方角を知るために極座標に変換したが、進んだ結果としてどこに到達するかを知るにはデカルト座標に戻す必要がある〕、(自律航法においてや、さらに一般的には、一連の進路の最終到達地点を知るための）ベクトル加算〔訳注：最終目的地の位置を知るための計算。具体的には、『現在地の空間ベクトル＋進路の空間ベクトル＝目的地の空間ベクトル』という計算を指している〕である」

これが地図と羅針盤によるナビゲーションに必要なもので、鳥にしろ人間にしろ、ナビゲーターは地

* 地表を走る想像上の線で、経線と常に一定の角度で交わり、海図に船の針路を描く一般的な方法として用いられる。

図を持っていなくてはならない。船乗りの場合は紙の地図だろうが、鳥やハチや遠い昔に太平洋を探検したポリネシア人の場合、地図は脳内にある。

実のところ、普通の地図も必要だろうが、2次元の情報しかないので不十分だ。鳥は3次元空間を飛んで、捕食者を避け、餌をつかまえ、移動したり木や崖につくった巣に戻ったりする最適な高度を見つけている。インドガン（学名：Anser indicus）は、ヒマラヤ山脈の向こうのカザフスタンやモンゴルで夏を過ごしたあとに、越冬のためにインド南部に移動する。エドモンド・ヒラリーとテンジン・ノルゲイの1953年のエベレスト登頂を支えたニュージーランド生まれの登山家、ジョージ・ロウ（1924〜2013年）は言った。「複数のガンが、エベレスト頂上の上空を飛ぶのを見たことがある」と。頂上の高さは約8000メートル。あるチームがGPS追跡装置を使って、高度6000メートルを飛行する1羽の鳥を記録したことがある。

ハトの記憶容量はグーグルマップを超える？

ほとんどの鳥の脳は、霊長類の脳に比べるとちっぽけなものだ。なのに一体どうやってこんな計算ができるのだろう？　彼らの脳は小さいだけでなく、大脳の新皮質がない。新皮質は哺乳類の脳を覆う折り畳まれた層状の構造で、人間やサルやネコの数的処理を司る重要な領域は、この新皮質にある。鳥の場合は脳の外套が、哺乳類の新皮質と同じ機能を果たしているのではないかと考えられている。とはいえ、鳥の脳のニューロンは哺乳類の脳よりもずっと密に詰まっている。今やオウム属のバタン（脳の重さは10グラム、ニューロンの数は20億個）やカラス科の鳥（ニューロンの数は15億個）は、多くの哺乳類や一部の霊長類よりも、脳に多くのニューロンを持っているとされる。黄色いとさかのオウムであるキバタンと霊長類のショウガラゴの脳はどちらも約10グラムだが、キバタンの脳にはショウガラゴの脳の2倍のニューロンが詰まっている。コンゴウインコの脳はクルミほどの大きさだが、脳外套のニューロンの数は、レモンほどの大きさの脳を持つマカクザルよりも多い[29]。

小さなセキセイインコですら脳に1億5000万個のニューロンを持ち、脳細胞の数では、ネズミやラットやマーモセットを上回っている。その上、鳥の脳内のニューロンが哺乳類よりも密に詰まっていることを考えると、ニューロン同士がより速く、より簡単につながるのかもしれない。

すでにお話ししたように、鳥のナビゲーションには地図が必要だ。脳内に地図があるなんてばかげた考えだと思うだろうが、一体どんな見た目をしているのだろう？　どう考えても、紙の地図のように、鳥の脳内で広げられたり畳まれたりしているわけではなさそうだ。実は、数で構成されているのだろうか？　一瞬でいいから、グーグルマップを、その地図がコンピューターのサーバーにどのように保存されているのかを想像してみてほしい。また、自宅から地元のスーパーやパリへどうやって行くか、グーグルマップに尋ねたらどうなるか思い描いてほしい。位置と経路の両方が、画像や指示として提示されるだろう。こうした地図はデジタル方式で――一連の数字、最終的には0と1として――保存されている。では、どうやって経路を導き出すのだろう？　保存した数字をもとに計算しているのだ。

グーグルが地図を保存するのに、一体いくつの記憶素子が必要なのかは知らないが、つつましい伝書バトの脳には6億9000万個のニューロンがあり、うち4億3700万個は脳外套にある。脳外套の各ニューロンが数百、いや数千個のほかのニューロンとつながる可能性を考えると、ちっぽけなハトの脳の記憶容量は、巣箱への帰り道を提示するのに必要なグーグルマップの記憶容量を超えている可能性もある。だから、鳥の脳内に地図があるという考えは、そうばかげてもいないのだ。それがグーグルマップのような地図だとしたら、本当に算術計算をしているはずだ。

鳥の脳内はナンバー・ニューロンだらけ？

ケーラーの課題をこなすのに関係している脳の領域は、カラスの脳外套で「単一細胞記録」という研究手法を使うことで特定されている。これはアンドレアス・ニーダーとヘレン・ディッツによる研究だ（図2を参照）。明らかになったことは、ニーダーがサルで観察したこととよく似ていた。すなわち、特定の数に「チューニング」されたニューロンがあるということ。つまり、ある細胞は少し遅れて1つの物に最も強く反応し、別の細胞は2つの物に、別の細胞は3つの物に、別の細胞は4つの物に、また別の細胞は5つの物に、いずれも少し遅れて最も強く反応するのだ。

ディッツとニーダーはこの研究の結論として、私たちの数的能力の基盤は進化の初期段階に生まれたものだ、と主張している。

「この発見は、標準的な終脳［鳥の脳外套や哺乳類の新皮質］の超小型回路が、哺乳類と鳥類の共通の祖先において進化したことを示している可能性がある。また、この結果はおそらく、哺乳類と鳥類という2つの脊椎動物群に数的能力をもたらしている、ニューロンによる計算の進化について生理学的に説明してくれるだろう。従って、神経科学においてさらに比較手法を用いることは、こうした進化的に安定したニューロンのメカニズムを読み解くのに欠かせないだろう[11]」

人間やほかの哺乳類と同じように、鳥にも海馬がある。自分がいる位置の特定に特化した細胞を使って空間をコード化するのは、海馬である。これを最初に発見して詳細に述べたのは、UCLのジョン・オキーフと同僚たちだった[30]。オキーフはこの発見によって、マイブリット・モーセル、エドヴァルト・モーセルと共にノーベル賞を受賞した。モーセル夫妻は、海馬のそばにある内側嗅内皮質《ないそくきゅうないひしつ》の中に「格子細胞《グリッド》」を発見した。グリッド細胞は、ナビゲーションに欠かせない内なる座標システムを脳に提供している。

3億年の進化の過程で起こったこと

哺乳類と鳥類の最後の共通の祖先がいたのは、3億年ほど前のことだ。進化の観点から見てもこれは長い時間で、3億年の間には多くのことが起こったはずだ。アキュムレータ・メカニズムが共通の祖先に備わっていたかどうかを判断するのは、おそらく時期尚早なのだろう。とはいえ、さまざまな時計遺伝子や時計メカニズムが、さらに遠い共通の祖先から保存されてきたことが判明している。ならば、計数のメカニズムを構築する遺伝子が保存されてきたとしても驚くには当たらない。

この章では、哺乳類より小さな脳を持つ鳥たちが、計数や計算ではむしろ勝っている、というお話をした。中にはオウムのアレックスのような並外れた個体もいるし、たとえばカラスのように、同じ課題を与えると少なくともサルと同じくらいできる種もいる。鳥は餌を探したり繁殖したりするために、長距離を移動する。それには、人間の航海士が経路の計算をするときのような、距離や方位や時間にまつわる高度な計算が必要になる。では、小さな脳の鳥たちが、一体どうやってこれほど高度な数学力を発揮しているのだろう?

明らかになったのは、そのちっぽけな脳には、ニューロンが相当密に詰まっており、多くの鳥の脳には、多くの哺乳類や一部の霊長類よりもたくさんのニューロンがあること。そして、そのニューロンの中には、サルの脳と同じように、特定の「数」にチューニングしているものもあることだ[31、32]。

第7章 カエルの婚活は数が決め手――両生類と爬虫類

現代の両生類――主にカエル〔訳注：水辺にいる小さなカエル〕、ヒキガエル、イモリ、サンショウウオ、アシナシイモリ（手足のないヘビのような生物）――は、とても古い種族だ。3億5000万年ほど前のデボン紀に、陸で暮らすようになった魚の最初の子孫だった。両生類は水中と陸上の両方で暮らし、通常は水中に卵を産む。ほかの変温動物（冷血動物）と同じように、両生類も小さな脳（0・1グラム未満）を持ち、脳対体重の割合も低めだ。[1] それでも、カエルは約1500万個の脳細胞を持っている。単純なアキュムレータ・システムならたやすく動かせる数である。[2]

今日の爬虫類は、トカゲ、ヘビ、カメ、ワニ類など1万種を超えている。大昔の爬虫類は恐竜の祖先で、鳥類はもちろん、突き詰めていけば私たちの祖先でもある。

両生類と爬虫類の種は多様性に富んでいるのに、彼らの数的能力に関する調査は、ここで紹介してきたほかの動物群に比べて少ない。それでも、両生類にとっても爬虫類にとっても、野生で数を数えることは重要だし、環境への順応を助けていることをお伝えしたいと思う。数を数えることは餌を探すときに役立つし、一部の種にとっては、交配になくてはならないものなのだ。

サンショウウオの数的能力

研究所で両生類の数的能力に関する最初の調査を行ったのは――調査対象は、セアカサンショウウオ（学名：Plethodon cinereus）――当時ルイジアナ大学にいたクラウディア・ユラーと同僚たちだった。[3] こうした生物は、野生では「最適採餌戦略」を取っている。彼らはショウジョウバエ属（学名：Drosophila）を好み、ショウジョウバエが少ないときはどんな大きさの個体でも食べるが、たくさんいるときは大きめの個体を狙う。

ユラーの先駆的な調査はシンプルかつ的確で、第4章に登場したサルに使われたパラダイムに基づいていた。サルは選択肢を提示されると、自発的に「数が多いほうの食べ物を選ぶ」[4]。両生類も同じことをするのだろうか？

ユラーとチームは被験者のサンショウウオたちに、「1匹対2匹」「2匹対3匹」「3匹対4匹」「4匹対6匹」のショウジョウバエという選択肢を、それぞれ別個の実験で提示した。実験の手順としては、生きたショウジョウバエがガラス管に入っており、被験者のサンショウウオはハエを見ることはできても食べることはできない。サンショウウオの選択は、ガラス管の一方に触れることで示される。サンショウウオは1匹より2匹を、2匹より3匹を選んだが、残り2つの選択肢ではうまく選べなかった。ユラーと同僚たちが認めているように、サンショウウオが「ショウジョウバエ」の総量に反応したのか、はたまた動きの総量に反応したのか、判断するすべはなかった。サンショウウオは、環境内の小さな物の動きにとても敏感なのだ。食べられる物かもしれないから。

ユラーは引き続き、サンショウウオが大きな数の識別（「8匹対12匹」や「8匹対16匹」）ができるのかどうかを調べた。この時の刺激は、生きたコオロギだった。サンショウウオは「8匹対16匹」のときは、数が多いほうを確実に選んだ。つまり、集合の比率が1：2の場合である。ところが「8匹対12匹」、つまり「2：3」の比率のときは失敗した。このときも、コオロギの動きや量の調節はしていない。ちなみに、サンショウウオの中には、自発的にショウジョウバエの「数」ではなく量を使って判断するものもいた。[5]状況によっては、数の多い物体を狙うより、面積や体積の大きいほうを狙うほうがラクなのかもしれない。

5回鳴いて恋愛ゲームに勝つオスガエル

「数」は、カエルの恋愛ゲームにおいて必要不可欠な情報だ。メスのカエルは「広告音」と呼ばれるオスの鳴き声を使って、交尾の相手を選ぶ。再生実験では、当時ミズーリ大学にいたゲオルク・クランプとカール・ゲルハルトが、卵を抱えたメスのハイイロアマガエル（学名：Hyla versicolor）がどんな鳴き声にとくに魅力を感じるのかを調べた。[6]この種のオスは特有のパルス頻度で鳴くので、メスは異種のオスを無視して、同じ種のオスに集中できる。同種のオスの中でも、メスは長く鳴くオスを好むが、それは、長い鳴き声が求愛行動へのエネルギッシュな取り組みと相関しており、おそらくオスの体調や健康状態の目安になるからだ。鳴き声の特徴の1つである、耳に届く声の大きさも健康状態を示しているように思うが、こちらはあまり重要ではないらしい。当然ながら、耳に届く声の大きさは距離によって変わるため、鳴き声の長さほど確かな指標にはならない。パルス頻度（持続時間÷数）は、ここではメスが同じ種のオスを認識するのに使われるが、パルス数――一鳴きにおける音の数――も元気なオスの証しになる。このときも、もちろん数を数える必要があるから、次のような素晴らしい事例が存在する。

トゥンガラガエル（学名：Physalaemus pustulosus）はとても小さく（約2・5～3・2センチ）、中南米の沼地に住んでいる。夜間に繁殖活動をし、昼間に小さな昆虫を食べる。彼らの驚くべき生態は、私たちの話にも関係があるのだが、交尾の成功がオス・メスを問わず、数的能力に左右されるのだ。

繁殖期には、オスは自分を誇示し、メスが選ぶ。おなじみの光景だって？　メスは最も元気なオスを求めている。たいていの場合、メスはオスの姿を見ることはできないが、「広告音」は聞こえるので、近くにいるオスたちは誰よりも魅力的な鳴き声を出そうと競争する。

ユタ大学のゲイリー・ローズをはじめとした多くの科学者たちは、長年にわたってこの種を含む無尾類（カエルやヒキガエル）の鳴き声を研究してきた。[7] オスのトゥンガラガエルの鳴き声は、カエル自身とほぼ同じくらい大きく膨らんだ鳴き袋（鳴嚢《めいのう》）から繰り出され、徐々に周波数が下がる「トゥン」という長めのスイープ音で始まる。この音は「泣き声」と呼ばれ、『ニューヨーク・タイムズ』に「『スタートレック』のフェイザー銃に驚くほどよく似た音」と描写された。[8] 周りの声と張り合おうと、オスたちはトゥンという音のあとに一瞬、一定の間を置いて「ガッ」という音（短く、耳に心地よい深い音）を追加する。テキサス大学のマイケル・ライアンと共同研究者たちは、メスが「トゥン」と「ガッ」を組み込んだ複雑な鳴き声のオスを好むことを明らかにしているが、オスが毎回そう鳴くわけではないのには理由がある。カエルを餌にするコウモリも、複雑な鳴き声のカエルを好むため、メスを引きつけるのには、一定のリスクを伴うのだ。どうやら、複雑な鳴き声を出せるオスは出せないオスよりも大きくて健康なので、メスにも捕食者にも魅力的に映るらしい。

それでも、オスはほかのオスと張り合わなくてはならないから、「ガッ」を1つ余分に加えて、そばにいるオスたちをしのごうとする。つまり、「ガッ」が4回聞こえてきたら、「4＋1」回鳴くのだ。1フレーズあたりの「ガッ」の数は、たとえば、耳に届く音の大きさよりも、呼吸器官の健康度をはかるよい指標になる。音の大きさは距離に左右されるからだ。これは実はアナログ信号ではなくデジタル信号なので、より多くの情報を遠くまで届けられる。オスが出せる「ガッ」の回数には上限があり、それは肺や鳴嚢の容量で決まる。そういうわけで、最も魅力的なオスは7回くらい出せる。ただし、とくに繰り返す場合はエネルギーの消耗が大きく、リスクも高い。だから、オスもメスも「ガッ」の回数を数える。

つまり、メスが「ガッ」と多く鳴けるオスを好むため、オスはライバルの「ガッ」の回数を数え、それに1回以上足すことができなくてはならないし、メスも、一番元気なオスを選ぶために、数を数えられなくてはならない。メスは、あるオスの鳴き声を魅力的に感じたら、その声と、鳴き声で生じた水面の波紋を使って、新しい相手がいる場所を突き止める。

数を数えるカエルは、トゥンガラガエルだけではない。鳴き声の数合わせは、張り合っているオスのカエルの間ではかなり一般的で、再生実験で確認できる。オーストラリアのカメガエル（学名：Crinia georgiana）の調査では、２つのラウドスピーカーを使ってほかのオスの鳴き声を流し、それに対する１匹のオスの反応を記録した。被験者のオスは、再生された音の数とぴったり同じ数だけ鳴いた。このカエルは、たとえば、エネルギーの総量ではなく、明らかに回数を合わせていた。エネルギーは一定でなくても、数合わせは続いていたからだ。[9]オスがなぜ同種のほかのカエルと鳴き声の数を合わせなくてはならないのか、その理由はわからない。仮説の１つは、オスたちが、エネルギーの浪費を避けつつも、メスに対して少なくともライバルに負けない程度に魅力的な鳴き声を出そうとしている、というものだ。

ゲイリー・ローズは、「数」が交尾の相手を選ぶ際に重要だ、というだけでなく、カエルの脳がどのように数を数えているのかも発見した。カエルの聴覚中脳には、音波パルスの間隔——振幅変調率——に基づいて選択をするニューロンがあるのだ。パルス頻度——つまり、各音波パルスの間隔——が、広告音とほかの発声とを区別している。「ガッ」から次の「ガッ」へのタイミングがほんの一瞬ずれると、これらのニューロンは発火せず、計数のプロセスは始まらない。「下丘《かきゅう》」と呼ばれる聴覚中脳のニューロンは、音波パルス数が正しいタイミングで閾値を超えた場合にだけ、選んで反応する。つまり、こうした「間隔を数える」ニューロンが、パルスの数を数えているのだ。音を数えているように見えるほかの種のカエルも、下丘に同じようなメカニズムを備えているのかどうかはまだわからない。ゲイリー・ローズは私に、こんなふうに書いてきた。

「かなり長い間隔（たとえば、連続するパルス間が２００ミリ秒など）で生じる音波パルスを数えられる計数ニューロンが存在するかどうかがわかれば、面白いでしょうね。たとえば、オーストラリアのカメガエルや、中米のイエローツリーフロッグのような種になりますが」（私信より）

オタマジャクシの数的能力は魚に近い？

振幅変調（音波パルスの頻度と数）に対する聴覚システムの感受性は、無尾類だけでなく魚から人間まで、下丘もしくは下丘によく似た神経組織を使う脊椎動物に広く存在している。ただし、私見を述べるなら、すばやく連続的に聞こえてくる音の数を数えるなんて、私にはまず無理だ。人間である私の下丘は、数を数えることに関しては、まさに下級そのもの。もしかしたら無尾類のシステムと違って、人間のシステムには訓練が必要なのかもしれない。また、もしかしたらミュージシャンなら、私よりはるかによくできるのかもしれない。

カエルやヒキガエルは、個体としての生命をオタマジャクシの姿で始める。オタマジャクシの個体はオタマジャクシの集団に加われば、捕食者に食べられるリスクが減るから、とくに捕食者がいるところではそうするだろう。オタマジャクシが同じ種の集団にどれくらい容易に加われるかは、どの程度の社交性があるかに左右され、社交的なオタマジャクシも、そうではないオタマジャクシもいる。今から紹介する素晴らしい調査を実施したのは、ジョルジオ・ヴァロルティガラとイタリア・パヴィア大学の同

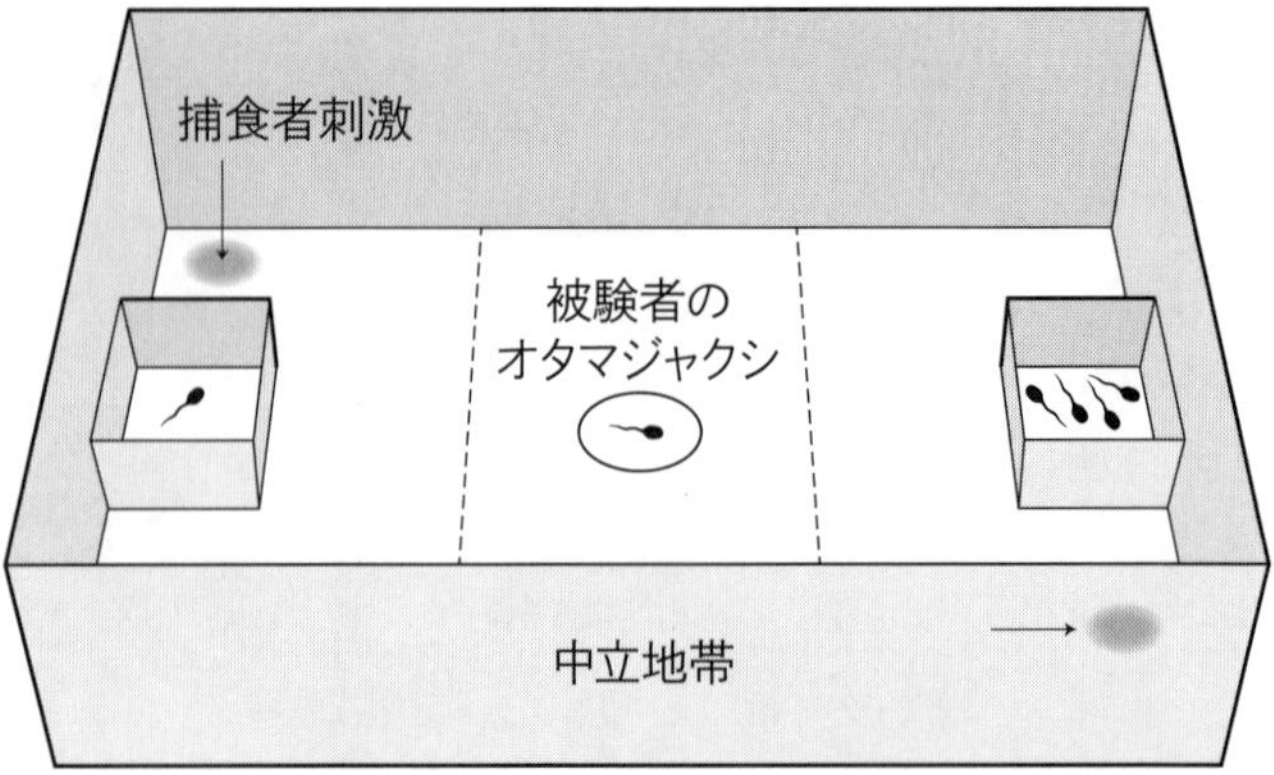

図1　オタマジャクシの数的能力の試験。オタマジャクシは、とくに危険が迫ったときは同じ種の集団に加わる。それを調べるために、ある条件では、捕食者に由来する嗅覚刺激が提示された。数的課題は、被験者のオタマジャクシが、「数」に基づいて集団を識別するかどうかだ。社交的な種であるミドリヒキガエルは、オタマジャクシの数の違いが「1匹対4匹」のときは大きいほうの集団を選ぶ。あまり社交性のない種であるヨーロッパトノサマガエルは、危険が迫っていないときは小さいほうの集団を選ぶ[10]。

僚であるアレッサンドロ・バレストリエーリ、アンドレア・ガッゾーラ、ダニエレ・ペリテリ－ローザで、オタマジャクシの自然な行動をうまく利用している[10]。

調査は、2種のオタマジャクシを対象に行われた。通常とても社交的で大きな安定した社会集団を形成するミドリヒキガエル（学名：Bufotes balearicus）と、あまり社交性がなく、一時的な集団しか形成しないヨーロッパトノサマガエル（学名：Pelophylax esculentus）だ。

このオタマジャクシたちは、数的能力にそれほど優れてはいないようだ。これは、私たちが調べている魚たちとの違いである。生まれたばかりの魚は、数の識別に関しては成魚と同等の力を持っている（第8章を参照）。このオタマジャクシたちが、成長すれば上手に数を数えられるようになるのかどうかはわからない。

ただし、ヴァロルティガラと同僚たちは、別種のカエルであるチョウセンズガエル（学名：Bombina orientalis）の成体を試験した[11]。これもサンショウウオの調査と同じく、自発的に数が多いほうの餌を選ぶかどうかの調査だったが、今回は餌（おいしい幼虫）の全質量、表面積、体積、動きを適切に調節して行った。このカエルは、差分の比率が十分に大きいときは、「数」が大きいほうを選ぶ（「1匹対2匹」「2匹対3匹」のときは大きいほうを選ぶが、「3匹対4匹」のときは選ばない。また、「3匹対6匹」「4匹対8匹」のときは大きいほうを選ぶが、「4匹対6匹」のときは選ばない）。

爬虫類脳のトカゲが数を学ぶ

アメリカの神経科学者ポール・D・マクリーン（1913〜2007年）は、こんな考えを世に広めた。私たちはみんな、原始的で本能的な行動を引き起こす爬虫類脳を持っているが、進化によって、私たちもほかの哺乳類も、より高度な認知機能を独自に司る新皮質を持つに至った[12]。

心理学の専門誌『サイコロジー・トゥデイ』で、行動神経学者アンドルー・E・バドソンは次のように述べている。

「爬虫類脳は大脳基底核（線条体）と脳幹で構成されており、喉の渇きや空腹、性的欲望や縄張り意識といった原始的な衝動や、習慣や手続き記憶（考えなくても毎日鍵を同じ場所に置く、自転車に乗る、といったこと）に関わっている……私たちはみんな選択できる。爬虫類脳の原始的な衝動や欲望に屈するのか、それとも新皮質を使ってその手綱を握るのか」

人間やほかの哺乳類の場合、計数と計算をするのは、より現代的で「原始的」ではない新皮質だ。爬虫類は、より高度な認知機能を支える新皮質を持たないので、その原始的な神経組織で数のような抽象的なものを扱えるのか、という疑問がわいてくる。では、ヒントを与えよう。鳥の脳は、現代の爬虫類との共通の祖先から1億5000万〜2億年前に分岐して進化したものなので、同じように新皮質を持たない。それでも第6章で述べたように、鳥は数的課題がすこぶる得意だ。

実は、「原始的な」脳を持つ爬虫類は、かなり複雑な行動を管理できている。彼らは鳥や哺乳類と同じように、迷路を抜けられる。社会性も持てる。ワニ類は卵を育て、巣を守る。一部の鳥のように、爬虫類の中にもつがいの関係を築くものもいる。カメは「出生地への回帰性」を示し、生まれ故郷の浜を出て、たいてい何千キロも回遊したあとに、また戻ってくる。旅立ってから次に戻るまで20年間も、戻り方を記憶している。

私の友人であり同僚でもあるパドヴァ大学のマリア・エレナ・ミレット・ペトラッツィーニ、クリスティアン・アグリロ、アンジェロ・ビサザがフェラーラ大学の仲間たちと共に、量的な対照実験を用いて、シクラカベカナヘビ（学名：Podarcis sicula）を調べた。このカナヘビは、大きさの異なる2匹のおいしい幼虫――質量の比率は、0・25、0・50、0・67、0・75――という選択肢を与えられた。また、同じ大きさの幼虫の2つの集合――比率は質量の場合と同じ「1匹対4匹」「2匹対4匹」「2匹対3匹」「3匹対4匹」――という選択肢を与えられた。カナヘビは、どの比率でも質量が大きいほうの幼虫を自発的に選んだが、どの比率でも数が多いほうの集合を選ぶのには失敗した。[5]
覚えておられると思うが、ある説によると、動物は選択をするとき、数的情報を「最後の手段」としてしか使わないという。[13] また、これも心に留めておいてほしいのだが、ケーラー自身も「動物は『数』を使うことを学べるが、自発的には使わない」と信じていた。そこで、マリア・エレナは考えた。この扱いにくいカナヘビたちが、「数」を使うことを学べるかどうか確認する価値はあるかもしれない、と(図2を参照)。

この調査では、カナヘビたちは大きいほうの円盤を選べば報酬がもらえた（面積の条件）。また、数が多いほうの円盤を選べば報酬がもらえた（「数」の条件）。どちらの条件においても、両者の比率は同じになるよう調節された。面積の比率は0・25、0・50、0・67、0・75に、数の比率は「1個対4個」「2個対4個」「2個対3個」「3個対4個」とされた。つまり、どちらの条件においても、大きいほうを選ぶ難しさは同じだったということ。この訓練で明らかになったのは、カナヘビが実は面積の条件よりも「数」の条件のほうを正確にこなしたことだ。たとえば、面積の比率が0・75の2つの円盤より、「3個対4個」の円盤を識別するほうが得意だった。

そうだ、カナヘビは「数」を使うことを学べるし、実際、面積を使うよりも数を使うほうが得意なのだ。[14] ちなみに、人間の乳幼児も同じだ。ただ問題は、なぜカナヘビはその能力を自発的に使わないのか？　である。すでに何度かお話ししたように、現実の世界では、「数」と面積はたいてい共に変化する。だから、数の多い物体を狙うより、面積が広い物体を狙うほうがラクな場合もあるし、そうではない場合もあるのだろう。

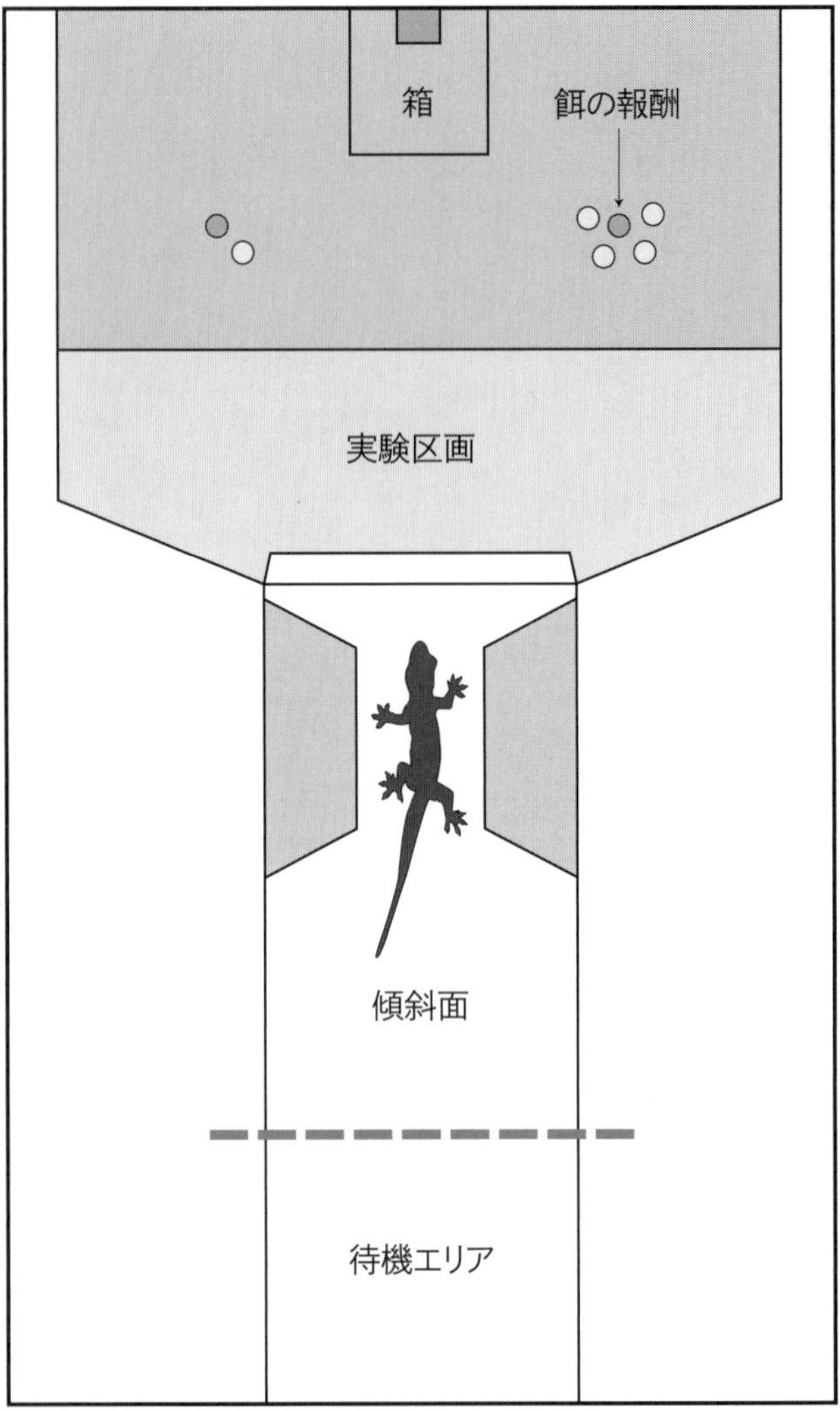

図2　シクラカベカナヘビの実験。カナヘビはプラスチックの円盤の２つの集合のどちらかを選ぶ。円盤の数が多いほうの集合を選べば、報酬のおいしい幼虫がもらえる。２つ目の条件では、カナヘビは大きな円盤（１つ）と小さな円盤（１つ）のどちらかを選び、大きな円盤を選べば報酬がもらえる。「数」の条件でも面積の条件でも、両者の比率は同じだ[14]。

カメのナビゲーション

カメの数的能力も、ヴァロルティガラと同僚たちによって厳密に調査された。[15] 彼らが使ったのは、今やおなじみの試験だ。数が多いほうの餌を選ぶかどうか、その成績が「ウェーバーの法則」を反映しているかどうかを調べたのだ。この調査の被験者は、ヘルマンリクガメ（学名：Testudo hermanni）。問題は彼らが、二者択一の課題で、数が多いほうのスライストマトを選ぶのかどうか（「数」の条件）と、スライストマトの大きさが異なる場合に大きいほうのトマトを選ぶのかどうか（面積の条件）だった。カメの前に用意されたスライストマトの大きさの比率は0・25、0・50、0・67、0・75で、スライストマトの数の比率は「1切れ対4切れ」「2切れ対4切れ」「2切れ対3切れ」「3切れ対4切れ」と、両者の比率は同じにした。

結果は明快だった。カメはどちらの条件でもかなりよい成績を収め、どちらの条件でも、比率が0・25（1切れ対4切れ）と0・50（2切れ対4切れ）のときは、それ以外のときよりよい成績を挙げた。そうだ、カメはスライストマトの数を数えられる。ただし、スライスはすべて同じ大きさだったので、トマトの総面積が「数」によって変わったのも事実だった。ここでも、カメが本当に「数」を使って選んだのか、それともトマトの総量を使って選んだのか、という疑問が生じる。それぞれのカメは両方の条件で試験された。彼らが「数」の課題をこなすのにトマトの量を使ったとしたら、各被験者のそれぞれの比率での成績には相関性があるはずだ。だが、相関性はないことが判明した。

これらは、カメが研究所で学ばなくてはならなかったごく単純な計算だが、野生でははるかに複雑な計算が行われている。渡り鳥と同じように、カメ一族のメンバーである水生ガメも回遊するので、繁殖地や採餌地を行き来するルートを考える必要があるのだ。

チャールズ・ダーウィンは、カメのナビゲーションに感動し、戸惑っていた。

「たとえ動物たちに羅針盤の方位感覚があると仮定しても——そんな証拠はないが——一体どう説明すればよいのだろう。たとえば、かつてわずか一シーズン、アセンション島の岸に大勢で集まっていたカメたちは、広大な大西洋の真っただ中にあるあの小さな陸地にどうやってたどり着くのだろう?[16]」

今では、カメに「羅針盤の方位感覚」が備わっている証拠はある。

アカウミガメ(学名:Caretta caretta)は大きくて、成体の体重は135キロ(300ポンド)あり、最大の個体は450キロ(1000ポンド)もある。彼らはとても長生きで、実は寿命が最も長い動物の1つであり、17~33年で性的に成熟し、70年生きることもある。孵化したばかりのカメは、性的に成熟する頃——17年以上のち——に生まれた浜辺に戻ってくる。つまり、言うまでもないが、カメは途方もなく長い間、その場所と戻ってくるすべを覚えていなくてはならない。だから、カメにはまず相当優れた長期記憶が必要だ。カメがどのようにその場所と回帰ルートを覚えているのかは、解明されつつある。

今わかっているのは、カメが長距離移動する鳥と同じように、地球の磁場の強度や磁力線が地表と交わる角度（伏角《ふっかく》）を感知するなど、磁場を利用していることだ。伏角は磁極点では90度になり、地磁気の赤道では0度になる。つまり、角度と強度の「等値線」が――天気図で同じ気圧の地点を結んだ「等圧線」のように――地球全域に存在し、それがカメに生まれた浜辺を教える独自の磁気地図を提供しているのだ。子どものカメは2つの主要パラメータ――磁場の正確な強度と角度――を記憶する必要がある。それに加えて、泳いでそこから離れるにつれて、それらがどう変化したかを覚えておけば役に立つだろう。故郷にまたたどり着くのは、この2つのパラメータの変化を逆にすることだからだ。ただし、このルート発見戦略には、1つ問題がある。それは、地球の磁場が体系的に変化するので、この戦略を使うと、カメは最初の場所とは違う場所にたどり着いてしまうこと。しかし、そのおかげで、研究者たちは、磁気地図という仮説を検証する絶好のチャンスをもらった。カメの回帰ルートに体系的かつ予測通りの変化が見られたら、カメが本当に地球の磁場を利用している証拠になる。

正確な位置は、海岸に沿って、もしくは内陸か海に向かって移動した可能性がある。[17] これは、帰郷するアカウミガメの19年にわたる軌跡を追って、カメのナビゲーションの偉大な2人の専門家、ノースカロライナ大学のロジャース・ブラザーズとケネス・ローマンが発見したことだ。[18] 帰郷したカメたちは結局、生まれ故郷に正確に戻ったのではなく、地球の磁場の変化で予測された場所にたどり着いた。これはある種の数的な「刷り込み」である。

鳥のナビゲーションのように、アカウミガメの地磁気地図のパラメータも、デジタル地図さながらの数的なものだと考えるなら、カメのナビゲーションは、磁気の強度や角度といった数的パラメータを記憶する必要がある。同時に、現在地を突き止め、回帰ルートを見つけるためには、こうしたパラメータがどのように変化したか、その変化率も覚えておく必要がある。こうした記憶は、20年以上もつ、かなり長期的なものでなくてはならない。

では、今わかっていることをまとめてみよう。研究所の両生類は訓練されていなくても、少なくとも食べ物に関しては自発的に「数」の比較ができるが、最大3までである。そして、さらに大きな数になると、「ウェーバー比」（比率）が「1：2」であれば比較できる。だから、この能力は野生においては、餌を探すのに使われていると考えるのが妥当だろう。野生では、カエルが恋愛ゲームで鳴き声を数えており、トゥンガラガエルを含むいくつかの種は、そばにいるカエルの鳴き声の音を数えられる。ライバルより「1つ多く」鳴けるよう継続的に音を足し、卵を抱えるメスに自分の魅力をアピールする。

こうした能力は、第1章で説明した単純なアキュムレータ・システムで容易に説明がつく。すでにお話ししたように、このシステムは小さくて単純なので、実のところ、大脳新皮質がなくても動かせる。こうした理由から、両生類の脳には、複数のアキュムレータ・システムを動かすだけのニューロンの能力が備わっていると考えられる。

両生類の頭の中では、セレクターに認証された餌が、一定量ずつアキュムレータの値を増加させ、参照記憶と作業記憶の値によって、餌の2つの集合の比較を行う。カエルのセレクターは音（「ガッ」という声）によって値が増えるよう設定されていなくてはならない。そして、あるニューロン――これは比率（持続時間÷数）に基づいてやはり選択をするのだ——が、正しいタイミングで連続的に発生する音の数を足し上げている。カエルの専門家であるゲイリー・ローズは私に言った。「今のところわからないんですよ。感覚的な計数情報が、その後どのように鳴き声の数を合わせるという運動作用（トゥンガラガエルの場合なら「ガッ」）に変換されるのかは」

第8章 デキる魚は最多数の群れに加わる――魚類

私たちと近縁や遠縁の哺乳類が数を上手に、あるいは、とても上手に数えられることはすでにお話しした。数を数えたり計算したりする能力は、生まれたばかりのヒナを含む鳥たちの安全にも欠かせない。両生類と爬虫類も、餌を探したり交尾の相手を選んだりするときには、数を数えている。巨大で複雑な脳を持つクジラ目の動物を除けば、これらはすべて陸上の生きものだ。この章では、私たちとまったく異なる環境で暮らす魚も数を数えられるのか、また、なぜその必要があるのかを考えたいと思う。

魚は、現存しているあらゆる脊椎動物種の半分以上を占めている。[1] だから、ごく最近まで魚の数的能力にほとんど注意が払われてこなかったのは、意外なことかもしれない。

２０１７年には、48件の調査のうち、総面積をはじめとした数以外の手がかりを調節した調査は23件しかなかったし、一部の魚種に人気が集中していた。８件の調査がグッピー（学名：Poecilia reticulata）に関するものだったが、ゼブラフィッシュ（学名：Danio rerio）を対象にしたものは2件しかなかった（ゼブラフィッシュについては、のちほど詳しくお話しする）[1]。

魚の数的能力調査

魚の脳は比較的小さいので、〝より高等な〟脊椎動物――爬虫類、鳥類、哺乳類――に比べて、全般的に認知能力に乏しいと思うかもしれない。だが実際には、野生でも研究所でも、そうした動物に勝る記憶能力を持つ魚もいる。よく知られているように、サケのような多くの種は、自分が生まれた川の特性を数年間にわたって記憶し、交尾のために首尾よくそこに戻ることができる。また、迷路を抜けるルートを、３ヵ月経っても覚えていられる。[2]

とりわけ複雑な魚の行動の一部は本能的なもので、高次の認知能力にはほとんど頼っていない。私は光栄にも学生時代、１９７３年にノーベル賞を受賞したニコ・ティンバーゲン（１９０７～１９８８年）に教わるチャンスに恵まれた。私はイトヨ（もしくは、彼のもう１つの専門であるセグロカモメ）の行動にはあまり興味がなかったが、講義は今もはっきりと、当時出席したほかの講義より鮮明に覚えている。だから、ティンバーゲンは偉大な科学者であると同時に、素晴らしい教師だったに違いない。ほかの先生方はみんな、式服《アカデミック・ガウン》とネクタイ姿だった。懐かしい！　でも、ティンバーゲンは違っていた。今も思い出すのは、数々の重要な理論用語だ。「信号刺激」「生得的触発機構」、そして興味深くも複雑なイトヨ（学名：Gasterosteus aculeatus）の「固定的動作パターン」。これには明らかに、それなりの大きさの脳が必要だろう。ティンバーゲン自身はそれを、次のように説明していた。

「自然界でトゲウオ［訳注：イトヨを含むトゲウオ科の魚］は、早春に淡水の浅瀬で交尾する。いつもの儀式のあとには交尾のサイクルが始まるが、それは自然環境でも水槽の中でも同じようによく見られる。まず、それぞれのオスが群れを離れ、自分の縄張りを確保し、メス・オスを問わずあらゆる侵入者を追い払う。そのあと巣をつくる。一口ずつ砂をどけて、砂底に浅い穴を掘る。そのくぼみが13平方センチメートルくらいになると、たくさんの海藻、なるべくならアオミドロを積み重ね、巣材の表面を腎臓から分泌される粘液状の物質で覆い、口先を使って海藻の塊を山のようにまとめる。それから、身体をくねらせながら海藻の山に入って、トンネルをつくる。この成魚よりわずかに短いトンネルが巣である。

巣づくりを終えると、オスの色が突然変わる。普段は目立たない灰色だが、早々に顎が薄桃色になり、背と目は緑色がかった光沢を帯び始める。そのうち桃色が鮮やかな赤になり、背は青白くなってくる。

このカラフルな目を引くドレスをまとうと、オスは直ちにメスに求愛し始める。メスもそれまでの間に交尾の準備を整えている。光沢が出てぶ厚くなったメスの身体は、50〜100個の大きな卵を抱えている。メスがオスの縄張りに入ると必ず、オスはジグザグダンスをしながらメスに近づく――最初はメスの横に現れてさっと身をひるがえすが、そのあとすばやくメスに向かってくる。前進するたびに一瞬止まり、またジグザグダンスをする。このダンスは、メスが気づいて、頭を上げた奇妙な姿勢でオスに向かって泳ぎだすまで続く。オスはそのあと向きを変えて直ちに巣に向かい、メスが後を追う。巣に着くと、オスは口先で何度か入り口をすばやく突く。そうしながらオスは横向きに倒れ、メスに対して背の棘《とげ》を立てる。そこで何度か尾で強くたたかれると、メスは巣に入り、片方の端から頭を、もう一方の端から尾を出して休む。するとオスが、メスの尾のつけ根をリズミカルにつつき、それによってメスが産卵する。求愛・産卵の儀式全体にかかる時間は、わずか1分ほどだ。メスは卵を産むとすぐ、巣からするりと抜け出す。オスが急いで巣にスッと入り、卵に放精する。そのあとメスを追い払って、また別のパートナーを探しにいく[3]」

この一連の動きが「固定的動作パターン」で、「信号刺激」は卵を抱えたメスだ。メスにとっての信号刺激はジグザグダンスとオスの赤い胸で、それが「生得的触発機構」を作動させて一連の動作が始まり、たいてい最後まで進む。それでも、小さな脳（ニューロンの数はわずか１０００万個）の魚が、数のような抽象的な概念を扱えるなんて、突飛な考えのように思われた。

そういうわけで、魚の研究の先駆者の一人であるイタリアのパドヴァ大学のアンジェロ・ビサザは、「最初は、魚の数的能力を調べるなんて気が進まなかった」と告白している。彼は、次のように書いている。

「１９８０年代後半、私は共同執筆者の一人であるグリエルモ・マリンと、魚が計数能力を持つ可能性について議論していた。当時の私は行動生態学者で、多くの種（たとえば、グッピーやクジャクなど）のメスが、交尾の相手を色つきの斑紋の数で選ぶという事実をよく知っていた。

そこで、こうした仮説を検証できるいくつかの方法を考案したが、当時は、魚はごく原始的な認知能力しか持たないと信じられていて……魚の数学能力の調査をするなどやや奇妙なことに思われたので、私たちもリスクの高いプロジェクトを進める勇気がなかった」

優秀な学生、クリスティアン・アグリロがアンジェロと研究したいと申し出た。アグリロはサルの調査ができればと考えていたが、魚を研究することになった。

「2003年、魚の数的能力の研究は皆無だった。おそらく、そんなことで時間を無駄にするような頭のおかしな人間がいなかったのだろう。アンジェロと私は頭がおかしかったのでそれに賭け、博士課程の全期間を費やして魚が数を数えられるか否かを確認した。すべてはそんなふうに始まったのだ……世界は実は、私たち2人のような刺激を求める人間を必要としている。水中世界にも数が存在し得るのかを確かめるために！

幸い、すべてはかなりうまくいった。2008年に最初の大規模な研究論文[4]を発表すると、ほとんどの主要メディア（BBC、CNN、『ナショナル・ジオグラフィック』誌、RAI［イタリア放送協会］）がそのニュースを取り上げてくれた」

この調査に加えて、2つの事柄が、魚の数的能力にまつわる最近の研究を後押ししている。1つは、小さな魚の群れ行動に対する考察。そしてもう1つは、3億年以上前に起こったとてつもない出来事である。

生後1日のグッピーも大きな群れを選ぶ

魚にとって群れに加わることがメリットになり得ることは、何十年も前から知られていた。集団にいるほうが、交尾の相手を見つけやすい。有機物の大きな粒子を餌にする種なら、たくさんの目で見たほうが発見できるチャンスも増えるし、大きな集団に属していれば、捕食者に食べられるリスクも減る。群れが大きければ大きいほど、繁殖・採餌・安全上のメリットが大きい。だから、より大きな群れを選べれば、魚は得をする。

群れを選択する際に数的情報が使われる可能性を示唆した最初の実験の1つは、ミノウ（学名：Pimephales promelas）を対象にしたもので、時には捕食者であるオオクチバス（学名：Micropterus salmoides）を目の前にして行われた。ミノウはそれぞれに、水槽の反対側にいる2つの群れという選択肢を与えられた。群れの魚の数には1～28匹までの幅を持たせたが、被験者のミノウたちは、その数の範囲内なら、捕食者がいてもいなくても、大きいほうの群れを選んだ。つまり、大きいほうの群れに加わるのは本能的な行動だが、その選択は2つの群れの「数」を評価する能力に左右されるとうかがわせる。[5] ただし実験者によって「数」は操作されていたが、被験者の魚が数に反応したのか群れの密度に反応したのかは明らかではない。大きさの異なる群れが、同じ容積の水槽の中に陣取っていたからだ。

おなじみのイトヨも、繁殖期でなければ群れを成している。群れを成すほかの多くの魚と同じで、イ

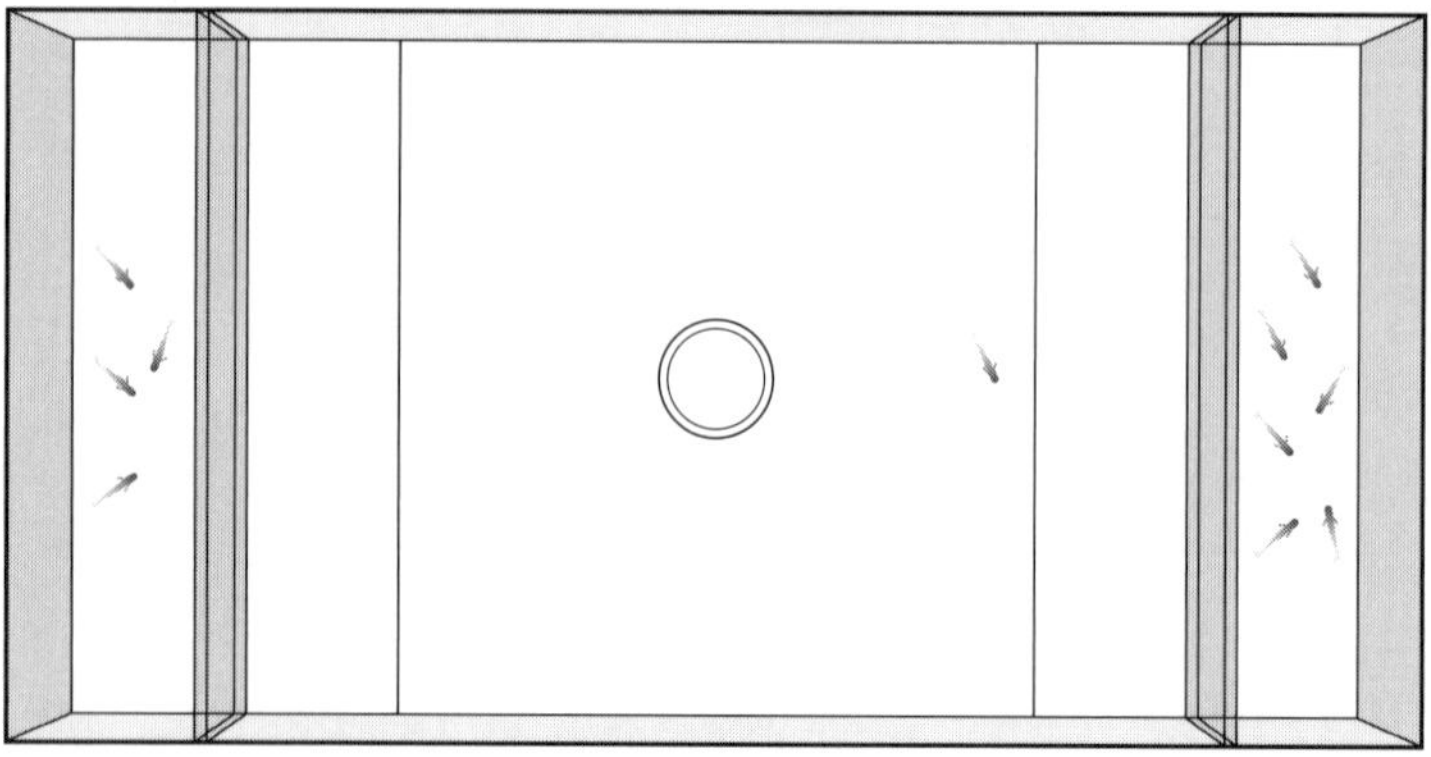

図1　3つの水槽の手法。被験者の魚は中央の透明の水槽の中に、魚の群れは両サイドの透明の水槽の中にいる。魚はどちら側へ行くのだろう？　訓練は不要だ。魚は自発的に魚が多いほうの水槽を選ぶ[7]。

トヨも群れを選ぶときには、密度に反応する。現実世界では「数」と密度は、たいてい連動しているからだ。2つの群れの魚の「数」が同じなら、イトヨは密度の高いほうを選ぶが、密度が同じなら、数が多いほうを選ぶ[6]。自発的な（訓練なしの）数の識別に関する最近の調査の一般的な手順を、図1に示した。

群れを成す多くの魚種の調査でわかったことは、魚がより大きな群れを選ぶことだ。実験では両サイドにいる魚の数を簡単に変えられるので、「数」を推定したり比較したりする能力を正確に調べられる。

では、私がパドヴァ大学の友人たちと、図1の装置を使って実施したある調査を紹介しよう。実験の被験者はグッピー（学名：Poecilia reticulata）だ。この調査には特別な目的があった。この小さな魚に、2つの「数」認識システムが備わっているかどうかを確認するのだ。それ

比率	0.25	0.33	0.50	0.67	0.75
小さな「数」	1対4	1対3	1対2	2対3	3対4
大きな「数」	4対16	4対12	4対8	4対6	6対8

表1

は、私たち人間を含むほかの脊椎動物が持っているとされる「小さな『数』のシステム」と「大きな『数』のシステム」である。いくつかの章で述べたように、小さな「数」のシステム——4以下の「数」に対する「サビタイジング・システム」と呼ばれることもある（第2章を参照）——には、2つの興味深い特徴がある。1つ目は、ほぼ間違うことがなく、人間の場合は判断が極めて速いということ。2つ目は、4以下の2つの「数」を比較するときには、「比率の影響」を受けないことだ（第2章を参照）。つまり、4つの物体を3つの物体と比較して大きいほうを選ぶのは、4つの物体を1つの物体と比較するのと同じくらい簡単だということ。4より大きな「数」については、比率の影響（「ウェーバーの法則」。第1章を参照）が生じるので、9つの物体を5つの物体と比較するのは、9つの物体を8つの物体と比較するよりも正確で速い。

私たちは最初、この仮説をイタリア人の学生たちで検証した。もちろん、彼らを水槽に浸けて魚の群れを比較してもらったのではなく、連続的に提示される点の2つの集合から、点が多いほうの集合を選んでもらった。そして、その判断の正確さと速度を測定した。[7]

その結果、ほかの多くの調査が報告しているのと同じことを発見した。つまり、小さな「数」の範囲内では、2つの集合の比率は正確さにも速度にも影響を及ぼさなかったが、大きな「数」の場合は、比率が正確さにも速度にも影響を及ぼした。人間の

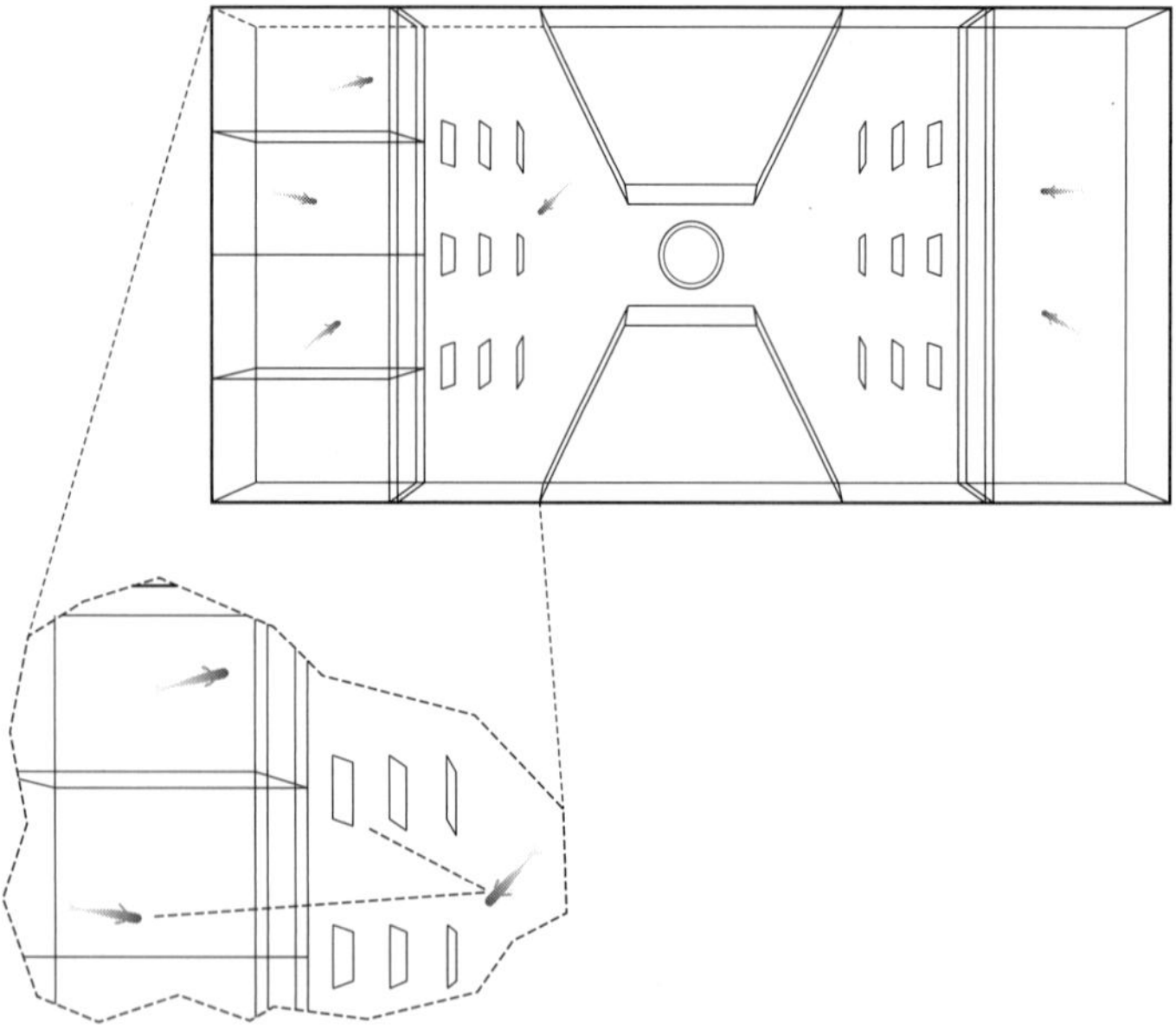

図２　一度に１匹ずつ。被験者の魚は、自分の水槽の中を自由に泳げるが、それぞれの群れの魚を一度に１匹ずつしか見られないし、一度に１つの群れしか見られない。それでも、３匹と２匹の比較でも、８匹と４匹の比較でも大きいほうの群れを選べる[9]。

場合、脳は大きな「数」と小さな「数」を違う形で処理するのだ。[8]

この2つのシステムは、グッピーの脳にも存在するのだろうか？　存在することが判明した。さらに言えば、2つのシステムは、生まれながらに備わっている。私たちは、被験者として生後1日の100匹の魚と、140匹の「経験豊かな魚」を選んで試験をした。表1は、この試験で使った「数」と比率である。

生後1日の魚は、成魚とまったく同じ成績を挙げた。つまり、2つのシステムは先天的なもので、経験がなくても即機能し始める。[7]

パドヴァ大学の友人たちが開発したこの調査の変形版では、被験

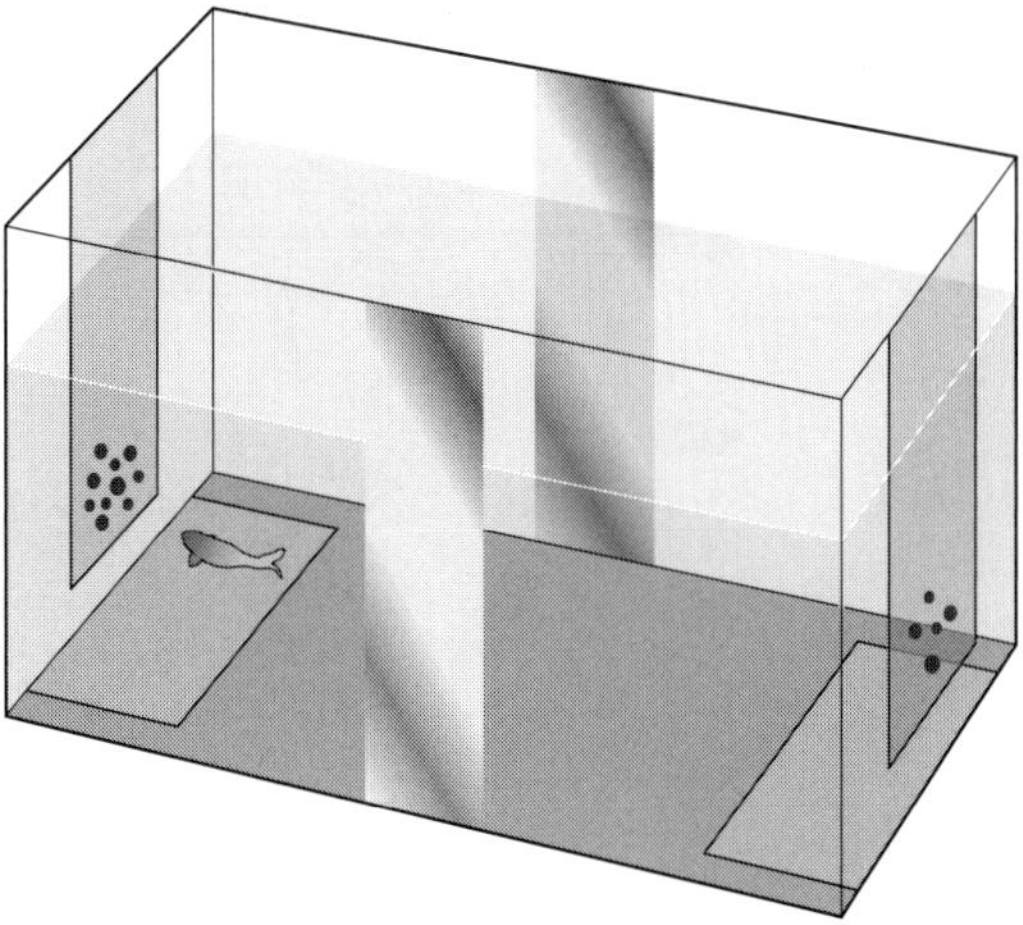

図3　この装置を使って、グッピーが、数が多いほう（または少ないほう）の点の集合を選ぶよう訓練した。餌の報酬は、点の数が多い集合（もしくは少ない集合。実験の条件により異なる）の近くで与えられた[10]。

者の魚は、一度に1匹の魚しか見ることができない（図2を参照）。パドヴァ大学のチームは、カダヤシ（学名：Gambusia holbrooki）という群れを成す小さな淡水魚を使った。[9] 水槽に調節板が設置されているので、被験者の魚は自由に泳げるが、一度に1匹しか魚を見ることはできない。この小さな魚たちは、対比が小さな数の範囲内（3匹対2匹）でも、大きな数の範囲（4匹対8匹）でも、大きいほうの群れを選べた。つまり、被験者の魚が大きい群れを選ぶためには、水槽の各サイドにいる魚の数を合計し、その合計数を記憶し、2つの群れの合計数を比較しなくてはならなかった。

魚は対象がほかの魚ではなく、ランダムに並ぶ点だったとしても、たとえばサルができたように、数が多いほうの集合を選べるのだろうか（第4章を参照）？　パドヴァ大学の複数の調査が、その答えを明らかにした。では、私が関わった事例を1つ紹介しよう。なお、この事例については、のちほど詳しくお話ししたい。2つの（魚の）頭が1つの頭より優れていることにまつわる、面白い話を提供してくれるからだ。この実験では図3に示した装置の中で、グッピーに点の2つの集合を提示し、点の数が多いほうを選べば餌の報酬を与えた。数以外の手がかり——点の表面積、密度、点が占める全空間など——については、調節を行った。魚は最初、「1：2」という簡単な比（「5個対10個」か「6個対12個」）で訓練され、その後、さらに難しい「2：3」の比（8個対12個）や「3：4」の比（9個対12個）で試験をした。半分の魚は数が多いほうの集合を選ぶよう訓練され、残りの半分は数が少ないほうの集合を選ぶよう訓練された。

明らかになったのは、魚が「2：3」の比率に対応できることだ。つまり、魚はこうした「数」を認識できるし、そうした「数」の大きいほう、または小さいほうを選ぶことを学べる。これは、魚が1匹で対応した場合である。ペアになると、魚はさらによい成績を挙げた。それを今から説明する。

正確に3を、正確に4を、正確にさらに大きな数を

点の集合の実験を使えば、魚が相対的な「数」に基づいて差を識別できるだけでなく、特定の「数」を認識できるかどうか確認できる。その基本的な考え方は「見本合わせ」と呼ばれるもので、それについては第1章でオットー・ケーラーがカラスやワタリガラスに最初に行った素晴らしい事例で説明し、鳥を扱った第6章でも説明した。今回の実験では、魚は見本と同じ「数」のディスプレイを選ぶと報酬がもらえた。

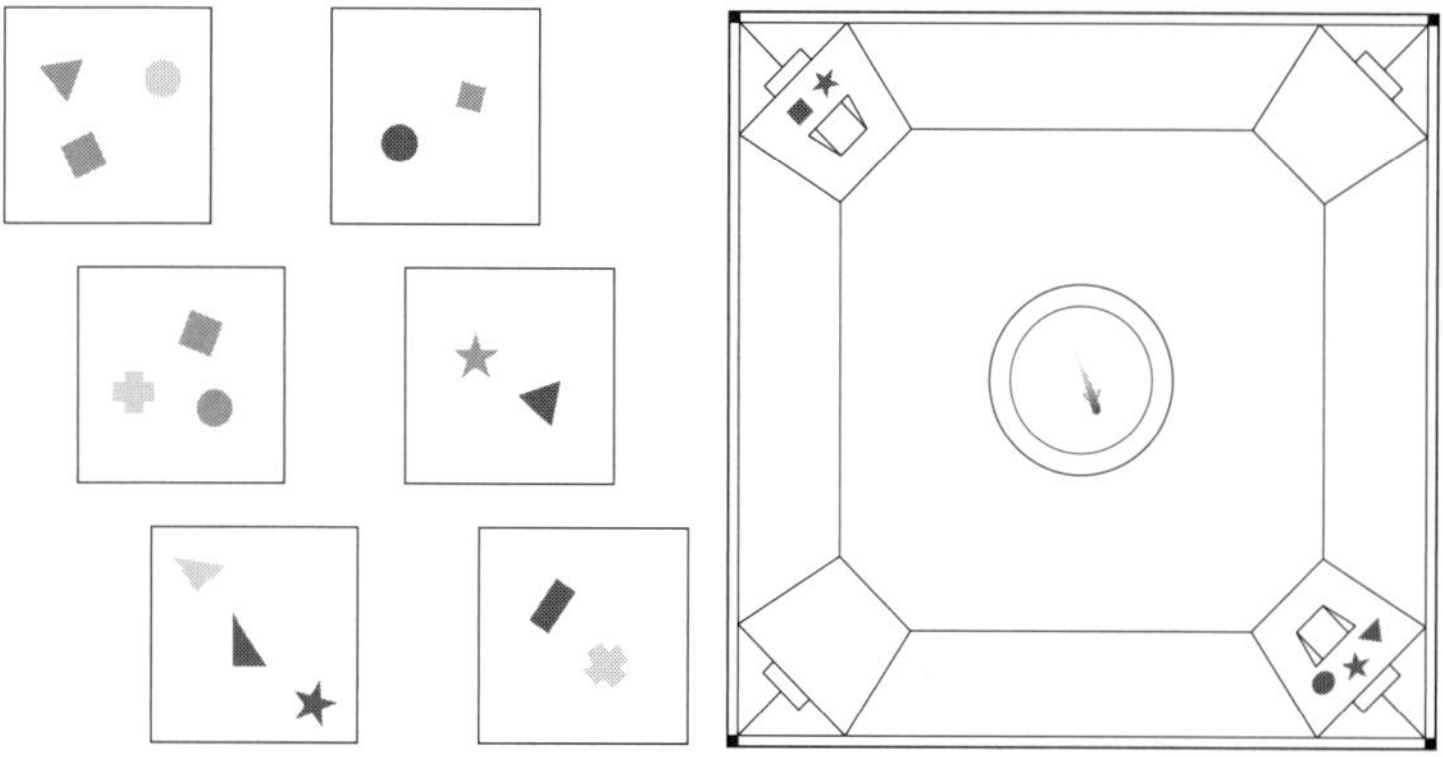

図４　左は見本の点の集合で、右は水槽である。カダヤシは、訓練された「数」が上についたドアを選べば、外に泳ぎ出て仲間に加わることができる[11]。

このときもパドヴァ大学のチームが、魚が正確な「数」を認識できることを初めて証明した。では、それを明らかにしたカダヤシの実験を紹介しよう。その手法は、図４に示している。

また、同じチームが比較調査を行い、グッピーが「４」を認識できることを明らかにした[12]。実は、彼らはケーラーとよく似た課題を使った。ケーラーの実験で、鳥は、正しい数の丸印――見本と同じ数の丸印――がついた箱の蓋を取り外さなくてはならなかった。今回、グッピーは報酬をもらうために、４つの点がついたディスプレイの下にある蓋を動かさなくてはならなかった。選択肢は「４対１」「４対２」「４対８」「４対10」だったので、単に大きいほう（または小さいほう）の数を選んでも報酬はもらえない。魚は正確な数である「４」を認識できなくてはならなかった。

デキない魚と算数障害の起源

グッピーの「ペアvs.個体」の調査で気づいたのは、1匹ずつ試験したときに、ほかの魚より数の課題が得意に見える個体がいることだった。[10] 過去の調査では、成績のばらつきは単なる統計ノイズとして扱われていた。そのとき重視されたのは、その集団が平均して望ましい効果を上げているか？ などという集団全体の「中心的傾向」だった。もちろん、魚の成績のばらつきには、人間の場合と同じように、実にさまざまな理由がある。魚の調査に限らずより広く適用される通常の統計的試験は、被験者の魚たちが平均して偶然を上回る頻度で、正しい（報酬をもらえる）「数」を選ぶかどうかを確認するのに使える。今回の調査では、確かに魚たちは偶然を上回る成績を挙げた。でも、正しい「数」を選ばなかった魚は、なぜそうなったのだろう？ 単にその日、調子が悪かったのだろうか？ 課題に興味がなかったとか、ただ疲れていたとか？ もう一度同じ魚に試験をしても、やはり正しい「数」を選べないのだろうか？

私たちは、2匹で課題に取り組む場合と1匹だけの場合の成績を比較したかったので、1匹だけのときにどの魚がよくできて、どの魚があまりできなかったのかを記録していた。だから、ペアにすると成績が向上したのかどうかを確認できた。「向上するかもしれない」と考えたのは、過去に人間の大人を対象によく似た数的課題の調査をしたからだ。[13] 2人の参加者が一瞬、点の2つの集合を見て、最初は個々にどちらの集合の数が多かったか判断するよう求められた。答えが一致しない場合は2人で話し合い、共同で答えを出した。その結果わかったのは、人間は、2人が個々にした選択の平均を取るよりも、2人が不一致を話し合ったときのほうが成績が向上することだ。それについては、「重み付き確信度共有」というしゃれた言葉で説明できる。つまり、ペアで行った判断には、2人の参加者の確信度が反映されている。だから、ある試験で2人の参加者の判断が食い違い、何を共同の答えとすべきかを話し合った場合はたいてい、より確信度の高い判断に至る。それはその確信度に、各自の脳が刺激をどれほど正確に認識したかが反映されているからだ、と私たちは考えた。もちろんこの論理には多くの仮説が組み込まれているが、この考え方が正しいことがのちに実証されている。

次の節では、魚が1匹の場合より2匹になったときのほうがよくできたのかどうか、そして、それはなぜなのかをお話ししたい。そこで重要な点は、ほかの個体とペアになったときに、成績の悪かった個体を再試験したところ、その大半がやはり成績が悪かったことだ。つまり、魚の数的能力には、どうやら本当に個体差があるようだった。そしておそらく、動物実験で個体差に光が当てられたのは初めてだったはずである。なぜ一部の個体は、ほかの個体よりよくできるのだろうか？

今のところ、まだ答えは出ていないが、私たち人間と同じように、差の原因の1つは遺伝ではないだろうか。現在私たちは、縞模様のせいでゼブラフィッシュと呼ばれている、群れを成す別の小さな魚を調べている。この種を選んだのは、ゲノム配列が決定されているので、この魚のゲノムを操作して、ある遺伝的特性を持つ集団《ファミリー》をつくり出すすべを知っているからだ。つまり魚を使って、人間の特定の疾患や異常に関与している可能性がある遺伝子を分析することができるのだ。たとえば、遺伝子Xの変異体が、数字に弱い人に若干よく見られるとしたら、本当にそれが原因なのかどうか調べられる。そういうわけで、私たちはそうした変異体を持つゼブラフィッシュの集団をつくり、彼らも数的課題が苦手かどうかを調べている。

4〜5パーセントほどの人が数や算数に深刻な問題を抱え、一般的なやり方では学べないことが判明している。これは通常「算数障害」と呼ばれ、より知名度の高い「失読症」と同じように、出生時（もしくは、検査できる最少年齢）から存在し、成年・老年まで続く。その根本原因——私が「中核的な障害」と呼んでいるもの——は、集合の「数」を認識する部分にあるが、集合や集合に対する演算は、数や算数を理解する基礎である。つまり、算数障害を持つ人は、私たちが魚に与えているような課題——「数」を比較したり識別したり——が苦手なのだ。双子の調査から得た証拠によると、多くの場合、中核的な障害には遺伝的要素があるのだが、それに関与している遺伝子や遺伝子群はまだ特定されていない。私は最近出した本の中で、算数障害の原因の証拠について論じている[14]。

さて、ここにゼブラフィッシュの出番がある。ある遺伝子変異を持つ人間の集団を運よく見つけることはできるかもしれないが、つくり出すことはできない。だが、先ほど述べたように、その遺伝子変異を持つゼブラフィッシュの集団をつくり出すことはできる。

実力主義のリーダーシップ

小さな魚は、より大きな魚の餌である。たとえば、ミノウがオオクチバスの餌になるように。だから魚は、群れに加わるという進化を遂げた。群れは大きければ大きいほどよい。つまり、魚は群れの大きさを判断し、「数」に基づいて選ぶことができなくてはならない。とはいえ、単に群れに加わればいいという話でもない。群れのメンバーは常に泳ぎ回っているから、群れは集団として動き回らなくてはならない。そうすれば個々の魚は孤立せず、捕食者につかまらずに済む。ただそのためには、すべての魚が同じ方向に同じ速度で動かなくてはならない。彼らはそれを、どうやって決めているのだろう？

人間や動物が意思決定する際の集団の優位性に関して、最も支持を集めているモデルは、『「多くの間違い」（ＭＷ）仮説』と呼ばれている。この仮説によると、個々のメンバーは、正しい答えに近いが若干の誤差を伴う判断をする。だが、みんなの誤差が真の平均の周りにランダムに分布している場合、誤差は相殺され、群れ全体は、個々のメンバーの全員ではないにしろ、大半よりも正確な決定をする。[10]この仮説は、鳥の群れのナビゲーションの説明として提示されたものだ。

最小の社会集団であるペア（対《つい》）に関しては、「ＭＷ仮説」は、集団の正確さはメンバーの平均になる、と予測している。これは本当だろうか？　それとも、集団の優位性をもっとうまく説明できる別のモデルがあるのだろうか？　私たちは２つ目のモデルを「実力主義のリーダーシップ」（ＭＬ）と呼び、次のように主張している。このモデルが適用されるのは「一部のメンバーが、ほかのメンバーより正確に課題を遂行できる場合である。この仮説では、集団としての決定を最も優れたメンバーが導き出した場合に、その集団は優位性を享受できる」と。[10]

このメカニズムは、ミツバチの集団意思決定の根底にあると考えられている。そこでは、１～数匹の情報に通じた個体が集団全体の意思決定を行える（第９章を参照）。私たちはどちらのモデルが正しいのかを試験するにあたって、２つの明確な予測を立てた。「ＭＷ仮説」が正しいなら、ペアの正確さは、2匹の魚が単独で出した成績の平均になる。「ML仮説」が正しいなら、ペアの正確さは、2匹の魚のよくできるほうのメンバーの成績と一致する。

次の調査は、科学的な幸運が2つ重なったおかげか、あるいは、おそらく私の図々しさのおかげで実現した。1つ目の幸運は、過去に一緒に研究した同僚のバハドル・バーラミがいたこと。彼は「最適な形で相互作用する心」というタイトルの素晴らしい研究論文を『サイエンス』誌に発表したばかりだった。内容は、私が先ほど述べたように、2人の人間が互いの知覚的判断の食い違いを話し合えば、各自が判断したときよりも正確な判断ができた、というものだ。そこで私はバーラミに、おなじみの質問をした。「これ、数についても調べた？」と。数でも同じような結果が出たら、心は知覚的判断だけでなく認知的判断においても、「重み付き確信度共有」を使って、最適な形で相互作用していることになる。調べた結果、被験者が点の2つの集合から数が多いほうを選ばなくてはならないときも、同様の結果が出ることがわかった。[13]

その年、パドヴァ大学を訪れた私は、アンジェロ・ビサザとクリスティアン・アグリロとおしゃべりをした。そして、新しいおなじみの質問をした。「これ、魚についても調べた？」と。3人で少し話し合い、「意思決定の際に2人の人間の頭と同じように、2つの魚の頭が1つの頭より優れているかどうかを確認できる方法がある」と判断するに至った。また、理論的に重要な問い——魚に集団としての優位性があるなら、それは互いの誤差が相殺されたから（MW仮説）なのか、より優秀な魚の影響だった（ML仮説）のか——も確認できる、と。

最初の実験では、図1に示した手順を使い、1匹の魚とペアの魚が、6匹の群れと4匹の群れ――グッピーの数的能力の限界に近い――に対してどんな成績を挙げるのかを調べた。すると、ペアは個体よりもかなりよい成績を収めた。つまり、より大きな群れを選ぶ際には、集団の優位性が存在するのだ。また、ペアになると、2匹の魚を別々に試験したときの平均よりも成績がかなりよいこともわかった。実は、ペアの成績は、よくできるほうの魚の成績と一致していた。これは「ML（実力主義のリーダーシップ）仮説」に有利な証拠である。私たちはほかのグッピーの群れにも調査をした。集団の優位性は今回の状況に特有のもので、数的課題全般に見られるものではないのかもしれない――それを調べるために、さらに30匹のグッピーを訓練した。図3に示したように、2つの「数」を比較して大きいほうを選んだら報酬を与え、「数」の識別ができるようにした。再度明らかになったのは、まず本当に、ペアのほうが、大きいほうの「数」を選ぶのが上手なことだ。2つ目は、ペアになると、比率が「3：4」のときも正しく選べたことだ。これは、1匹の魚の平均的な能力を超えている！　ここでも、ペアの成績は、優れているほうの魚の能力で決まった。

従って、ペアの成績は、指導的な役割を担う優れたメンバーによって決まる。これは、私たちが「実力主義のリーダーシップ」と呼んでいるML仮説に有利な証拠で、誤差が平均化されるからだと主張するMW仮説に不利な証拠である。

魚の群れの行動において、リーダーシップが自発的に発生することは、群れの採餌行動の調査から判明している。最近、オーストラリアのグレートバリアリーフの礁湖《ラグーン》に生息するスズメダイ（学名：*Dascyllus aruanus*）を対象にした研究所での調査で、この問題にさらなる光が当てられている。[15]こうした群れには、リーダーがいることがわかったのだ。リーダーは最も大きな個体でも最も支配的な個体でもなく、むしろ最も活発な個体だった。活発な個体は、群れが動く準備を整えたときに、ほかのメンバーが従うような動きを起こす可能性がとくに高いからだ。

魚の数的能力は鳥やネズミと同等？

ほかの種の数的能力を調べるのによく用いられる方法は、大きいほうの（時には小さいほうの）「数」を、通常2つの選択肢から選ばせる課題で、どれくらいできるか確認することだ。つまり、魚はどの程度、比較ができるのだろう？　魚は、（いずれも最大で「9対10」の識別ができる）人間や類人猿ほど優れていないし、場合によっては「7対8」の識別ができるサルには及ばない（第4章も参照）。それでも、魚は少なくともほかの哺乳類や鳥類と同じくらいできるし、時にはそれを上回ることもある——ちなみに、イヌは「6対8」を、馬は「2対3」を識別できるし（第5章も参照）、鳥は、ハトは「6対7」を、家禽のヒナは「2対3」を識別できる（第6章も参照）。

研究所で、自発的な行動の観察や訓練手順に基づいた調査をすると、数的比較の課題における魚の正確さは、多くの鳥や哺乳類と同じくらいだ。すでにお話ししたように、カダヤシは最大0・67の比率なら数を識別できるが、0・75の比率ならできない（たとえば、「8対12」ならできるが、「9対12」ならできない）けれど、グッピーは訓練試験で最大0・75、もしくは0・8の比率でも識別できる。イトヨは「6対7」（0・86の比率）でも識別できる。これは、第5章で述べたように、霊長類以外の哺乳類と肩を並べる成績だ。

3億5000万年前に起きた遺伝子コピー

3億5000万年前、脊椎動物の中で群を抜いて最大の集団である硬骨魚（条鰭類《じょうきるい》）の祖先に尋常ではない、何とも不思議なことが起こった。あるとき、彼らの全ゲノムの重複が起こった——つまり、各遺伝子がコピー（いわゆる、冗長な「パラログ〔訳注：遺伝子重複によって生じた2つの遺伝子〕」）を持つに至ったのだ。私の同僚であるクリスティアン・アグリロとアンジェロ・ビサザによると「遺伝子の重複は、進化に大きな影響力を持つと考えられる。重複されたコピーのほうは本来の機能から解放され、新たな機能の源になれるからだ。全ゲノムの重複は、硬骨魚の進化史の初期に、進化と適応のとてつもない可能性をもたらした[1]」。冗長な（機能が重複している）遺伝子は、進化のイノベーションに遺伝物質という原材料を提供できる。淘汰圧〔訳注：生物の進化において、淘汰のきっかけになり得る圧力〕から解放されて、新たな機能を手に入れられるからだ。もう1つの可能性は、通常1つの遺伝子がしていた仕事を2つの遺伝子が一緒にこなすことで、2倍の量の関連タンパク質を生成できる可能性があることだ。

アグリロとビサザは、重複が認知能力に利点をもたらした可能性[16,17]について、次のように要約している。

「最近の分析でわかったことは、現代の魚の場合、認知プロセスに関わる遺伝子の保持率が、残りのゲノムの平均的な保持率よりもかなり高いことだ。つまり、『認知遺伝子』は魚類の歴史の初期に淘汰の対象となり、新たな認知能力が、このグループの進化の成功に一役買ってきた可能性がある」[1]

数の変化で魚の脳も変化する

魚が数的な判断に使っている脳のメカニズムを特定することはできるのだろうか？　魚を大きなfMRI装置に入れたところで無駄である。この装置で解像しようにも脳が小さすぎて、数的作業を担うちっぽけな領域を見つけ出すことはできないからだ。

私の同僚であるジョルジオ・ヴァロルティガラとキャロライン・ブレナンと共に研究している、南カリフォルニア大学のスコット・フレイザーのチームが先鞭をつけた方法は、ゼブラフィッシュの脳が、「数」の変化を見ることで変化するのかどうかを確認することだ。この調査ではまず、点の「数」は一定のまま、それぞれの点の大きさ、位置、表面積、密度を変えた。そのあと魚は、点の「数」が異なるいくつかの集合を見たのだが、点の表面積、大きさ、位置のばらつきは一定にした。一方、対照群のゼブラフィッシュに対しては、集合の点の「数」を一定にした。つまり、この実験で調べたのは、「数」が変わったとき、ゼブラフィッシュの脳がどう反応したか？　である。魚はそもそも変化に気づいたのだろうか？

明らかになったのは、数の変化によって魚の脳が変化したことだ。変化はとくに、脳の中で最も進化している脳外套のある領域で起こった。脳外套は鳥の場合は、哺乳類の新皮質によく似た機能を果たすとされている。新皮質には、霊長類やほかの哺乳類が数的処理を行う拠点が存在している。[18]

では、魚は数を数えられるか?

ケンブリッジ大学の偉大な動物行動学者、ウィリアム・ホーマン・ソープ(1902〜1986年)は、多くの鳥と哺乳類の計数能力を考察し、それを「まったく異なるなじみのない外見をした最大7つの物体の複数の集団から、数的同一性の概念を抽出できる能力」と定義した。[19] これは基本的に、私が第1章で取り入れた定義である。ソープが考察した1963年には、魚の数的能力に関する研究はなかったから、ソープには、魚が自分の定義を満たしているか否かを確かめるチャンスはなかった。

今の私たちは、魚が間違いなくこの定義を満たしていることを知っている。魚は、図4の調査のように、抽象的な図形の数合わせを学べる。また、図2のように2つの魚の群れが自由に泳ぎ回り、継続的な視覚映像《ビジュアルイメージ》を提示されていなくても、大きいほうの群れを自発的に選べる。実際、図2で示したように、被験者の魚が一度に1匹ずつしか群れの魚を見られないよう設計されていても、魚は水槽の両側にいる魚の数を数え、合計し、かなり正確に数が多い側を選ぶことができる。

計数を行う魚の脳外套のメカニズムも判明しつつある。さらに研究が進めば、リアルタイムで数えているメカニズムを見ることができるかもしれない。

人間と同じで、どの魚も数を数えるのが等しく得意なわけではない。それは単に種による差ではない(私自身の経験で言えば、グッピーは全般的にゼブラフィッシュよりできるように思うが)。同じ種の中でさえ、個体差がある。そうした差が遺伝的なものであるならば、私たちの現在の実験はやがて、人間の算数障害という大変なハンディキャップの遺伝的基盤を調べるモデルを提供できるかもしれない。

こうした数的能力は、環境への適応に大きく役立っている。野生の魚が、近くにいる最大の群れという安全を選べるのだから。ここで物を言うのが個体差だ。最も数的能力の高い魚がほかの魚を導き、おそらくそのリーダーシップのおかげで、群れは同じ方向に向かい、一緒にいられる。数に強い魚や弱い魚をつくる遺伝子が、人間にも同じことをしている、といずれ判明する日が来るかもしれない。

第9章 ゼロを知るハチ・足し算するアリ——無脊椎動物

ここまでの章で、脊椎動物の数的能力について説明してきたが、彼らはみんな、多くの点で私たちとよく似ている。どの動物も背骨と内骨格を持ち、たいていほぼ左右対称だ。そう、脳でさえも。大脳に新皮質があるのは哺乳類だけだが、魚も鳥も爬虫類も、どうやら脳に哺乳類の大脳新皮質とよく似た仕事をこなす構造を備えている。もちろん彼らの脳は、私たちの脳ほど大きくないし、複雑でもない（クジラやイルカの脳はずっと大きいし、ある意味もっと複雑だが）。実は、誰より桁外れな計数能力を誇っているのは、最大の脳を持つ生物ではなく、最小の脳を持つアリだと判明している。とくに、北アフリカの焼けつくように暑い砂漠に住む、サハラサバクアリ（学名：Cataglyphis fortis）という種がそうだ。

最小の脳なのにアリの計算能力は桁外れ

無脊椎動物は、昆虫、クモ、イカ、タコをはじめとした実に多くのメンバーで構成される巨大な動物群だ。彼らは、タコやコウイカなどの頭足動物を除けば、たいていちっぽけな脳をしている。それでも、無脊椎動物は数を数えられるし、実際、かなり上手に数えている可能性があることが判明している。

チャールズ・ダーウィンは著書『人間の由来』の中で、ちっぽけな脳でも多くのことができる、と述べている。

「絶対質量が極めて小さい神経物質によるとてつもない活動が存在しているのは、おそらく確かだろう。たとえば、アリの驚くほど多彩な本能、知能、感情はよく知られているが、アリの脳神経節は小さなピンの頭の4分の1ほどもない。こうした観点から見れば、アリの脳は世界一素晴らしい、もしかしたら人間の脳よりも驚くべきものかもしれない」（1871年版より）

彼らの脳はちっぽけだが、想像していたより高度で、「人間の脳の不完全な超小型版」などではないのかもしれない。1世紀前、偉大な神経解剖学者サンティアゴ・ラモン・イ・カハール（1852〜1934年。1906年にノーベル賞を受賞）が、先駆的かつ美しい昆虫の神経系の調査を行った。カハールは昆虫の神経構造を、脊椎動物の「大雑把な振り子時計」のような脳とは対極の「精巧な懐中時計」にたとえた。

　節足動物は背骨がなく、内骨格の代わりに分節化した外骨格を持つ生物で、6億年前のカンブリア爆発［訳注：今日見られる動物の祖先が、一気にほぼ出揃った現象］のときに、私たちの進化系統から分かれた。節足動物は当然ながら、私たち脊椎動物とはまるで違った生活をしているが、同じ世界で暮らしている以上、私たちと同じように、生き延びて繁栄するためには宇宙の言語を読めなくてはならない。ナビゲーションを働かせ、効果的に餌を探し、住みかをつくったり見つけたりして、繁殖しなくてはならないのだ。

　しかし、彼らの脳は私たちの脳とは大きく異なっている。もちろんはるかに小さいし、仕組みも違う。脳は、代謝的に見るととても高くつく器官だ。人間の脳は体重の約2・5パーセントを占めるが、基礎代謝エネルギーの15パーセント以上を消費している。昆虫の脳は体重の8パーセント以上を占める場合もあり、最小のアリの中には15パーセントを占める種もいるので[1]、いくぶん負担がかかっているのではないだろうか。パナマの「スミソニアン熱帯研究所」のウィリアム・エバーハードとウィリアム・ウシズロは、魅力的な調査で次のように結論づけている。「ごく小さな脳が生み出すライフスタイルは負担のかかる行動を伴わない、と思われがちだが……少なくとも、身体の小さな動物でも、身体の大きな動物と同じような行動を示すものもいる」[2]

　それでも、この章で問いたいのは、ちっぽけな脳を持つ生物が、宇宙の言語の少なくともある一面を理解しているかどうかだ。第1章で述べたように、種による大きな違いは数を数えられるかどうかではない。基本的なアキュムレータ・メカニズムは、ごく単純なものだから。違いは何を数えられるか、そして、数えた物の種類が違っても同じものとして一般化できるかどうかにある。こうした能力は、多くの高次の認知能力に左右されるだろう。だがそれは、無脊椎動物にも備わっているのだろうか？　それからもう1つ。その活動が計数と見なされるためには、活動の結果を計算に結びつけることができなくてはならない。

　コンピューターは大きいからといって、性能がよいとは限らない。私が初めて触れたのは、汎用コンピューター「ＩＢＭ３６０」だった。私がプログラミングしたのに、コンピューターに占領された部屋には入れてもらえなかった。完全に「操作係《オペレーター》」専用の機器だったからだ。重さは少なくとも２０００キロはあったはずだが、メモリの容量は64キロバイトだった。子どもがプログラミングを学ぶために開発された、小さな「ラズベリーパイ４」と比べてみてほしい。メモリは6万倍の4ギガバイトで、重さはわずか23グラム。そして言うまでもなく、ラズベリーパイのほうが何倍も何倍も速い。

巣に帰る目印を数えていたハチ

　ミツバチは、数という観点からとくに徹底的に研究されてきた生物だ。ハチの脳は約1立方ミリメートルと極めて小さく、ニューロンも１００万個未満だが、少なくともアリの脳の4倍ほどある。ところで、計数に関しては、大きな脳ほど優れているのだろうか？

　ちっぽけな脳のミツバチはできることがかなり限られているはずだ、と思うかもしれないが、それは違う。働きバチは巣をつくる場所を見つけ、六角形の巣穴が左右対称に美しく並ぶ巣をつくらなくてはならない。彼らは花粉と蜜をつくる植物からそれを採集することもできるし、刺すこともできれば、刺されることを回避することもできる。また、巣からゴミを取り除くきれい好きな生物で、もちろん、とても社交的で群れを大切にする。

ハチは餌を見つけると、巣に戻って仲間に知らせる。その知らせ方は、かなり驚異的だ。人間を除いて、これほど多くの情報をこれほど正確に伝えられる生物はほかにはいない。彼らは、動物行動学者のカール・フォン・フリッシュ（1886～1982年）が「ハチの言語」と呼んだものを使って、記号的に情報を伝える。ハチのコミュニケーションには、言語の重要な特徴の1つである「記号」が存在し、その記号は「指し示すもの」とそれが指し示す「指し示されるもの」で構成されている。言うまでもないが、人間の言語には、ハチの言語にはない多くの特徴がある。今からお話しするように、ハチの言語が伝えるのは、1種類の「指し示されるもの」だけだ。そう、食物源の場所である。

セイヨウミツバチ（学名：Apis mellifera）は、4万～8万匹の仲間が住む大きなコロニー（巣）で暮らしている。アリストテレス（紀元前384～322年）は著書『動物誌』（紀元前350年頃）でこう述べている。ハチの巣内には、オス、メス、そのどちらでもなさそうな者、という3つの「階級」がある、と。それはある意味正しいのだが、アリストテレスは無性生殖［訳注：身体の分裂など、受精をせずに子孫を増やすこと］を疑っていた。彼もほかの養蜂家たちも、ハチの交尾を見たことがなかったからだ。今日の私たちは知っている。女王バチは巣の中ではなく、飛行中に交尾するのだ。

また今では、厳密な労働の役割分担があることも知られている。女王バチがすべての卵を産み、雄バチが女王バチを受精させ、不妊のメスが働きバチや探索バチになる。働きバチは花粉や花蜜を集めて巣に持ち帰るが、こうした餌は夏にしか手に入らないので、冬に備えて巣にハチミツとして蓄える。つまり、夏の間に要領よく餌を探さねばならず、無意味に飛び回って貴重なエネルギーを浪費するわけにはいかない。だから、探索バチになった者は餌を探しに出かけ、その場所を働きバチに伝えることができなくてはならない。しかも早急にだ。餌がほかの者に奪われたり、とくに熱帯地方なら腐ってしまったりするからだ。

カール・フォン・フリッシュは、探索バチが働きバチとどのようにコミュニケーションを取るのかを発見し、１９７３年にノーベル賞を受賞した。[3] 食物源の場所を伝えるために、探索バチは方向と距離を示さなくてはならない。餌の種類は、探索バチに付着しているにおいで伝えられる。フォン・フリッシュの観察によると、探索バチは2種類の「ダンス」という手段で情報を伝えている。餌の場所が巣から１００メートルほどの範囲内なら、探索バチは「円ダンス」（図１A）をして、「近くに餌があるよ。外に出て見つけて」と伝える。餌がさらに離れた場所にあり、何キロも離れている場合は、場所をなるべく正確に伝えることが重要だ。うまく伝えないと、働きバチが探し回って貴重なエネルギーを大量に無駄にしてしまうからだ。この場合、探索バチは「尻振りダンス」（図１B）をして、距離と方向をある程度正確に伝える。方向は約3ビットの精度（8分の1）で提示され、距離は4・5ビットの精度（23分の1）で提示される［訳注：3ビットは2進数の3桁のことであり、０００、００１、０１０、０１１、１００、１０１、１１０、１１１の8（$=2^3$）通りの値がある。つまり、これらの番号を方角に割り振ることで8通りの方角、す

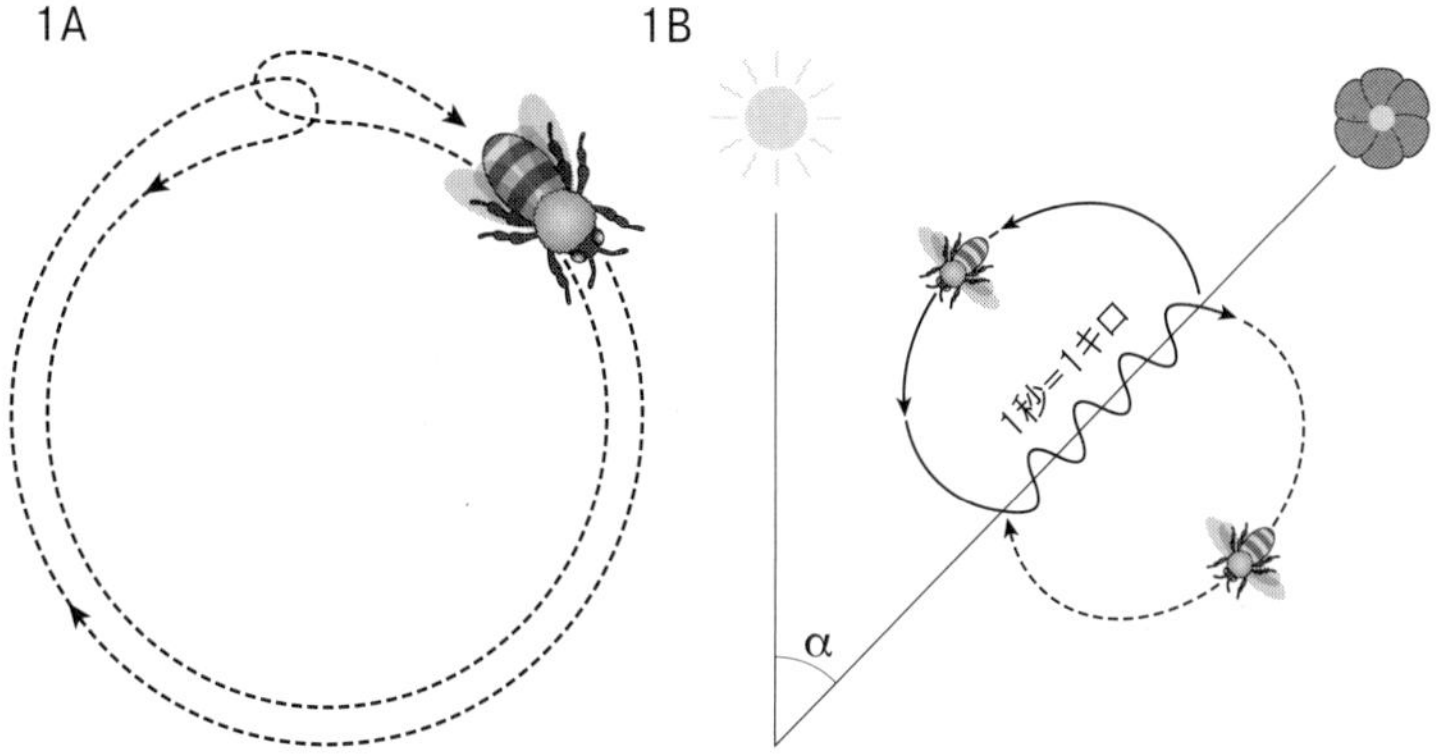

図1　1A：「円ダンス」は、餌が巣から100メートルほどの範囲内にある、と指し示している。「行って見てきて」という意味だ。1B：「尻振りダンス」。尻振り部分の方向は、太陽の現在の位置を基準にした食物源の方向を指し示している（α）。尻振り部分の持続時間は、巣から食物源までの距離を表している。セイヨウミツバチの場合、ダンスの約1秒が1キロを指し示している。

なわち北・北東・東・南東・南・南西・西・北西を表せる。4・5ビットの場合は$2^{4.5}$＝23通りが表せる」。8分の1とは、北と北東が識別できるということだ。ほとんどの航海士や航空士は、それをあまり正確だとは思わないだろうが、23分の1は正確である。[4]

さて、ハチの言語とはどのような仕組みなのだろう？　何が「指し示すもの」で、それらは何を指し示しているのだろう？　また、なぜそこに数学が必要なのだろうか？　巣に戻る探索バチは計算をし、ベクトル――距離と方向――を踊って伝えなくてはならないのだ。では、まずは計算の話から。

距離：探索バチはいくつかの情報源を持ち、おそらくそれらを組み合わせて、確かな推定をしている。まず、自分がどんな速度でランドマークを通過しているのか――いわゆる「オプティカル・フロー」――を感じることで速度を見極められる。どうやらそれに特化したニューロンがあるようだ。[5] とはいえ、この仕組みはもう少し複雑だ。探索バチが山を迂回しなくてはならない場合、回り道は合計距離に加えられるのだろうか？　フォン・フリッシュは、「加えられる」と考えていた。そして、２つ目の情報源は、食物源に向かう途中で通過したランドマークの数を数えたものだ。この距離の推定方法を最初に発見したのは、動物行動学者のラース・チットカと同僚たちだった。

当時は、ハチの認知能力では基本的に、太陽の位置やランドマークと、疲れや空腹といった体内の状態とを結びつけるのが関の山だろう、と考えられていた。その頃ドイツの博士課程の学生だったチットカは、おそらくウィスキーを少々飲みすぎたあとに考えたのだろう。もしかしたらハチは、餌と巣の間にあるランドマークを数えて、距離を見積もることができるのではないだろうか？　と。それを野生で確かめるのは難しい。昆虫のナビゲーションを、雑然とした自然環境で適切に調べることはできないからだ。そこで、ほかの学生たちの助けを借りて、東ドイツの集団農場だったとくに何もない原っぱに、特徴のあるランドマークとして大きな複数のテントを建てた。テントの数やテント間の距離を変えることで、チットカは、ハチの行動を形づくっているのはテントの数だと明らかにした。[6]

ちっぽけな脳のハチが数を数えられるなんてとんでもない――と、とくにチットカの著名な指導教官だったランドルフ・メンゼルが考えたので、チットカが報告書を提出・発表するまで何年もかかった。だが、１９９５年に発表されるや否や、世界中が大騒ぎになった。

チットカと同僚のカール・ガイガーの調査[7]は、研究所で再現されている。オーストラリア国立大学のマリー・ダッケとマンディアム・スリニヴァサンは、研究所の長さ4メートルのトンネル内で、５つのランドマークのうちの１つのそばで採餌するよう、ハチを訓練した。[8] その際、ちょっとした賢い方法を用いて、ハチがほかの手がかりではなく本当に数を使っていることを確認した。つまり、ランドマークの見た目を変えたのだ。ハチは、見た目が違っていても、たとえば「ランドマーク４」に向かうように訓練された。この調査結果によると、ハチは訓練された食物源にたどり着くために、ランドマークを順に数えていた。

ハチの脳のアキュムレータ

フォン・フリッシュは、ハチが太陽の位置を基準にした方向、つまり太陽方位角〔訳注：太陽から垂線を地平線に下ろして交わった点と、真南との角度〕をコード化していることを発見した。注目してほしいのは、ハチが太陽の天体位置表――太陽が動く事実――を考慮しなくてはならないことだ。たとえば、外が雨になって待たなくてはならない場合、仲間に方向を知らせるときに、そのことを考慮しなくてはならない。英国やドイツの太陽方位角は１時間で東から西に15度変わるから、目的地を指す角度も変わる。採餌飛行は、まさにアリの採餌がそうであるように、１時間以上かかることもある。だから、ガリステルは次のように指摘している。

「フォン・フリッシュがよく理解していたように、太陽コンパスに時間補正が必要なことは、自律航法の大前提だ。それ自体が、目を見張るほどの計算を伴う。ダンスで示された食物の場所の現在の方向を把握するために、追従バチ（ダンスに従う者）はダンスで教わった太陽を基準にした方角に、ダンスを見たときから食物源を目指して出発するまでの間に太陽が移動した大円距離［訳注：球面の2点間の距離］を足したり引いたりしなくてはならない。経過時間は何時間にも、何日にも及ぶことがある。そしてもちろん、その計算は、地元の太陽の天体位置表を学んだ追従バチに委ねられる。天体位置表は、半球（北半球か南半球か）、緯度（北緯、南緯どれくらいか）、そして季節によっても変わる。ここでもすべてのことが強く示しているのは、動物の行動において算数が重要な役割を果たしていることだ」（私信より）

フォン・フリッシュは、実はハチが太陽を見る必要がないことを発見した。ハチの視覚は紫外線もとらえるので、雲間に青空が小さくのぞいていれば、太陽の方向を見極められるのだ。

では、働きバチは一体どのようにして、食物源に遭遇したときに自分がどこにいるか――食物ベクトル――を計算できるのだろう？　それがたとえば、巣から10キロ離れた場所だとわかったら、どうやって帰り道を見つけるのだろう？　1つは、食物ベクトルの向きをただ逆にして、値がゼロになるまで進むことで巣に戻る方法だ。鳥のナビゲーション能力を扱った第6章で述べたように、こうしたベクトルをどのように作成するのかについて、サセックス大学のトーマス・コレットが興味深いことを提唱している。まさにハチの巣の科学だ。[9]

ハチの脳には、複数の空間的〝アキュムレータ〟が――今やもうおなじみだが――備わっており、ハチがどこかの目的地に向かうとき、ハチの現在の進行方向に応じてそれぞれのアキュムレータが更新される。最も単純なのはアキュムレータが2つのケースだ。片方のアキュムレータが南北方向の経路成分を積算している。目的地にたどり着くまでの間に、もう片方のアキュムレータが東西方向の経路成分を積算する。探索を始めた時点でアキュムレータの値がゼロに設定されていたら、2つのアキュムレータが——たとえば、北に10単位、東に3単位と——それぞれの経路成分を積算する。2つのアキュムレータの中身を足せば経路の総距離が出るし、ベクトル和をとれば方角が——北北東——と出てくる。

そしてハチは、この情報に対する驚くべき記憶力を持っている。彼らは同じ食物源に翌日に戻ることも、おそらく数日後や数ヵ月後に戻ることもできる。この記憶をどのように蓄えているのかは、今も謎のままだ。ここでも、もっともらしいが賛否の分かれる考え方は、ハチの脳に地図が備わっている、というものだ。地図があるから食物源の場所を提示できるし、その場所を地図上で記憶して、翌日や数日後でも経路の計算ができるのだ、と。地図は、帰巣ベクトルを計算したり記憶したりする手段でもある。

さて、実に驚異的なのは、探索バチが距離と方向を記号的に伝えられること、そして、働きバチが伝えられた内容を理解できることだ。先ほど示したように、図1Bは、有名な8の字の尻振りダンスを説明している。尻振りの持続時間は、距離に相当する。1秒の尻振りが1キロの距離を示しているのだ（そこには方言のような違いも存在し、ハチの種によっては1秒が750メートルを表す場合もある）。私は「持続時間」と言っているが、ハチはおそらく尻振りの回数を数えているのだろう。1秒に約15回、と一定のピッチで行われていたから。そういうわけで、ダンスの尻振り部分は距離を指し示している。

セイヨウミツバチのダンスは、たいてい巣内の垂直の壁の上で、真っ暗な中で行われる。探索バチは働きバチにのしかかり、ブンブン音を立てて注意を引いてから、ダンスを始める。尻振り部分と垂直線（重力の逆方向）との角度が、太陽の現在の位置を基準にした巣から目的地への方向を示している。信じられないことに、たとえば雨のせいで、ダンスに追従する働きバチがすぐ採餌に出かけられないときは、方位角――太陽を基準とした角度――を太陽の動きを考慮して再度計算するのだ。これは、見かけより複雑な作業だ。ガリステルは、次のように説明している。

「雨の間に太陽のコンパス方位（方位角）がどの程度変わるかは、ダンスが伝えられた時間帯と、雨がどれくらい続いたかに大きく左右される。一日のどの時間帯でも太陽の方向の変化は、その地域の太陽の天体位置表次第だから、採餌バチや採餌アリは、初めて採餌担当になったときに、時間ごとの太陽の方向を観察することで、天体位置表を記憶する。追従バチはようやく巣を出発するときが来ると、太陽を基準に飛ぶ方向を知るために、ダンスで教わった太陽の方向に修正を加えなくてはいけない。これは、円周上での足し算を伴う。360度の変化を足したら、元の場所に戻ってしまうから、元の場所から360度以上離れることはない」（私信より）

サセックス大学のマーガレット・クーヴィヨンと同僚たちによる素晴らしい研究がある。[10] 彼らは2年間かけてキャンパス内やキャンパスの周りにいる何千というミツバチの尻振りダンスを解読した。同大学のキャンパスの周りにはサウス・ダウンズの田園地帯が広がり、多くの都市公園があるのだ。クーヴィヨンたちは、ハチたちがクチコミで採餌する距離や場所の地図を作成することができた。ハチたちが採餌活動をする面積は、夏（7〜8月）には春（3月）の約22倍に、秋（10月）の6倍に広がる。

「春にはクロッカスやタンポポから果樹の花々に至るまで、たくさんの花が咲くし、秋にはツタの花が咲き誇ります。ところが、夏になると、まばらにでも咲いている花を見つけるのが難しくなります。農業が集約的に行われるので、田舎にはハチが求める野の花が少なくなってしまうんですよ」と、この調査を監督したサセックス大学の養蜂の教授、フランシス・ラトニークスは言った。ラトニークスによると、この調査の実用面での重要な意義は次の通りだ。「ハチがどこで採餌活動をしているかを教えてくれたので、もっと花を植えて、夏の間に上手にサポートする方法がわかったのです」

注目に値するのは、ハチの種が違えば、採餌活動の範囲も異なることだ。トウヨウミツバチ（学名：Apis cerana）は巣から最大で1キロほど離れた場所までしか飛ばないが、コミツバチ（学名：Apis florea）は最大で2・5キロ、オオミツバチ（学名：Apis dorsata）は約3キロ先まで飛ぶ。実は、ミツバチ（学名：Apis mellifera）は、巣から最大で14キロも離れた場所で採餌している可能性がある。

アリの歩数を数える走行メーター

数を数えることについて、最も驚異的な無脊椎動物と言えばアリだろう。アリの脳のニューロンの数は通常25万個くらいで、脳の重さは約0・1ミリグラムだが、種によって異なり、それよりはるかに小さな脳を持つアリもいる。[11] それでも、今から紹介するアリの種は、計数のチャンピオンだ。

アリは密集したコミュニティ（巣）で暮らし、たいてい女王アリ、雄アリ、働きアリ（不妊のメス）という階級に分かれているが、種によっては兵隊アリや護衛アリといった別のスペシャリストがいる場合もある。採餌担当のアリたちは、巣を出ると餌や巣材を探して持ち帰るので、船乗りの自律航法に相当するナビゲーション能力が必要になる。鳥を扱った第6章でお話ししたように、これは動物のナビゲーションの文献では「経路積分」と呼ばれている。キャプテン・クックよろしく、アリも巣から見た現在地を把握し、最小のエネルギー消費で帰れる最短ルートを割り出すには、自律航法が必要だ。だが、勇敢なクック船長と違って、アリには海図も羅針盤もクロノメーターも六分儀もないから、そのちっぽけな脳内にすべてが備わっていない限り、自分の居場所を計算することはできない。

自律航法とは、方向転換すべき地点に毎回気づき、次の方向転換までその方向にどれくらいの距離を移動したかを心に刻んでおかなくてはならない、ということ。そして、その短い経路を足し上げれば、今いる場所——たとえば食物源の場所——や、巣にどうやって戻るべきかを計算できる。ただし1つ複雑なのは、アリたちが来た道を戻るのではなく、食物源から最短ルートで巣に戻っていくことだ。アリがどのようにその方向を知るのかについては、かなり多くのことがわかっている。アリは太陽方位角に基づく「天空コンパス」を使えるのだが、その時間帯に太陽がどこにあるのかを示す、太陽の天体位置表を使うためには体内時計も必要だ。アリはまた、地球の磁場への感受性に基づく磁気コンパスも備えている上に、巣の近くにあるランドマークを覚えて活用している。自律航法で進むには、経路の各区分の距離から算出して現在地を知らなくてはならないが、最短で巣に戻るルートを割り出すためには、アリにはある種の地図か、距離と方向の記憶から最短ルートを計算するほかの方法が必要なはずだ。

アリがどのように距離を推定しているのかについては、（エネルギー消費や、その部分にかかった時間から推定している、など）複数の仮説が提示されている。それらとは異なるある仮説については、１９０４年にさかのぼるが、フランスの心理学者アンリ・ピエロン（１８８１～１９６４年）が提唱し、実験を行った。これは非常に単純だが、まったく信じ難い仮説だった。何しろ、採餌を担うアリが自分の歩数を数えている、というのだから。ピエロンがしたことも、至極単純だった。アリは巣を出たあと、ある地点に到達し、餌を見つけると、巣に戻ろうとした。するとピエロンは、アリをもう少し遠くまで連れていき、また地面に下ろして、その行動を観察した。アリはそこから出発して旅をしたが、その旅は、ピエロンが動かさなかったら歩いていたはずの距離と方向を示していた。こうして、ピエロンは発見したのだ。アリは巣への帰り道を自分の行動（自己手がかり）に基づいて計算し、周囲のランドマークや場所に由来する刺激によって計算するのではない、と。[12]

ピエロンの実験はその後も再現されているが、彼が予想した通り、帰り道は、（動かされる前の）本来のスタート地点から巣までの距離とほぼ等しくなる。[13]

種が違えば、復路を知る方法も違う。アリの多くの種は、自分が歩く道に化学物質の跡を残すのだが、サハラサバクアリが生息・繁殖する猛烈に暑いチュニジアの砂漠には絶えず強風が吹くため、化学物質の跡は数分もしくは数秒で消える。つまり、跡を残す方法は使えないのだ。また、採餌を担うアリが所要時間や消費したエネルギーを記憶している、という仮説も成り立たない。重い餌や巣材を抱えて戻るときは、エネルギー消費が増え、歩く速度も落ちるはずだが、アリは巣に戻る道を正確に見つける。アリは歩数を数える走行メーターを持っている、というピエロンの主張は正しかったと判明した。事実は、彼の想像を超えたさらに驚くべきものだった。

信じられない？　いや、本当なのだ。ドイツのウルム大学のマティアス・ウィットリンガーとハラルド・ヴォルフ、チューリッヒ大学のリュディガー・ヴェーナーが、それを確かめる独創的な実験を行った。[14] 彼らは特別に設けた10メートルのトンネル内にアリたちを入れた。そこには、アリの視覚システムが自分の移動速度を推定するのに使えそうな視覚的な手がかりがほとんどなかったが、いずれにせよ、移動速度は経路の計算で大した役割を果たしていないように思われる。実験者がアリたちに与えた課題は、このトンネル内で食物源まで行き、戻る道を見つけること。この実験の独創的な部分は、アリの脚に手を加えて、一部のアリの脚を長くし、一部のアリの脚を短くしたことだった。脚が長くなったアリは歩幅が広くなり、脚が短くなったアリは歩幅が狭くなる。だから脚が長くなったアリたちは、同じ歩数でさらに先まで進み、脚が短くなったアリたちは進む距離が短くなるはずだ。この単純明快な予測は、正しかったと立証された。

では、この調査のまさに賢明な部分を紹介しよう。アリの復路が、往路の歩数の記憶に頼っていることを明らかにできたのだ。アリが（実験用の）巣から餌箱まで、手を加えられていない脚で行き、その後、脚を長く（もしくは短く）されたなら、自然のままの脚を持つアリと違って、移動距離の計算を予想通りの形で誤るはずだ。果たして、その通りのことが起こった。脚が長くなったアリたちは、距離を50パーセント（15・3メートル）も長く見積もり、脚が短くなったアリたちは、食物源から巣に戻る距離を、よく似た割合で（5・75メートル）短く見積もったのだ。しかし、もし巣を出る前に脚の長さを変えられていたら、巣までの距離の計算は修正された歩幅に基づくので、アリはかなり正確に巣に戻り、復路は往路の記憶に基づいていることを明らかにしたはずだ。

アリたちは、10メートルの復路を770歩で歩いた。この3つのグループがその距離を同じように認識していたなら、逆説的になるが、脚が短くなったアリは、自分の歩幅を現実より長くとらえていたに違いないし、竹馬に乗っているアリは自分の歩幅を短くとらえていたに違いない！　この計数のメカニズムを、科学者たちは「歩数積算器」だと述べている。[15]つまり、アキュムレータのことである。

脚が長くなったアリたちは、確かに普通のアリよりもゆっくり歩くことが多かったが、それでも帰巣の距離を50パーセントほど長く見積もっていた。だから、歩くのにかかる時間は、帰路の手がかりではなかったことがわかる。

餌までの道が常に平坦であるとは限らず、かなりの上り坂や下り坂を伴うこともある。サハラサバクアリは採餌の過程で坂を上った場合、帰巣ベクトル——巣に戻る経路——を計算する際に、それをどのように考慮するのだろう？　坂を上り下りすれば、そのぶん歩数が増える。巣に戻る最短ルートが採餌ルートよりも平坦な場合、増えた歩数のせいで往路の距離を長めに見積もってしまい、餌がある場所や復路の計算を誤るのではないだろうか。人工的な坂を使った実験によると、アリは上り坂や下り坂を何らかの方法で度外視し、実際の地図距離を割り出すことがわかった。[6,7]このアリは、小さいながらも実に賢い脳を持っているのだ。

とはいえ、「サハラサバクアリは、ちっぽけな脳内に地図を備えている」という考えは、万人に受け入れられているわけではない。アリが歩数を数えることを証明した、先駆的な研究者であるリュディガー・ヴェーナーも否定的だ。

自律航法そのものに認知地図は必要ないが、アリは太陽を基準にした方向感覚をデカルト座標のような何かに変換して座標を動かす必要がある。巣に戻ることは、位置ベクトルがゼロに戻るように移動することだが、最短ルートで巣に戻るためには、地図が必要なのではないか、と私は思う。

グーグルマップが位置データを一連の数字、最終的には0と1としてコード化している様子を思い浮かべてほしい。その中には、外の世界の実際の位置――東、西、南、北や特定のランドマークなど――を示しているものもある。方向は、そうしたデータを数値計算したものだ。アリの脳は小さくて、ニューロンは25万個しかないかもしれないが、多くの位置データをコード化できる。また、ランドマークやにおいや巣の外観の記憶を頼りに自分を導いている。もう一度、グーグルマップがストリートビューや、レストラン、ガソリンスタンドなどの情報をどのようにコード化しているのか考えてみてほしい。どれもこれもひたすら数字である。

7 時間訓練すればアリは数を学べる

さて、サハラサバクアリはかなり特殊な例かもしれない。砂漠に生息し、ほかの種のアリのように化学物質の跡を残すことができないのだから。では、ほかの種のアリたちも、ほかの物を数えて経路積分に役立てているのだろうか？　パリのソルボンヌ大学のパトリツィア・デットーレ率いるチームがそれ

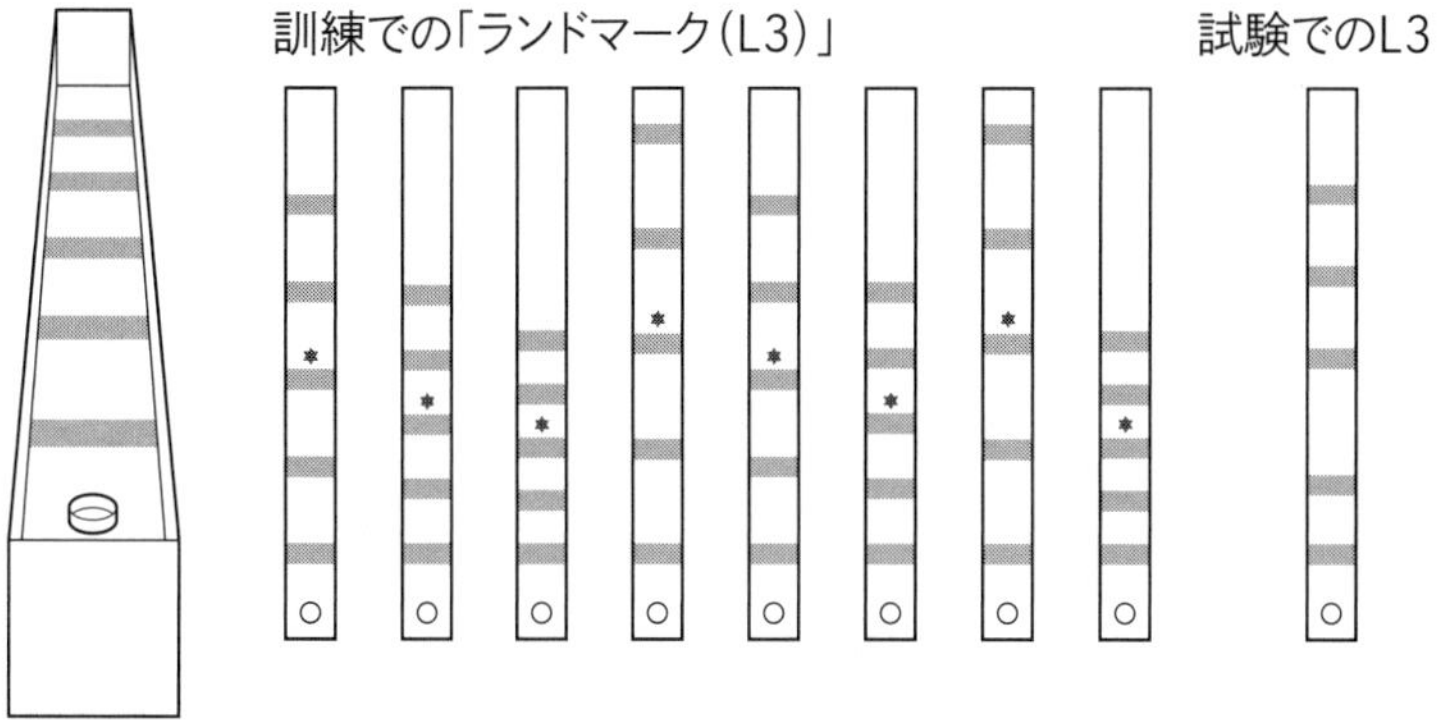

図2　アリは3つ目のランドマーク（L3）で餌を見つけるよう訓練された。訓練試験では毎回、アリはL3で報酬（*）を得たが、通路のスタート時点（○）からの距離は訓練試験のたびに変わったので、距離を報酬に至る手がかりにはできなかった。試験ではランドマークの配置を一新し、餌の報酬を用意しなかったが、アリは確実に3つ目のランドマークで餌を探した[16]。

を、フランスで発見された種のオオアリ（学名：Camponotus aethiops）を使って調べた[16]。オオアリも、ハチと同じように、ランドマークを数えて食物源を見つけられるのだろうか？　図2は、3つのランドマークを数える場合の手順を示している。アリたちは、実験アリーナ（長い通路）のスタート地点に入れられた。報酬は常に3つ目のランドマークを越えたところに用意されていたが、そのランドマークの位置は訓練試験ごとに変わったので、アリはスタート地点からの距離を手がかりにすることはできなかった。また、それぞれのアリは、5つのランドマークのどれか1つ——1つ目、2つ目、3つ目、4つ目、もしくは5つ目——に向かうよう訓練された。どのランドマークに向かうよう訓練されたアリも、訓練を重ねるにつれて食物源を見つけるのが速くなった。試験では、ランドマークの並べ方がどの訓練試験のときとも異なっていた。それでもアリが、たとえば3

つ目のランドマークに行くよう訓練されていたら、ランドマークの空間的配置が変わっても、3つ目のランドマークに向かった。図2を参照してほしい。

アリの数感覚に対するさらに直接的な試験には、おなじみの「見本合わせ」のパラダイムが使われた（第1章を参照）。アリの調査では、個体ではなくコロニーを調べることがある。今から紹介する調査では、200〜2000匹のヨーロッパ・クシケアリ（学名：Myrmica sabuleti）の複数のコロニーがベルギーの閉鎖された採石場から集められ、12の実験用コロニーに分けられた。実験を行ったのは、ブリュッセル大学のマリ＝クレール・カマルツと、ベルギー・ワロン地域の「自然農業環境研究部門（DEMNA）」のロジャー・カマルツだ。[17]

採餌トレイ内で、1つ、2つ、もしくは3つの紙の正方形を提示したパネルのそばで——ただし、それより正方形を1つ多く提示したよく似たパネルからは離れた位置で——報酬を与えることで、アリを訓練した。訓練時間は7時間、24時間、31時間、48時間だった。アリはその後、仕切りで区分けされたトレイ内で紙の刺激を使って試験された。紙の刺激は、訓練とは異なる図形（正方形ではなく円盤）で、色も大きさも配置も異なっていた。アリは7時間訓練すると正しい「数」を学んだが、さらに訓練を重ねると、さらによくできるようになった。

ハチはゼロを認識する？

これまでの章で説明した、はるかに大きな脳を持つ生物にこなせる計数課題を、ハチもこなせるとい

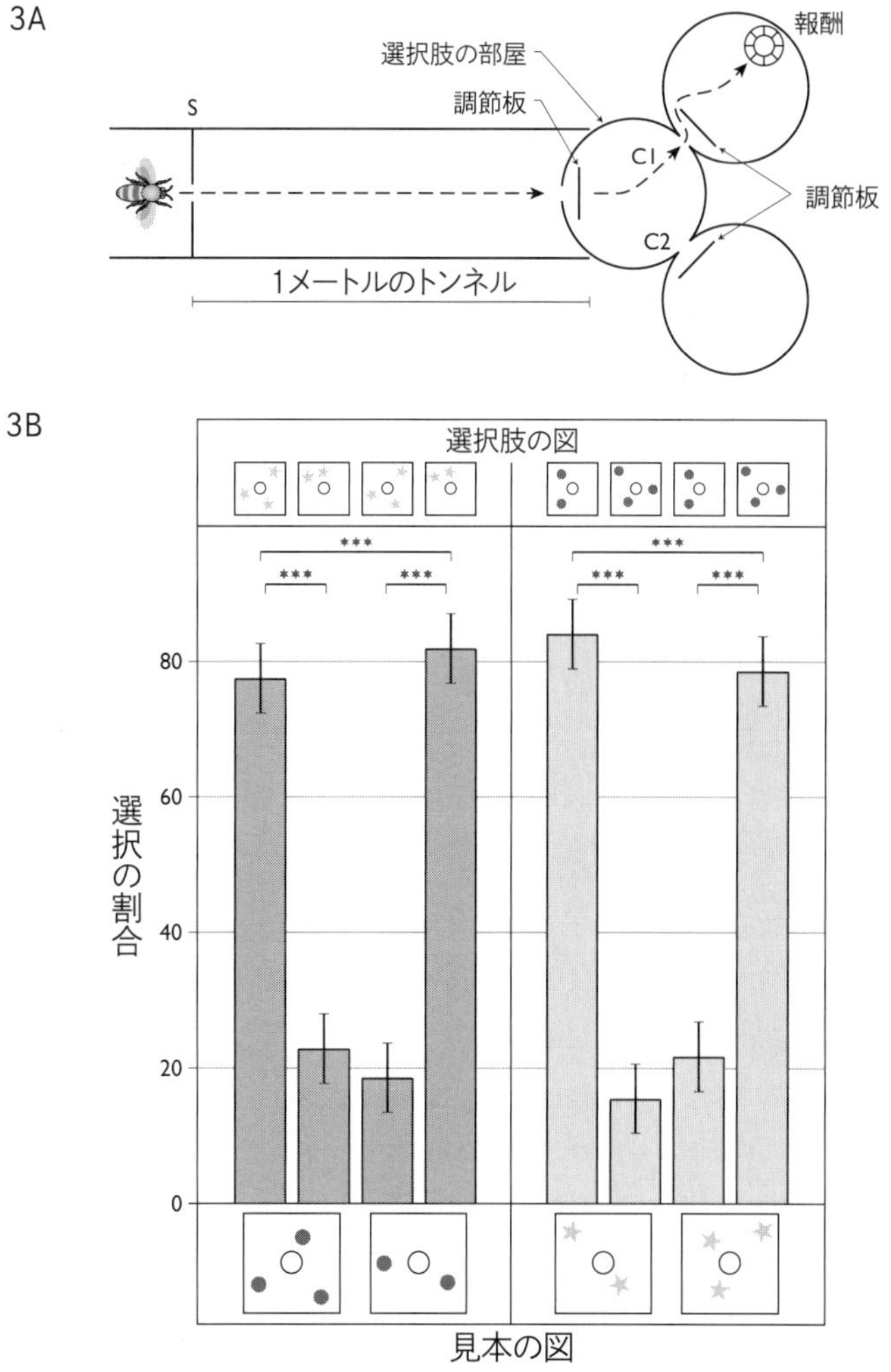

図3　3A：ハチの見本合わせの能力を調べる代表的な手順。ハチの被験者は見本（S）を見て、その後2つの選択肢（C1とC2）から一致するほうを選び、正解したら報酬をもらう。3B：結果。✱✱✱は、縦列間の統計的な有意差（p＜0.001）を示している。つまり、その結果が偶然発生するのは、わずか1000分の1回だということ。留意してほしいのは、見本と選択肢は、常に物体の種類と配置が異なることだ（この調査では、色も異なっていた[18]）。

う証拠がますます増えている。たとえば、ハチは、オットー・ケーラーが開発した数の見本合わせの課題を上手にこなせる（第1章を参照）。

図3は、ユルゲン・タウツとシャオウ・チャン率いるドイツのヴュルツブルクとオーストラリアのキャンベラの科学者チームによる一連の実験の、ある結果を説明したものだ。明らかになったのは、ミツバチ（学名：Apis mellifera）が、見本の物体の数に基づく「見本合わせ」ができることだ。見本と選択肢の色や物の種類や配置が異なっていても、最大5つまでなら数合わせができた。[18]

また、小さな「数」であれば、ハチは足し算と引き算もできる。ハチは色に（すでにお話ししたように、紫外線にも）敏感だ。次の調査では、色を使ってハチに足し算と引き算を教えた。[19] 刺激対象が黄色なら、ハチは1を引いた答えの刺激を見つけなくてはならない。たとえば、刺激が3個の黄色の正方形なら、ハチは2個の黄色の正方形のパネルを選ぶことで報酬がもらえる。一方、刺激が2個の青色の正方形なら、ハチは「2＋1」個の青色の正方形のパネルを選ばなくてはならない。

ハチはこのやや複雑な課題を学ぶために、若干試行を重ねなくてはならなかったが、30回試行をするとうまく選べるようになり、100回試行をしたあとはほぼ80パーセントの確率で正しい答えを出した。ハチが単に青色を合図に量が多いほうを選び、黄色を合図に少ないほうを選んでいるのではなく、本当に足し算や引き算をしていると確認できるよい方法がある。「2に1を足せ」という合図が出たときに、正解は3で不正解が4だとしよう。ハチが単に見本より多くを選んでいるなら、3と同じくらい4を選ぶだろう。同じように、「3から1を引け」という合図が出たときに、ハチが正解の2か不正解の1を選ばなくてはならないとしよう。このときもハチが単に3より小さいものを選んでいるなら、1

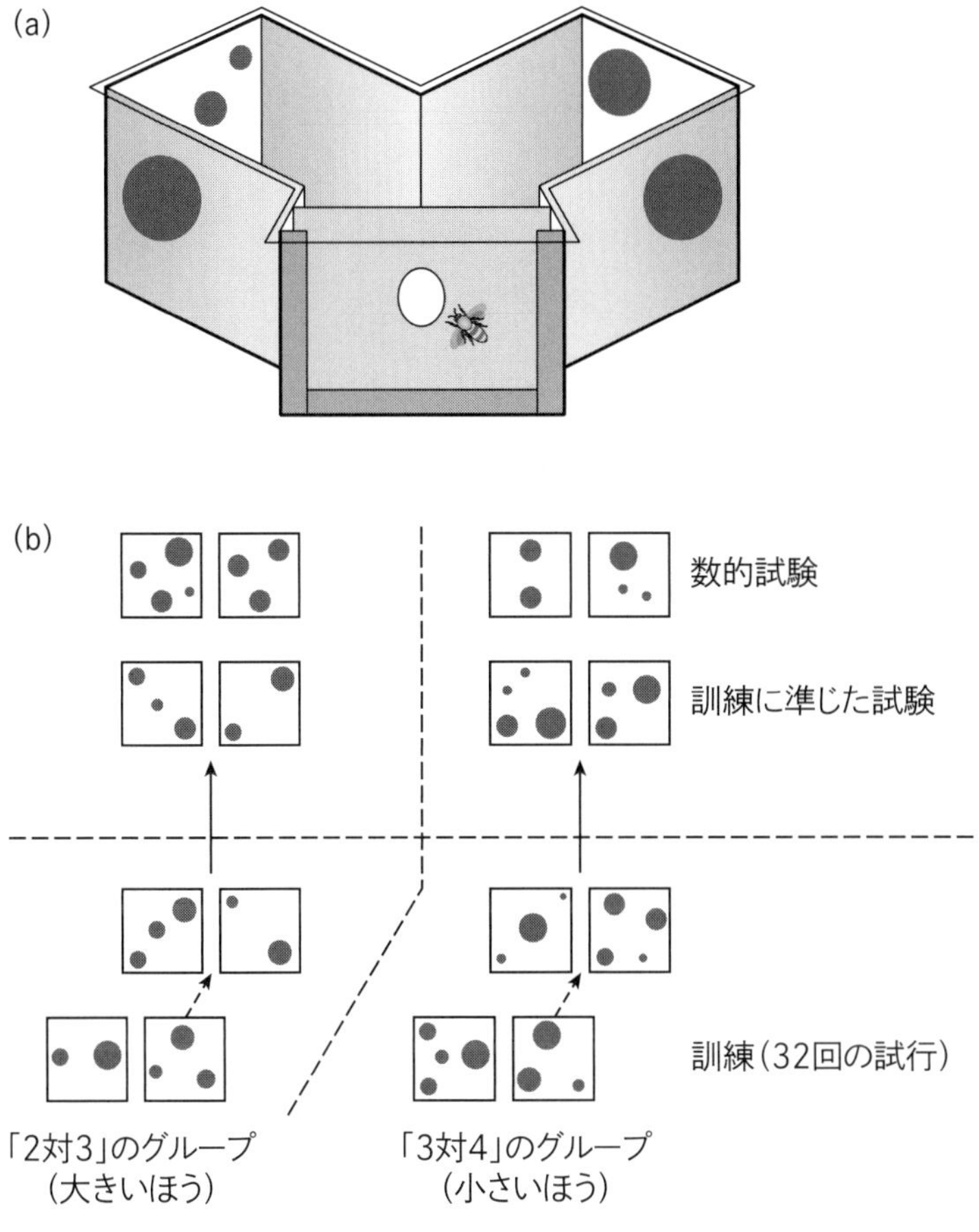

図４　訓練段階は32回の試行で構成され、訓練中は試行のたびに刺激が変えられたが、報酬をもらえる「数」は一定にした。「２対３」（大きいほう）のグループも、「３対４」（小さいほう）のグループも、常に３を選ぶと報酬をもらえた。訓練後、ハチは２つの非強化試験［訳注：報酬なしの試験］を受けた。「訓練に準じた試験」では、新たな刺激を使って、訓練で経験した２つの「数」から選択させた。「数的試験」では、ハチは新たな状況に直面した。報酬をもらえる「数」（３）と、新たな「数」（「大きいほう」のグループは４、「小さいほう」のグループは２）を比較しなくてはならなかった[20]。

も同じくらい選ぶだろう。だが、ハチはそうしない。本当に正しい足し算と引き算の答えを選ぶのである。[19]

別の国際的なチームもやはり見本合わせを使って、ハチが本当に物体の数を認識できるのかどうかを調べた。ここでの課題は、より大きな、もしくは小さな数を選ばせるのではなく、特定の「数」を選ばせるものだった（図4を参照）。

人間の計数の最も興味深い特徴の1つは、ゼロを認識できることだ。ゼロを表す記号を偉大なギリシャ、バビロニア、エジプトの数学者たちは知らなかったし、7世紀にインダス文明で発明されたものの、13世紀になるまでヨーロッパには導入されなかったことがわかっている。つまり、ゼロの概念は習得するのが意外と難しいことをうかがわせる。しかし、第10章で改めて触れるが、チンパンジーはその概念を持ち、記号と結びつけられることが判明している。ほかの生物では、サルと一部の鳥以外、ほとんど観察されていないが、それは小さな脳をわざわざ調べる価値がある、とは誰も思わなかったからではないだろうか。だが、ハチはどうなのだろう？　そのちっぽけな脳で、人間が記号化するのに相当長くかかったものを、計算できるのだろうか？

かなり巧妙な方法を使って、ハチにはゼロの感覚があることが明らかにされた。それを証明する方法は、ゼロを正の整数の最小の値だと考えることだ（第1章を参照）。まず、常に（たとえば、1と4のような）「2つの『数』の小さいほうを選ぶ」という不変のルールに従うようハチを訓練する。そのあと、「1つの物vs.白紙の状態」という訓練で一度も見たことのない状況を提示されると、ハチは白紙の状態を選んだ。つまり、1つ、2つ、もしくはそれ以上の物の集合よりも小さな数量として扱ったのだ。[21] また、この実験では、興味深いことに「ウェーバーの法則」らしき現象が見られた。つまり、2つの「数」の差が大きければ大きいほど、ハチがゼロを選ぶ確率も高くなった。たとえば、2つの「数」の差が大きくなるにつれて、ハチの成績も向上した（「0対1」よりも「0対6」のほうが簡単だったということ）。ウェーバーの法則が示しているのは、ハチが私たちと同じように、「数」を順に並ぶ大きさの列ととらえていたことである。

昆虫による受粉によって花を咲かせる多くの植物は、花びらの数が一定なので、ハチのような受粉媒介者は、花びらの数をもとに花を識別する能力（4枚くらいまで）を進化させた。さらに大きな「数」になると、ハチはたぶん全体的な形を使って識別しているのだろう。これはおそらく「共進化」の一例だ。花は、ハチを引きつけるような花びらの配列——左右対称で枚数が比較的少ない姿——に進化し、ハチは豊かな食物源である花を識別できるように進化した。

経路発見にまつわる証拠を見ていると、ハチが距離に関しては「より大きい」「より小さい」をかなり具体的に理解していることがわかる。ある注目すべき実験によると、ハチはさまざまな大きさを「〜以上」「〜未満」という抽象的な観点で解釈する認知の枠組みを持っているようだ。イタリアのトレント大学のマリア・ボルトット、ジョナータ・スタンチャー、ジョルジオ・ヴァロルティガラによると、2枚のパネルから「数」が大きいほうを選ぶよう訓練されたハチは、その後は自発的に、点の数は同じだが、点の総面積が異なる2枚のパネルのうちの1枚（総面積が広いほう）を選ぶようになる。[22] これは素晴らしいことだが、すでにお話ししたように（とくに第1章を参照）、「数」が変わるとほかの多くのサイズも変わる。たとえば、総面積が維持されていても、数が変われば辺の全長は変わる。ハチは

「数」の訓練や大きさの試験において、物理的なサイズのどれかを追跡できているのではないか、と私は思う。

こうした調査が示しているのは、ハチが研究所の課題で、数の使用や数の計算を学習することだ。これらは、ハチが野生で直面するたぐいの問題ではないのだ。ハチが日常生活で行う計算は、経路のベクトルや特定の場所にある食物の量を計算するなど、はるかに複雑である。

カブトムシはライバルの数で交尾後の態度を変える

今から紹介するのは、被験者が生物学的に関わりのある物を次々に数えさせられるという、かなり毛色の違う調査だ。ほかの種の昆虫と同じで、カブトムシの仲間のゴミムシダマシ（学名：Tenebrio molitor）のオスも、自分が認識した「精子競争」のリスクに応じて繁殖行動を調整する。つまり、周りにライバルのオスが増えると、交尾の相手を守る行動を増やすのだ。ここで問題なのは、彼らが実際にライバルの数を数えているかどうかだ。

スペインのバレンシア大学のパウ・カラソ、レイエス・フェルナンデス－ペレア、エンリケ・フォントが、極めて独創的な実験でこの問題を確認した。彼らはどちらも繁殖経験のないオスとメスの交尾の段取りをしてから、オスの被験者に連続的に――一度に1匹ずつ――ライバルのオスを見せたが、そこに賢いひねりを加えて、重要なのはオスの量なのか数なのかを確認した。ライバルが1匹の条件では、被験者は同じライバルに1回につき3分ずつ、2分の間隔をあけて計4回にわたって接触したが、ライバルが4匹の条件では、被験者は同じ工程で4匹のオスに接触した。結果は明快だった。オスは1匹よりも4匹のライバルと接触した場合のほうが、交尾のあとメスを守る時間が長くなった。ただし守る時間は、1匹、2匹、3匹、4匹というライバルの数に応じて直線的に増えたわけではなかった。[23]

セミは素数の周期で地上に出る

第1章で述べたように、1985年にSF小説『コンタクト』の中で、アメリカの科学者カール・セーガンは人間と地球外文明の初めての接触を描いた。主人公のエリーが、信号がメッセージだと気づいたのは、素数の列を含んでいたからだ。「知的存在からのものに違いない」と。素数について知り得るのは高度な文明だけだ、とエリーは判断した。紀元前300年頃、古代ギリシャの数学者エウクレイデス（ユークリッド）が登場する以前に、人々が素数の列に対する知識や興味を持っていた、という記録はない。エウクレイデスは、素数が無数に存在すること（『ユークリッド原論・第9巻・命題20』）や、すべての整数は素数の積として一意に表せること――今では「算術の基本定理」と呼ばれている――を明らかにした。とびきり偉大な数学者の多く――オイラー、エルデシュ、フェルマー、ガウス、ハーディ、メルセンヌ、ラマヌジャン、リーマン――は、過去の発見を踏まえて、素数を理解するのに多くの時間と思考を費やした。だから、控えめに言ってもあり得ない気がする。ほかの生物、とくにちっぽけな脳を持つ生き物が、当然ながら頼りにできる数学の歴史もなしに、素数の観念を持っているなんて。だが、ちょっと待ってほしい。

まずは個人的な話から始めたいと思う。

ずっと昔、オーストラリアのメルボルンからさほど遠くない美しい国立公園、ウィルソンズ・プロモントリーの奥地を家族と歩いていると、セミの声に耳をつんざかれた。今の私は、セミ1匹が120デシベルの音――ヘビメタバンドの音と変わらない――を出せると知っているが、あのときはそれが何百万匹もいた。当時セミについて知っていたことと言えば、娘の学校の子どもたちが学習発表会のために大量につかまえたり、抜け殻を集め、けばけばしい色を塗ったりすることくらい。知らなかったのは、この耳をつんざく経験が、7年に一度しか起こらないことだ。道理で、子どもたちがはしゃいでいたはずだ。実は、地中の幼虫状態から素数の年に周期的に地上に出てくるセミの種はたくさんいる。そう、素数周期で。たとえば、アメリカでは、13年や17年ごとに発生する周期ゼミがいる（ちなみに、そのおかげで最も寿命の長い昆虫となっている）。では、なぜ素数の年に周期的に発生するのだろう？　また、セミはどうやってその計算をしているのだろうか？

「なぜ」のほうの答えは簡単だ。進化上の理由があるのだ。そして周知の通り、進化は3つの事柄に関心を寄せる。食べ物、セックス、死だ。この周期性には、3つすべてが関係しているが、セミ、たとえば私たちが遭遇したオーストラリアの「グリーン・グローサー」（学名：Cyclochila australasiae）のライフサイクルを理解しておく必要がありそうだ。

セミの卵が孵ると、成虫の形にやや似ているが羽のない幼虫になる。幼虫は地中で植物の根っこから樹液を飲んで7年を過ごし、成虫になって土から出てくる。土の中には食物があるし、捕食者からも比較的守られている。

成虫の寿命は6週間ほどで、夏の間に飛び回り、交尾し、産卵する。だから、周りに交尾の相手がいるよう、同時に地上に出てくることが重要だ。耳をつんざくような歌を奏でるのはオスだけで、メスはそれを魅力的に感じる。声に引きつけられたメスは、オスを魅了するクリック音を出す。交尾が行われると、受精卵が木に産みつけられ、幼虫はその根元で次の7年間を過ごす。

また、一斉に地上に出ると、個体の生存率が高まる。捕食者は、何千、何百万と同時に現れたセミの大群を平らげることはできないから、群れが大きければ大きいほど「捕食者の飽食」度合いも高まる。同時発生で群れを大きくすることが死を回避し、環境への順応を助けるのだ。

とはいえ、なぜ素数周期という進化を遂げたのだろう？　答えは、進化生物学者のスティーヴン・ジェイ・グールドが提示している。鍵となる要因は、7、13、17が（1以外の）より小さな数で割り切れないことだ、と。素数周期は、グールドによると、より小さな数の倍数を周期にするより、進化上の利点が大きい。セミがつかまりにくくなる、というごく単純な理由で。「捕食者になりそうな多くの生物のライフサイクルは2～5年だ……ある捕食動物のライフサイクルが5年だとしよう。セミが15年ごとに地上に現れたら、大発生するたびに、捕食者に襲われる。大きな素数を周期にすれば、セミは捕食者と同時発生する回数を最小にできるのだ（この場合なら、5×17、つまり85年に一度だ）」[24]。同じように、7年周期のグリーン・グローサーも、5年周期の捕食者と同時発生するのは、5×7年ごとで済むし、2年周期の捕食者の場合も、2×7年ごとで済む。

では、セミは一体どうやって素数周期を把握しているのだろう？　心に留めてほしいのは、ほとんどの昆虫の周期は1年以内で、彼らは日光と気温に頼っていることだ。セミの幼虫は地中にいるから、こうした目安はほとんど使えない。もう1つ注目したいのは、どんな体内時計も周期を認識し、サイクル数を数えることができるに違いないこと。そして、体内時計の計数器は、反応――ここでは、幼虫の発生や成虫への変化――を支配する神経内分泌経路とつながっているはずだ。

カリフォルニア大学デイヴィス校のリチャード・カーバンと同僚たちは、北米で見られるジュウシチネンゼミ（学名：Magicicada septendecim）の17年のライフサイクルを何が支配しているのかを調べた。地中では感知しにくい日光や気温の変化である可能性は低かった。彼らは、セミがそうした要素に直接的にではなく、間接的に影響を受けているのではないか、と考えた。つまり、地中で幼虫を養う樹液の供給量や質の季節的変化の影響である。

彼らは、実に素晴らしい実験をした。15歳の幼虫をジャガイモの中に入れて、「思慮深く選んだ」モモの栽培変種の根元に移した。このモモは適切な環境下では年に2度実をつけるので、モモの年周期を速めることで、幼虫が早く地上に出てくるかどうかを確認できる。もし早めに出てきたら、セミの周期は、17年間にわたって幼虫を養っている樹液に支配されていることになる。実際、周期を速めた木を餌にした幼虫を通して、その事実が明らかになった。カーバンと同僚たちは、次のように結論づけた。「セミは、17年に及ぶ成虫になるまでの成長を、体内時間で測っているのではない……そうではなく、宿主の生物季節学的・季節的な周期の数を数えることで測っているのだ[25]」。調査の最後に、カーバンは記している。「私は大人になってからずっと夢見ていた。彼ら［セミ］をだまして早く地上に出現させられないか、と」

そういうわけで、今の私たちは、セミの幼虫が何を数えているのかを知っている。が、どのように数えているのかはいまだにわからない。私の心に響く可能性の1つは、もちろんアキュムレータ・システムだ。その場合は、セレクターがゲートを開き、アキュムレータを生物季節学的・季節的な周期と何とか同調させて、値を増やしていく必要がある。年に一度、アキュムレータの値が、その種にふさわしい素数——グリーン・グローサーなら7、ジュウシチネンゼミなら17——に達するまで。

クモは獲物の数を数える

クモの脳は小さい。ミツバチよりもさらに小さくて、ニューロンも約60万個しかないが、クモもやはり複雑な行動レパートリーを持っている。とくに注目に値するのは、もちろん、巣をかけることだ。中にはハエトリグモ（学名：Portia fimbriata）のように、ネコさながらに獲物に忍び寄る種もいる。ハエトリグモはじっと動かない獲物を遠くから見つめたあと、遠回りを始めるので、たいてい獲物の姿をしばらく見失うが、そのうち獲物であるほかのクモがかけた円網のいちばん高いところのそばから姿を現す。そしてその位置から1本の糸を出してぶら下がり、その巣の真ん中で獲物をつかまえる。[26] また、円網を張るクモの成体は、種によって体重の差が40万倍もある（クモ全般で最小の部類に入る種もいる）。ヨリメグモ科のクモ（学名：Anapisona simoni）の幼体の体重は0・005ミリグラム未満で、肉眼では小さなほこりのようにしか見えないが、極小だからといって能力が劣っているという証拠はない。[27]

巣を張るクモが数えていそうな物の1つが、自分の巣にかかっている獲物の数だ。これは、獲物を巣から取り除き、クモが探すかどうか、また、探す時間が取り除いた獲物の数によって変わるのかどうかで確かめられる。コスタリカ大学のラファエル・ロドリゲスと同僚たちは、まさにこの調査を行った。

彼らが調べたのは、大きなジョロウグモ（学名：Nephila clavipes）だ。その糸が太陽の光を浴びると金色に見えることから、英語では「金色の円網グモ（golden orb-web spider）」と呼ばれている。ジョロウグモは獲物の「備蓄」をする。野生では、クモは獲物を多く失うほど長い間探索する。「つまり、クモは自分がためた獲物の備蓄の大きさを記憶しており、備蓄食料が盗まれたときは、その記憶をもとに回収の取り組みを調整する……ジョロウグモは主に、労働寄生するイソウロウグモに獲物を盗られる」[28]。ただし、探索の時間は、獲物の個体数ではなく、獲物の総「質量」に左右されているのかもしれない。これは、ここまでの章で繰り返し遭遇してきた方法論の問題である。動物が追跡しているのは量なのか数なのか？　ハンク・デイヴィスと同僚のラシェル・ペルスは、動物の数の認識に関する主要な調査において、動物は「数」を「最後の手段」としてしか使わない、という説を唱えている。[29]彼らはこの調査でクモを考察してはいないが、その説はクモにも当てはまるのだろうか？

ロドリゲスと同僚たちは、クモが巣のネバネバした螺旋《らせん》の上に獲物――ここではゴミムシダマシの幼虫――を落として、それを備蓄できるようにした。クモがそれぞれの獲物に通常の餌捕獲行動――餌を見つけ、ネバネバした螺旋から引き出し、中央部に連れていき、糸でぐるぐる巻きにして中央部に固定し、30秒ほどかけて食べる態勢に入る――ができるようにした。

「数」の試験では、クモは1匹、2匹、もしくは4匹の小さな獲物の「備蓄」をしたが、その後、備蓄をすべて取り除かれ、探索の時間を記録された。質量の試験では、クモは1匹の獲物――小さいもの、中くらいのもの（＝2匹の小さな獲物と同じ質量）、もしくは大きいもの（＝4匹の小さな獲物と同じ質量）――を備蓄したが、その後、備蓄を取り除かれた。

探索時間は獲物の数に大きく左右されるが、獲物の質量にはそれほど左右されないことがわかった。クモは当然ながら備蓄した獲物の質量にも数にも興味を持っているが、数のほうにより強い関心を示す。

ロドリゲスと同僚たちは、ジョロウグモがアキュムレータ・システムを使って獲物の数を1匹ずつ数えているのではないか、と推測している。クモはそれぞれの獲物を1本の糸で巣の中心部に結びつけ、一度に1匹ずつ食べたからだ。

では、ハエトリグモに話を戻そう。ハエトリグモの生態の伝説的な記録者と言えば、ニュージーランドのカンタベリー大学のロバート・レイ・ジャクソンだ。ロバートは、アメリカの自然史誌『ナチュラル・ヒストリー』がクモの研究をテーマに特集号を出した際に、前書きを求められ、次のように記している。

「ハエトリグモは私のお気に入りのクモだ。その行動によって、『クモは何も考えず本能のまま動いているだけだ』という社会通念を覆《くつがえ》してくれるからだ。究極のハエトリグモは『ポーシャ』という熱帯に住む何でも屋のクモだ。ポーシャは獲物をつかまえるために、巣を張ることもできるが、巣がなくても狩りをする。たびたびほかのクモが張った巣に侵入しては、そのクモをつかまえるのだ。このとんでもない奇襲は、ポーシャの問題解決能力を証明している。たとえば、クモの巣の中には、ポーシャがいちばん高いところから入りたがる巣がある。通りすがりに下からそうした巣を見つけると、ポーシャはあたりを見回して、植物を使ってわざわざ遠回りし、巣より高い場所に移動する。そのせいで獲物から遠ざかり、しばらく見失うという危険を冒してもだ。ひとたび巣に侵入すると、ポーシャは振動信号を使って獲物がかかったかのように巣の主をだまし、上手に操る。たいてい試行錯誤しながら振動を変えたり組み合わせたりして、ゆっくり獲物をおびき寄せてから襲う。

［巣で暮らす］クモにとって、ポーシャを超える悪夢もないだろう。哺乳類並みの狡猾さで狩りを行い、優れた視力を持ち、ハエトリグモを含むクモの肉を何より好むというのだから[30]」

ポーシャ・アフリカーナ（学名：Portia africana）はその名が示す通り、ほかのクモを捕食するアフリカのクモだ。ジャクソンが記したように、ポーシャはとても目がよくて、いったん獲物がいる光景を見ると回り道を始め、その間は獲物を見失うのだが、のちに襲いかかる。これをうまくやり遂げるためには、ポーシャはどんな獲物がどこにいるかを覚えておかなくてはならない。だが、ポーシャは獲物の数を覚えているのだろうか？　これはジャクソンと同僚のフィオナ・クロスが、巧妙な実験で投げかけた問いだった[31]。

彼らは2つの塔を持つ装置をつくった。一方は出発点となる塔で、そこにポーシャを入れた。ポーシャはそこから獲物がいる光景を見ることができる。するとクモはその後、自然な行動を取った。つまり、遠回りして別の場所へ行き、そこから獲物を襲ったのだ。この装置はクモが最終的に見晴らし台（2つ目の塔）の頂上に到達し、そこから改めて獲物を見て攻撃できるつくりになっている。ただし、ここがこの実験の賢いところだが、最初と同じ光景と、違う光景を提示した。違う光景が提示された場合、クモはそれに気づいて、たとえば攻撃を遅らせるなど、行動に影響を受けるのだろうか？

この方法を用いることで、実験者は対象の特性を操作できるので、クモが記憶した光景と新しい光景の違いに気づいたかどうかを、攻撃するまでにかかる時間で判断できる。では、その光景の獲物の数は同じでも、獲物の大きさが倍になっていたら、被験者のクモは攻撃を遅らせるのか？　答えはノーだ。では、獲物の数は同じだが、配置が変わっていたら、攻撃を遅らせるのか？　やはり答えはノーだ。では、その光景の獲物の数が変わっていたら？　1匹の獲物が2匹になったときや、2匹の獲物が1匹になったとき、答えはイエス。つまり、クモは攻撃を遅らせる。また、1匹が3匹になった場合や、3匹が1匹になった場合も、1匹が4匹になった場合や、4匹が1匹になった場合も、やはりイエスだ。同じように、2匹が3匹になったときも、2匹が4匹になったときも、2匹が6匹になったときもイエスだが、3匹が4匹になった場合や、3匹が6匹になった場合、答えはノーだった。つまり、小さな数の場合や、差分の比率が十分に大きい場合は、クモは獲物の正確な数を記憶し、その記憶と新しい光景を比較できる。すなわち、ポーシャは私たちと同じように、小さな数――今回は、3という上限があるようだ――については、視覚による計数システムを備えていることがわかる。そして、4以上のより大きな数については、2つの「数」の差分の比率が十分に大きい場合に限って、そのシステムを使える。つまり、大きめの数には「ウェーバーの法則」が働いている。

ポーシャ・アフリカーナという種の場合、小さな子どものクモ（全長2・5ミリ）も別の種のクモを狩るが、彼らは「共同捕食」を行う。子どものクモは、獲物がいる巣を探しに出かけると、巣の上にほかのクモが何匹入り込んでいるかに目を向ける。そして、別のポーシャが0匹でも2匹でも3匹でもなく、1匹いる巣を好むことが判明している。[32] この素晴らしい調査を行ったカンタベリー大学のシメナ・ネルソンとロバート・ジャクソンは、「数は、ポーシャが巣に入り込むかどうかを決定する際の重要なきっかけになるようだ」と考えているが、さらに次のように述べている。

「ポーシャの決定が真の計数に近いものに基づいている、と提唱する根拠はない。［なぜなら］真の計数とは、数を、たとえ集合内の物体の個性が変わっても変わらない特性として認識していることが基本だが、私たちが調べた数的能力の表現は、かなり特殊な性質を持つ物体（つまり、すでに［獲物の］巣に入り込んでいるほかのポーシャ）と密接に結びついているように思われるからだ[32]」

ここまでの章で主張してきたように、種による違いは数を数える能力にではなく、数えられる物の範囲と、どこまで大きな数を数えられるかにある。だから、その観点で見ると、この子グモたちは、確かに大きな数ではないが数を数えてはいる。だが、数えられるのは、ほかのクモの巣にいるほかのポーシャか糸でぐるぐる巻きにされた獲物の包みに限られる。そのポーシャが、2匹のほかのポーシャと2匹の獲物を同じように認識していたのかどうかは、誰も調べていない。しかし、心に留めておいてほしい。野生では、クモは毎回異なるポーシャを数え、さまざまな巣にさまざまな配置で存在するさまざまな獲物の包みを数えていることを。そしてもちろん、クモがほかの物も数えられる可能性だってあるが、まだ誰も調べていないだけだ。

昆虫の脳は、これまで強調してきたように、とてもとても小さい。問題は、100万個以下のニューロンしかない脳が、本当に数を数えられるのか、である。昆虫はアキュムレータ・システムを使えるのだろうか？　生物学者のヴェラ・ヴァサスとラース・チットカは、「ニューロン」が4つしかない小さなハチの脳のモデルをつくった。1つしか仕事をしない単純なメカニズムを。[33]

さて、ハチは連続的に（1つずつ）数を数える。刺激、たとえば花びらの上を這いまわり、花びらの集合の「数」を確認する。[34] ヴァサスとチットカによるハチの計数のコンピューターモデルは、セレクターに相当する「明るさニューロン」から始まる。これは、ハチがディスプレイ上で進むときに、ただ明るさの変化に気づくニューロンで、すでに説明した研究所での実験で、ハチが使っている方法だ。ハチが暗い場所から明るい場所に出るとき、「アキュムレータ・ニューロン」が数えるのがこの変化だ。そして、長期間にわたって明るさの変化にまつわる情報を蓄積するのが「作業記憶ニューロン」だ。そして、「評価ニューロン」が数えた「数」を確認する。ハチの計数をモデル化するのに必要なのは、4つの仮想ニューロンだけなのだ。[33]

イカの数感覚は人間の子どもと同程度？

頭足動物のコウイカは、かなり大きな脳をしているが、その大きさは正確にはわからない。理にかなった推測をするのが極めて難しいのだ。神経系が触手にまで広がり、中枢神経系から独立して働いているので、同じく頭足動物であるタコもそうだが、どこからどこまでが脳なのか明確ではないからだ。実際、タコの場合、ニューロンの大半は腕にあり、その合計数は中央脳のニューロンのほぼ2倍にのぼる。イスラエルの科学者ビニャミン・ホフナーは、次のように述べている。

「現代の頭足動物の体重あたりの神経系の大きさは、脊椎動物の神経系と同じくらいだ。鳥や哺乳類よりは小さいが、魚や爬虫類よりは大きい。神経の処理にさらに関係の深い変数であるニューロンの総数で比べると、タコの神経系には約5億個の神経細胞があり、ほかの軟体動物よりも4桁以上多い（たとえば、カタツムリのニューロンの数は1万個くらいだ）[35]」

頭足動物の認知能力を調べる研究はアリストテレスの時代からあるが、アリストテレスは著書『動物誌』（岩波書店）にこう記している。「タコは愚かな生き物だ。人が手を水中に沈めると、近寄ってくる」。だから、つかまって食べられるのだ、と。一方、コウイカ（コウイカ属のイカ）は賢いと考えていた。「軟体動物の中で、コウイカは最も狡猾で、恐怖を感じたときだけでなく、身を隠したいときにも黒い液体を使う唯一の種だ。タコやヤリイカは、恐怖からしか液体を放出しない」

しかし、最近の研究によると、実はタコを含む頭足動物はとても賢くて、多くの課題を学べるし、意識すら持っている可能性があるという。私が本書を執筆している時点で知る限り、頭足動物の数的能力の調査はこれまでに1件しかなく、それはコウイカを対象にしたものだ。その調査を行ったのは、台湾の科学者チュワン・チン・チャオと同僚のツァン・イ・ヤンである。[36]

彼らが調べたのは、子どものコウイカ（学名：Sepia pharaonis）が、生きたエビを使った二者択一の強制選択課題（1匹対2匹、2匹対3匹、3匹対4匹、4匹対5匹）で、数量の大きいほうを選ぶかどうかだった。コウイカは積極的にエビを捕食し、エビを見ると、2本の触手をすばやく伸ばしてつかまえた。その際、「4匹対5匹」を含むすべての識別に成功した。これは一部のサルを含む多くの種の限界を超えている（第4章を参照）。注目してほしいのは、2つの「数」の差分の比率が小さくなるにつれて、反応時間が増したように見えたことだ。「ウェーバーの法則」再びである。ただしこの研究論文には、系統的影響を示すような統計的仮説検定［訳注：ある仮説の正しさを統計学的に検証する推計統計学の手法］の記録がないことを申し添えておく必要があるだろう。ヤンとチャオは、こう結論づけている。「コウイカが『1匹対5匹』および『4匹対5匹』の識別に成功したという私たちの発見は、次のことを示している。コウイカが数感覚については人間の幼児や霊長類と少なくとも同等であること、また、コウイカは数を識別する際に、おそらくアナログ・マグニチュード・メカニズムで数を認識していること、そして、数のシステムの連続性に基づいて識別している可能性があることだ」[36]

ちなみに、コウイカについては非常に興味深い事実がある。それは、彼らの数的選択が空腹かどうかに左右されることだ。選択肢が生きた1匹の大きなエビと2匹の小さなエビの場合、コウイカは空腹のときは大きな1匹のエビを選んだが、満腹のときは2匹の小さなエビを選んだ。

コウイカは明らかに、魚を扱った第8章に登場したグッピーのように行動してはいないようだ。グッピーは4以下の数の比較では、差分の比率の影響を示さなかった。その影響が見られるのは4より大きな数のときだけなので、数の推定には少なくとも2つのシステム——小さな数を認知するための〝オブジェクト・ファイル〟システム［訳注：数の大小を〝オブジェクト・ファイル〟として表現する認知機構。例えば、3つのリンゴを見ると心の中に3つのオブジェクト・ファイルが生じ、それによって「3」という個数を認識する」と、大きな数の（アナログ・マグニチュード）システム［訳注：数の大小を連続的な数量として表現する認知機構］――がある、と提唱する根拠になっている。第1～2章で述べたように、その動物の「ウェーバー比」が0・25以下の場合は、1～4の範囲内でのあらゆる「数」の比較は（たとえば、「2対4」の比は0・5だし、「3対4」でも最大ウェーバー比と同じ0・25なので）差分の比率の影響は見られない。どの比較も等しく簡単だからだ。つまり、小さな数に対する特別なメカニズムは、少なくとも人間には必要ないということ（第2章を参照）。今のところ、コウイカのウェーバー比については、よくわかっていない。これがコウイカの数的能力に関する唯一の調査であり、1種類の調査しか行われていないからだ。たとえば、コウイカが適切な管理のもとで「見本合わせ」をした場合や、食べ物以外の物で調査した場合に、どのように対応するのかはわからない。今のような連続性は見られるのか、「4対5」の限界はあるのか？　それを知るのは、とても興味深いことに思われる。

シャコは経路積分で巣穴に隠れる

シャコ（学名：Neogonodactylus oerstedii）は英語で「mantis shrimp（カマキリエビ）」と呼ばれるが、まず言いたいのは、実はエビではないことだ。一般的なエビと違って、シャコは眼柄《がんぺい》の先に、途方もなく複雑な目を持っている。そして、猛禽類のような迫力のある身体（獲物をつかまえるのに適した前脚。ゆえに「カマキリ」と呼ばれる）を使って、獲物を攻撃し、突き刺したり気絶させたりバラバラにしたりして命を奪う。一部の種は、石灰化した特殊な「棍棒」を持っており、大きな力で殴ることもできる。シャコについては総体的にあまり解明されていないが、謎に満ちたその生活の重要な一部が、最近、メリーランド大学のリケッシュ・パテルとトーマス・クローニンによって明らかにされた。[37]

シャコは巣穴を出て餌を探したり交尾の相手を見つけたりすると、捕食されないようにすぐさま巣穴に戻る。その旅は4メートルほどらしく、全長3〜5センチ程度の動物にとってはかなりの距離だが、アリやハチに比べると大した距離ではない。では、シャコは餌までの経路をどのように割り出し、帰り道をどのように見つけるのだろう？　パテルとクローニンによると、この小さな無脊椎動物は、第6章で扱った鳥や、この章に登場したハチやアリのように経路積分を使っているという。

その証明は、的確で見事だ。彼らはシャコをつくりものの巣穴を設けた実験アリーナに入れたので、シャコの視野を操作できた。たとえば、板を使って太陽を隠したり、鏡を使って太陽の位置を動かしたりできた。太陽を隠されても、巣穴に戻る経路は正しかったので、シャコがほかの手がかりを使えることがわかる。ただし、鏡を使って太陽の位置を逆にすると、シャコは太陽に従って逆の方向へ向かった。人工的な「空」で偏光パターンを回転させたときにも、よく似た結果が得られた。シャコはまず、太陽を使おうとする。でも、太陽が使えなければ偏光パターンを使い、それも使えないときは、体内で生み出した手がかりなど、あらゆるものを使う。そのどれも役に立たない場合は、優れた目に映るランドマークを使う。[37]

シャコの脳の組織は、昆虫の脳に驚くほどよく似ているので、帰巣経路の計算方法もよく似ているのかもしれない。

カタツムリはチンパンジー並みに数に敏感

カタツムリの計数能力を調べるには、大変な創造力と忍耐力が必要だ。パドヴァ大学の2人の科学者は、地中海の砂丘カタツムリ、マジョルカマイマイ（学名：Theba pisana）を調べたときに、それらを遺憾なく発揮した。

「マジョルカマイマイは、草木がまばらにしか生えず、日中の地温が自らの熱耐性をはるかに超えるような過酷な環境で暮らしている。晴天の日には、砂の温度が種の限界を大きく超える75度に達することもあるので、生き延びるために、夜が明けるたびに希少な背の高い草を見つけて登り、日中は高台の避難場所で過ごさなくてはならない[38]」

アンジェロ・ビサザとエリア・ガットは、カタツムリが避難場所を選べるなら、より大きいほうを好むと推定し、選択肢を識別する能力の試験に乗り出した。

この実験では、避難場所はさまざまな間隔で設置された垂直棒として提示された。選択肢の難易度は、ごく簡単な「4本対1本」から非常に難しい「5本対4本」、さらには最高に難しく、本書に登場する動物の大半が対処できない「6本対5本」にまで及んだ。カタツムリが垂直棒の総面積を使って判断しているか否かを調べるために、2つ目の実験では、先ほどと同じ比率で2つの黒い正方形のどちらか一方を選択する能力を調べた。この2つ目の実験では、カタツムリは最も簡単な比率にしか対処できなかった。ほかにもさまざまな対照実験が別個に行われた。ビサザとガットは、こう結論づけている。分離量〔訳注：個数や人数など整数で表せるもの〕をカタツムリより正確に識別できる生物は、（チンパンジー、アカゲザル、ハトなど）霊長類といくつかの脊椎動物だけのように思われ、数的な鋭敏さについても、ほかの多くの種ははるかに低い成績を示している（たとえば、セアカサンショウウオもウマもエンゼルフィッシュも、「2対3」までしか識別できなかった）。つまり、このカタツムリはちっぽけな脳しか持たないのに、数への敏感度でいえばチャンピオンだと言えそうだ。脳のニューロンの数はおそらく、本書で紹介した動物の中で最少の1万～2万個なのだが。

では、無脊椎動物は数を数えられるか？

今説明している生物の中で群を抜いて大きな脳を持つコウイカは、最も研究されていない生物の1つだ。これまでに判明していることを言うなら、コウイカはエビの「数」を最大5匹まで識別できる。5より大きな数の能力については、何もわかっていない。「見本合わせ」の試験は行われておらず、「数」の比較試験をしたにすぎない。また、計数の結果が——それが本当に計数だったとしても——計算に至るのかどうかも確認されていない。

クモもほとんど調査されていないが、クモは巣にいる獲物の数を少なくとも最大4匹までは覚えていられる。だからこの能力は、野生では「備蓄食料」をほかの労働寄生するクモに盗られたときに活用されているのだろう。クモの計数の使い道については、数えられる対象も、数えたいと思う対象もかなり限られている。クモは数えた数を使って計算できるのだろうか？　それはまだわからない。

アリの数的能力の調査も比較的少ない。アリは抽象的な図形の数で見本合わせができるようだし、ある数に1を足すこともできるようだ。この能力が野生でどのように使われているのかはわからない。わかっているのは、サバクアリの一種が自分の歩数を何千歩も数えて、巣と食物源との距離を計算することだ。つまり、アリは計数の結果を計算に使えるし、実際に使っている。

ハチはおそらく最も興味深い生き物だ。人間を除くと、動物王国で数的情報を記号的に伝えられるのはハチだけだからだ。彼らは尻振りダンスをして、巣から食物源までの距離を伝える。そのためには距離を計算しているはずだが、その方法の1つは、ランドマークを数えることだ。巣から食物源へ行き、また戻ってくるルートを考えるという偉業には計算が必要だが、基本的にそれは数値計算に違いない。鳥のナビゲーションの話をしたときのように、今回もグーグルマップにたとえてみよう。グーグルマップの地図は数字の列として保存されており、方向は、そうした数字を計算した結果である。それが現在地を教えてくれるから、ハチは巣に戻る「最短コース」（帰巣ベクトル）を計算できる。こうした計算には方向や距離の誤差がつきものだが、たいていハチを巣のそばまで連れて帰れる程度には正確だ。きっと視覚的なランドマークや巣のにおいも、正確に巣に戻るのには必要だろう。グーグルマップに、レストランやガソリンスタンドといったランドマークの情報や、ストリートビューも提示するよう求めると、極めて詳細な情報が返ってくる。問題は、ハチが脳内に地図を備えているか否かではなく、それがどの程度詳細で完全な地図なのかだ、と私は思う。その地図には、食物源（レストラン）に戻るための重要なベクトルと、巣の入口のようないくつかの重要なランドマーク（厳選されたストリートビュー）、さらには最短ルートで巣に戻るために記憶された計算だけが、保存されているのだろうか？

被験者のハチたちは、小さな「数」の見本合わせもできるし、そうしろという合図と共に提示されれば、1を足したり引いたりすることも学べる。

第1章で説明した単純なアキュムレータ・メカニズムがあれば、こうした課題をこなせる。思い出してほしいのは、アキュムレータには3つの要素――アキュムレータ自体、各アキュムレータの最終的な計数を保存する記憶装置、数える物や出来事を認証するセレクター――があること。アキュムレータは連続量からのインプットも保存できるが、記憶装置へのアウトプットは、頻度や確率を計算するためには、個々の物体や出来事を数えた値との「共通通貨」の形でなくてはならない。種による大きな違いは、すでに述べたように、計数のメカニズム自体にではなく、何を数えられるかにある。

シャコも太陽の方位角や、曇りの日には太陽の偏光パターンのような外部の手がかりを用いて方向を知り、巣穴に戻る最短コースを計算している。

何を数えられるかは、それぞれの種にとって何が重要であるかによるが、食物、セックス、死にまつわるものである可能性が高い。その生物が空腹なら、食物が優先されるだろう。繁殖期ならセックスが、ライバルや捕食者と衝突したときは死の回避が、考慮すべきほかの事柄に勝るだろう。たとえば砂丘のカタツムリなら、焼けつくように熱い砂から逃れることを最優先する。

餌を探すハチやアリにとっての重要事項は、餌への距離と方向である（働きバチも働きアリも不妊のメスなので、セックスは重要ではないし、彼女らはコロニーのために自分を犠牲にするのをいとわないだろうから、死の回避も個体の優先事項ではなさそうだ)。オスのカブトムシの場合、アキュムレータはライバルのオスの数を数える。つまり、セックスと繁殖が優先事項だ。セミの場合、アキュムレータが数えるのは樹液の季節的な変化だから、優先事項はセックスだ。交尾をするには、オスとメスが同時に地上に出なくてはならないからだ。だが、これは死の回避でもある。素数周期を使うことで、周期的に生まれる捕食動物を回避できる確率が高まるのだ。コウイカのセックスや死にまつわる計数について、私たちは何も知らない。知っているのは食物に関してだけだ。ハチをはじめとした無脊椎動物の脳で、計数がどのように行われているのかは、まだ解明されていない。

では、脳は大きいほど優れているのだろうか? すでにお話ししたように、計数に関してはそうではない。アキュムレータは最小の脳にも組み込めるちっぽけなシステムなので、アリやカタツムリでも数を数えることはできる。ただし大きめの脳は、さまざまなものを数えられるが、これはセレクターの機能である。

第10章　あらゆる生きものは数をかぞえる

ほとんどの人は計数と言えば、「意図的で、目的があって、意識的な、たいていの場合、数詞を伴うプロセス」を思い浮かべるだろう。この定義は、ほぼすべての動物研究を無視している。動物は、オウムのアレックスを除けば数詞を持たないし（第6章を参照）、言葉で報告してくれないので、その数的評価が意図的なものなのか、世界を色つきで見るたぐいの自動的なものなのか、判別しづらい。明確な目的があるのかないのかも、また難しい問題である。小さな魚が群れを成したり、数で負けている動物が逃げ出したりするのは、確かに環境への適応行動だが、魚は目的を持ってそうしているのだろうか？人間以外の動物に意識があるのかないのかは、さらに難しい問題である。人は、霊長類やペットやおそらく鳥に意識があると考えるのには前向きでも、昆虫や魚となると抵抗を覚えるかもしれない。

では、数詞を使う人間の数え方はひとまず脇に置いて、ほかの生き物が環境からどのように数的情報を引き出し、宇宙の言語を理解しているのかに目を向けてみよう。少なくとも、集合とその大きさにまつわる、ささやかながら基本的な宇宙の方言を、彼らはどのように理解しているのだろう。すでに述べたように、宇宙の言語を理解することは、食物、繁殖、競争、ナビゲーションといった点で、環境への適応を助ける。

計数の進化に関する私たちの調査は、第1章で述べた2つの指針に基づいている。私はガリステルの提案に従って、動物や人間が脳内で本当に数を認識できているかどうかを判断した。[1] ガリステルは2つの基準を設けているが、そのうちの1つは「その動物は、ある集合に含まれる要素の『数』を、その集合を構成する要素そのものの性質とは独立した概念として認識しているか？」である。

ガリステルと私、そして数えきれないほどの哲学者にとって、「数」は集合の抽象的な特性だ。哲学者のマーカス・ジャキントは、「数《ニューメロシティ》」を明確に「集合の大きさ」と見なしているから、3つのりんごの集合も、3回のチャイムの音の集合も、3度のキスの集合も、互いに共通点はなくても集合の大きさは同じである。[2] これまで話してきたように、先駆者であるオットー・ケーラーに続く実験者たちは、動物が数以外の手段で課題を解くことがないよう努めてきた。つまり、集合を構成する物体のほかの視覚的特性（各物体の体積や面積）、もしくは、多くの動物にとっては重要な「におい」を使って解くことができないように。たとえ自然環境では通常、「数」とほかの大きさは同時に増すものだとしても。食物の数が増えれば、食物の量も、時にはにおいも増すだろう。また、実験の中には、連続的に提示される物――たとえば、カゴに投げ込まれていく物や、覆いの後ろに消える物――を把握しておくよう求めるものもある。その場合は、物の数を記憶しておかなくてはならない。とくに巧みな実験においては、ケーラーが鳥の実験で行ったように、連続的に提示された物の集合を、一度にまとめて提示された物の「数」と合わせなくてはならない。[3]

　人間がどんなものでも上手に数えられるからといって、人間以外の動物も、どんな物・出来事・動作でも数えられるわけではないし、視覚・聴覚・動作といった様相の違いを越えて数合わせができるわけでもない。動物が自発的に数えるのは、生存や繁殖に欠かせないものに限定される傾向がある。つまり、1〜数種類の物しか数えられないからといって、「動物は数を数えられない」と除外すべきではない。数えられる物の特性を、やはり抽出しているのだから。花びらの数を数えるハチは、特定の場所や環境の中で咲く特定の花を抽出している。さらに、私が本書で紹介する動物たちは、（たとえば、並んだ点のような）自然界にない物や、レバー押しのような野生では絶対にする必要のない動作を数えることだって学べる。ただし、たいてい苦労して長い訓練を積んだ成果なのだが。

　野生では、集合内の物を数えられるだけでは不十分だ。数えた結果を使って、何か役に立つことができなくてはならない。動物は、計算ができなくてはならないのだ。つまり、ガリステルが「組み合わせ演算」と呼んでいる、「記数法を定義している算術演算に相当すること（=、<、>、+、−、×、÷）」ができなくてはならない。

　ほとんどの動物実験は、すでにお話ししたように、「動物は集合の大きさを認識できる」と証明しようとしている。その際、たいていの場合、暗に3つの算術演算が使われる。動物は、2つの集合のどちらが数的に大きいか（ごく稀に、小さいか）を判断する課題を与えられる。このときに暗に使われる演算は、「<」か「>」だ。もう1つのパラダイムである「見本合わせ」では、動物は見本と等しい集合を見つけるよう求められる。つまり「=」である。研究所で、それ以外の算術演算の試験が行われることはめったにない。

人間もほかの動物も持つアキュムレータ

私は本書で、人間も調査されたほかの生き物も脳内にアキュムレータ・メカニズムを持っている、と主張してきた。これは小さなメカニズムなので、ローズがトゥンガラガエルの例で明らかにしたように、多くの脳細胞を必要としないし（P234〜235を参照）、チットカがハチの例で証明したように、モデル化するのに4つの要素しか要らない（P307を参照）。小さくて効率がよく、どれも同じ設計なので、脳にいくつも備えることができる。たとえば、ハチの脳には、巣から食物源までの距離を推定するのに役立つランドマークに対応するアキュムレータもあれば、最も好ましい食物源に向かえるよう花びらの計数に対応するアキュムレータもありそうだ。

アキュムレータの最初の提唱者であるウォーレン・メック、ラッセル・チャーチ、ジョン・ギボンによると、アキュムレータは2つの「モード」で稼動できる。1つは物体や出来事を数えるモードで、もう1つは持続時間を測定するモードだ。2つのアキュムレータがあれば、1つは「数」に、もう1つは持続時間の測定に専念できる。その場合、2つのアキュムレータは、頻度や確率を計算するために（持続時間÷「数」）、共通言語でコミュニケーションを取る必要がある。

多数のアキュムレータがあれば、動物の数の観念に欠かせない抽象性は限定されるが、完全になくなるわけではない。ミツバチの場合なら、たとえば、ランドマークの各集合にはさまざまな物が含まれているし、それぞれの花も、咲いている場所や環境を含め、どこかしらユニークなはずだ。

　アキュムレータ・システムの中で、より多くの脳細胞と経験を必要とする要素は、数えるべき物体や出来事を判断する「セレクター」だ。第1章では、ヒツジの数とヤギの数を比較する課題を想定したが、これは——少なくとも私にとっては——結構な難題である。どちらも四つ足の毛で覆われた草を食《は》む動物で、同じくらいの大きさで、時には同じ野原にいる上に、どちらにも多くの種がいるからだ。セレクターがヒツジとヤギを別の集合に振り分けるためには、両者についてかなり多くのことを知っていなくてはならないが、この知識は、脳のエネルギーを相当消費する。

　完全に人間式の計数の場合、セレクターは、まずりんごとチャイムとキスを認証し、それから3つのりんご、3回のチャイム、もしくは3度のキスが単独のアキュムレータか、おそらくは連係した複数のアキュムレータに必ず転送されるようにしなくてはならない。複数のアキュムレータがあれば、少なくともりんごとチャイムとキスの「数」を評価したり比較したりできる。

　脳内のアキュムレータ・メカニズムは、物体の数や経験した出来事の数が増えれば、反応も大きくなる。こうしたメカニズムが存在する証拠は、すでに説明したように、人間[4]やサル[5]やネコ[6]の頭頂葉皮質でいくつか観察されている。

　人間の「数」の処理のモデルには通常、アキュムレータの要素が含まれている。[7]私の教え子だったマルコ・ゾルジは現在、ヨーロッパ屈指の独創的な数の研究所のリーダーを務めているが、私は彼と共に数的処理のニューラルネットワーク・モデル［訳注：人間の脳の神経のつながりを模して、脳が情報を処理する方法を単純化したモデル］を提案した。私たちはそのモデルを使って、脳のシステムがアキュムレータを

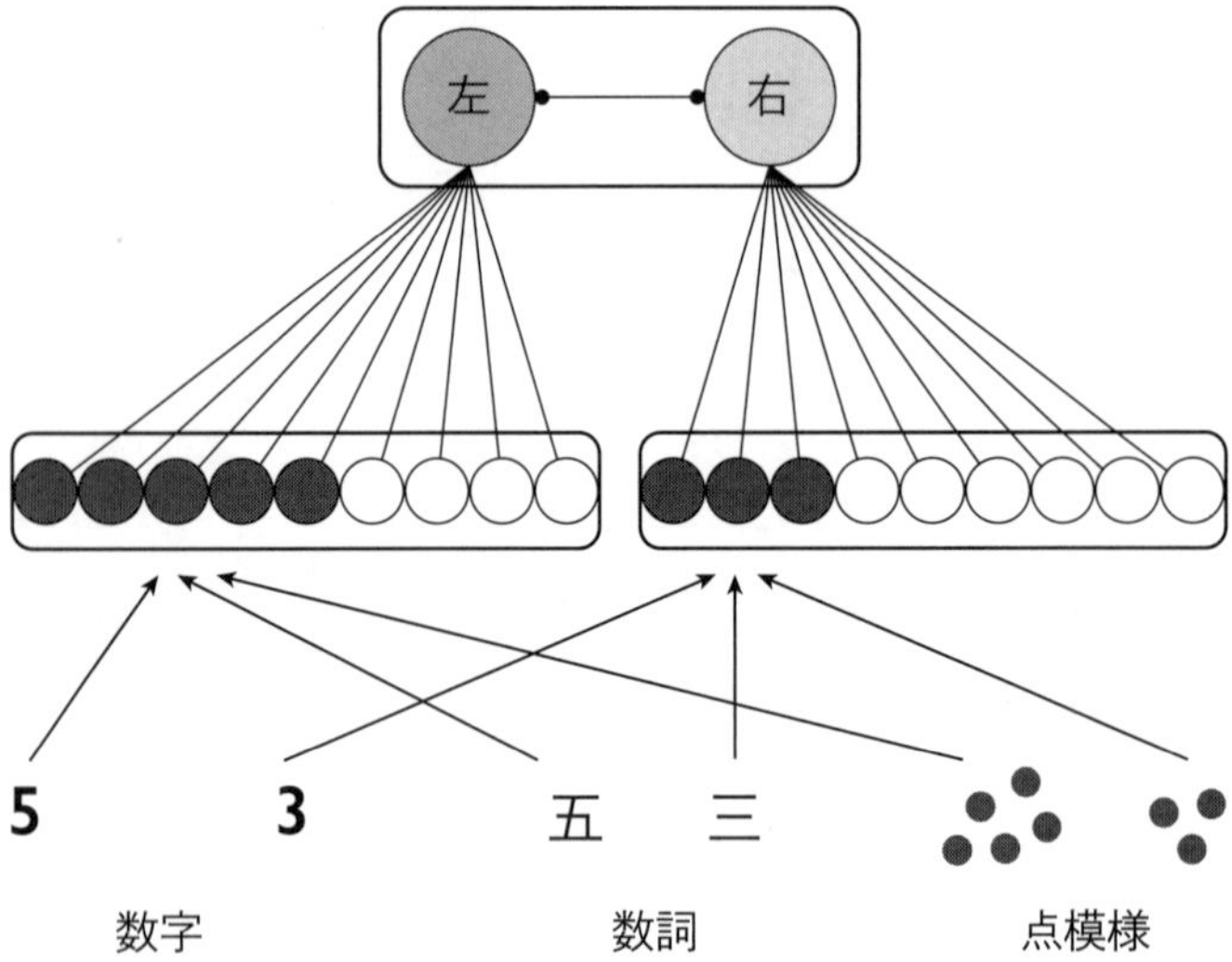

図１　数の比較の基本モデル。この「『数』コード」は数の大きさを、活性化された内部ユニット［訳注：図中の●。活性化されていないものは○で表されている］の数としてそのまま表現している。つまり、この内部ユニットがアキュムレータの機能を果たしているということだ。この仕組みにおいては、考えられる２種類の選択肢（左を取るか右かを取るか）が脳内で比較され、競合的相互作用（側方抑制［訳注：特定の感覚刺激に反応したニューロンが、その刺激への反応が弱いほかのニューロンを抑制する現象］）によって勝ち残った選択肢の方が選ばれる。また、このモデルは、数字、数詞、または点の数を比べる課題における反応時間のデータの説明に用いられる[8]。

「祖先から受け継いだ」という考えを検証した。私たちの調査、およびゾルジがパドヴァ大学のカルロ・ウミルタやイヴィリン・ストヤノフと共に行った後続研究では、このアプローチで、「数」の比較、記号的計算、数に関するプライミング［訳注：事前に何らかの認知的刺激を与えた上で行う課題］といった課題を人間に与えた場合の、回答の正確さや反応時間を非常に正確にモデル化することができた[8]。一方、これとよく似ているけれど祖先から受け継いだ要素を考慮していないモデルは、人間に関するデータをうまく説明できなかった。

図１は、ゾルジとストヤノフと

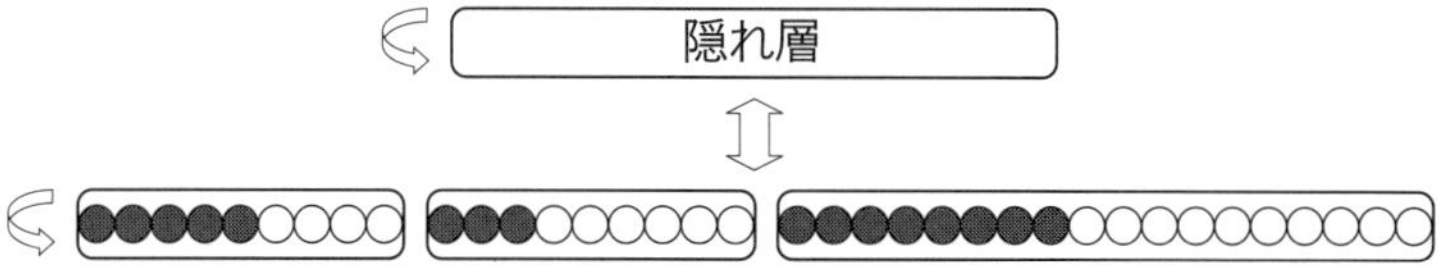

図2　連想記憶ネットワークにおける足し算の学習。このモデルにおいて、5と3と8という数字は、「数」のノードと解釈される。システムは5と3と8の関係を、「5＋3＝8」というおなじみの正しい状態が定着するまで周期的に繰り返す[8]。
［訳注：隠れ層とは、人工ニューロンが入力層から情報を受け継ぎ、さまざまな計算を行う中間層］

ウミルタが論文で詳しく説明している、私たちのモデルの略図である。

このモデルは、単純なアキュムレータ型のメカニズムを具体化したものだ。たとえば、点模様がいくつか描いてある絵の中から点を1つ数えるたびに、この装置に1単位が加えられる。活性化している内部ユニット［訳注：図中の●。活性化していないものは○で表されている］が5個や3個といった異なる値であるのは、それぞれのアキュムレータが表している「数」の相対的な差を表している。5個と3個を単純合算すれば8個となる。このモデルでは、ブレ、すなわち「スカラー変動性」が明確には考慮されていないので、アキュムレータにおける加算の仕組みをより正確に表すには、このモデルにブレを導入する必要がある。そこで、このモデルには、数の表現［訳注：アキュムレータの中身の量］ではなく意思決定のプロセスにブレが組み込まれている。

また、このモデルを使って、以前収集した1桁の足し算の反応時間のデータもモデル化した。

図2のモデルは、「1+1」〜「9+9」までのあらゆる1桁の足し算における、人間の反応時間の確立されたデータを、かなり正確にモデル化できていると判明している。たとえば、「問題サイズ効果」（合計が大きくなるほど、答えるのに時間がかかること）や、「同数効果」（合計数が同じで

も、同じ数同士を足す場合は反応時間が短くなること。たとえば、「3＋3」は「4＋2」よりも速くできる）を反映できている。

ゾルジと私は、その後もドロミーティの彼の家で1週間にわたって、このモデルの精密版に嬉々として取り組んだ。自分たちやほかの人たちが過去に収集した人間のデータと適合するよう改良を加え、アキュムレータ型の「数」符号化器《コード》がないモデルは、人間のデータと適合しないことを証明した。だが、その研究論文は悲しいかな、いまだに私たちのパソコンの中に放置されている。まあ、いずれは日の目を見る日が来るだろう。

マカクザルの脳内には、アキュムレータのようにふるまわないニューロンもある。そうしたニューロンはむしろ、特定の「数」に最大限に反応する。つまり、5つのものに最大限に反応し、4つや6つのものにはそれほど強く反応しないニューロンがあるのだ。こうしたニューロンを最初に確認したのは、現在テュービンゲン大学にいるアンドレアス・ニーダーで、彼がマサチューセッツ工科大学のアール・ミラーの研究所にいた頃の発見だった。ニーダーはサルの前頭葉と頭頂葉皮質にこのニューロンを発見したが、それは人間の頭頂葉皮質のニューロンと同じ場所にあった。[9]

AIや機械学習モデルによく似たコンピューターモデルでは、（「加算」フィールドと呼ばれる）アキュムレータのレイヤー（層）が提唱されている。このレイヤーからは、ニーダーのナンバー・ニューロンに似たふるまいをする素子を持つ別のレイヤーへ信号が伝播される。[10]これとよく似た別のアプローチは、アキュムレータに記憶された数量に目盛をつけ、その数量と数詞を結びつけるものだ。[11]

ゾルジとストヤノフとウミルタは、自分たちのモデルを使って後天性の算数障害――脳損傷によって成人の算数能力に生じた障害――を調べた。このモデルは「数」コードと記号コードを含んでおり、ニューラルネットワークは（5つの点の列に3つの点の列を足せば8つの点の列が生まれる、といった）「数」コード間のつながりを学習した。また、5と3と8という記号間のつながりも学んだ。訓練されたニューラルネットワークは、2つの数を足す課題においては98パーセントの確率で正しい合計を出し、「問題サイズ効果」を示した。その後、訓練されたニューラルネットワークにおいて、「数」コード間や記号コード間のつながりの20パーセント、50パーセント、もしくは80パーセントをランダムに消去することによって、ニューラルネットワークにランダムな損傷を与えた。結果は実に明快だった。「数」コードへの損傷は、記号コードへの損傷よりも、成績にはるかに大きな影響を及ぼしたのだ。「数」コードのつながりの20パーセントを消去しただけで、成績は60パーセントも落ちたが、記号コードのつながりを消去した影響はごくわずかだった。[12] つまり、ニューラルネットワークが「数」という観点から算数を「理解」していたという点が非常に重要なのだ。もちろん、人間の「足し算表〔訳注：1桁の足し算の式と答えを表にしたもの〕」に関する記憶を適切にモデル化しようとするのであれば、意味もわからない記号同士の関係を機械的に学習すること自体が、よい考えとは言えないかもしれないが。

この結果は、動物の能力と間接的に関わっている。アキュムレータ型システムの「数」コードは、少なくとも足し算には重要なものだ。

発達性算数障害は、後天性の算数障害とは異なっている。発達性算数障害は算数能力の正常な発達を妨げるが、その原因は、このモデルでアキュムレータが表現していた「数」コードとよく似た何かの「中核的障害」である。つまり、算数障害を持つ人たちが、たとえば、足し算表を学ぶのをとても難しいと感じるのは、必要不可欠な「数」のイメージを持っていないからだ[13]。これは生まれながらの障害で大人になっても続き、ほかの認知能力や認知障害とはまったく関係がなく、おそらく数学のほかの能力とも無関係だ。色覚異常にやや似ている、と考えてよいだろう。偶発的な遺伝子異常なのだが、たとえば、色覚に問題がある人が「信号の一番上は赤で、一番下は緑だ」と学ぶような、障害を補う戦略を立てることはできる。今のところ、色覚異常の遺伝的特徴については多くのことが知られているが、算数障害の遺伝的特徴については、多くの場合、遺伝的要素が大きいこと以外、よくわかっていない。動物にも、算数障害を抱える個体がいる可能性がある。たとえば、平均的な小さな魚――グッピーやゼブラフィッシュ――は「数」の識別や見本合わせがかなり得意だが、私たちの試験では、常に一部の個体が、ほかのグッピーより低い成績を示しているように見える[14]。私たちは今、こうした差の遺伝的基盤を研究している。

動物の認知地図

多くの動物は、採餌や交尾、産卵、越冬のためにかなりの距離を移動する。私は、多くの動物が自らの環境の認知地図を持っている、と主張してきた。その環境を動き回っているすべての動物は、方向と距離にまつわる計算をする必要があること、そして、その計算には地図が必要なことを。人間の航海士が羅針盤やクロノメーター（速度と時間を測定できるので、距離がわかる）や地図を頼りに、後にした場所や目指す場所から見た現在地を割り出すように。さらに言えば、そうした計算は数を使って行われる。それ以外に方法はない。

ラットが認知地図を備えているという考えは、１９４８年に心理学者のエドワード・トールマンの素晴らしい論文によって初めて世に提示された。この論文は一流の心理学誌『サイコロジカル・レビュー』で発表されたが、画期的な提案であると同時に、あの名高い雑誌の現在の編集者たちなら到底受け入れそうもない私的かつ魅力的な文章でつづられている。[15] たとえば、彼はその実験を次のように紹介している。

「実験は、おそらく私からいくぶん発想を得た大学院生たち（または無給の研究助手たち）が行った。そしていくつか、ごくわずかではあるが、私自身が行った実験すらあった……典型的な実験においては、空腹のラットが迷路の入口に入れられ……そして、さまざまな本物の通路や行き止まりをさまよい、ようやく餌箱にたどり着いて餌を食べた[15]」

ラットは迷路を学習するにつれて、違う場所からスタートしたときでさえ、すでに知っている行き止まりを避けるなど、食物の報酬を効率的に探すようになった。迷路に関する情報を受け取るのは、「中央局」だ。

「それは古めかしい電話局というより、地図の管理室にはるかに近いものである。中に入ることを許された刺激は、単純な１対１対応のスイッチだけで反応に結びつくのではない［当時の行動主義心理学者たちが好んだ、特定の刺激に対して特定の反応が生じる『刺激―反応結合』ではない」。むしろ、入ってくる衝動は通常、中央管理室で取り扱われ、暫定的な環境の認知的地図に加工される。そして、ルートや通路や環境内の関係を表すこの暫定的な地図こそが、動物が（何らかの反応をするなら）、最終的にどんな反応をするのかを最終的に決定する」[15]

トールマンは、迷路と報酬でラットをさまざまに操作したように人間も操れるとほのめかし、いかにもトールマンらしい言葉で論文を締めくくっている。「私の主張は短く、思慮に欠け、独断的だろう」と。今日の執筆者なら、どれほどの著名人でも批判を免れないだろう、と私は思う。

「要するに、子どもたちや私たち自身に（親切な実験者がラットにしたように）適度な意欲がわき、不要な不満がわかない最適な条件を与えなくてはならない。子どもたちや私たち自身を、天与の巨大迷路である人間世界の前に立たせるたびに。今後そんなことができるのか、そんなことが許されるのかどうか私には予測できないが、それができて、許される場合に限って希望が持てる、と述べることはできる[15]」

哺乳類が認知地図を備えていることには、もはや異論の余地はないだろう。動物たちが天空コンパスや地球の磁場、時にはその両方を使って、どのように方向を割り出しているのかは、おおよそわかっている。それを遂行している神経メカニズムについても、ノーベル賞を受賞したＵＣＬのジョン・オキーフヤノルウェー科学技術大学のエドヴァルト・モーセルとマイブリット・モーセルの研究によってかなり明らかになった。

ラットは生まれながらに、認知地図をコード化する2つの脳のシステムを備えている。まず、海馬の「場所細胞」が、特定の環境の特定の位置をコード化している。[16] そして海馬のそばの嗅内《きゅうない》皮質にある「グリッド細胞」が、動物が外部のランドマークと関連して動いた際に発火し、経路積分の計算をするための方向と距離の情報を提供する。[17] この2つの細胞はそれぞれ別の地図をコード化しているが、その場所の特徴、たとえば、食物のにおいなども「ここに食物がある」とコード化している。こうした地図は絶えず更新されており、ラットの脳には、同時に多くの地図がさまざまな規模で、さまざまな場所に対して備わっている可能性がある。理論家たちは今、空間的定位［訳注：視覚や聴覚といった知覚システムによって空間の情報を取り込み、対象の位置や方向を自分の身体と関連づけること］と絡めて、場所細胞とグリッド細胞の活動をモデル化している。どのように？　デジタルコンピューターをプログラミングすることで。つまり、ひたすら0と1の数字によって。

哲学者のブレーズ・パスカル（1623〜1662年）とイマヌエル・カント（1724〜1804年）は、次のように提唱した。空間と時間と運動と数の原理は、人間がアプリオリに――今の言葉で言うなら「先天的に」「祖先から受け継いで」――持っているものである、と。神経科学者のスタニスラス・ドゥアンヌとエリザベス・ブラノンは、こう断言している。「イマヌエル・カントやブレーズ・パスカルが今日生まれていたら、おそらく認知神経科学者になっていただろう！」[18]

海馬と嗅内皮質は、哺乳類の脳内に見られる。そうなると、哺乳類以外の種も認知地図を持っているのだろうか？　という疑問がわいてくる。私は第6章で「渡り鳥が驚異的な力で経路を発見するのは、認知地図を備えているからだ」と主張し、第7章では「回遊するウミガメにも同じことが言える」と述べた。また、鳥類と爬虫類は「哺乳類の海馬や大脳皮質と同じ働きをする脳の構造を備えている」とされているから、その構造に認知地図が備わっている、と主張してもそれほどの飛躍ではないだろう。しかし、昆虫の経路発見――経路積分――については、かなり意見が分かれている。無脊椎動物の脳は、爬虫類の脳と比較しても相当異なっているからだ。ただし、言わずもがなだが、鳥もラットも人間も漏れなく共通の無脊椎動物の祖先を持つのだから、無脊椎動物の神経構造が哺乳類と同じ地図作成システムに進化したと考えても、それほどの拡大解釈ではないだろう。

人間だけが持っているもの

ネアンデルタール人の一族の生活を描いた魅力的な物語の中で、小説家のジーン・アウルは表現している。ネアンデルタール人と、彼らが救った5歳の解剖学的現生人類エイラとの、認知にまつわる決定的な違いを。「一族の人々にとって、数は理解し難い抽象的な概念だった。ほとんどの人は3――あなたと私ともう一人――を超えて考えることができない。これは知能の問題ではなかった[19]」と。しかし、エイラは刻まれた《タリー》印の数とそれを握る指の本数が同じだとすぐに理解し、自分の指を使って大人の女性になるまで年の数を計算することができた。エイラの師である部族で最も偉大な呪術師は、「衝撃で心を揺さぶられた。子どもが、しかも女の子がこれほどたやすくそうした結論を下せるなんて思いも寄らなかったのだ」。アウルが、1919年刊行のバートランド・ラッセル（1872〜1970年）の『数理哲学序説』を読んでいたのかどうかは知らないが、この本の中でラッセルは述べている。「つがいのキジと2日間のどちらも2という数の例だと気づくのに、長い年月を要したに違いない。この抽象度は決して簡単なものではないのだ[20]」と。おそらく当時のネアンデルタール人は、その程度の抽象度にまだ達していなかったろう。

もちろん、アウルの小説『エイラ　地上の旅人　ケーブ・ベアの一族』（集英社）は科学書ではないが、1980年当時の科学から大いに情報を得ており、実は科学のその後を予測していた。アウルが描いたネアンデルタール人は、ヘッケルの言う「ホモ・ストゥピドゥス」ではなく、巧みに工具をつくり、高度な身ぶり言語を持ち、精巧な神話や儀式を生み出す人々だった。ただし、あまり話せないのを、著者は発声器官のせいだとしていた。彼らは互いに交流し合い、時には「他者」である解剖学的現生人類と異種交配をしていた。これはアウルが執筆した時点では考えられないとされていたことだが、1980年当時は不可能だった遺伝子研究によって、実際にそうだったことが判明している。ラ・パシエガ洞窟などの遺跡からのちに出土した証拠（第3章）によると、ネアンデルタール人がタリーを生み出し、刻んだ印を数える数詞を持っていた可能性もある。だから、計数の能力がなかったせいで、この近しいいとこが絶滅したという説を、私は信じていない。

人間は声に出して数を数えることを禁じられると、ほかの動物と同じような行動を取る。人間について扱った第2章で紹介した事例では、被験者はtheという言葉を最速で繰り返しながら、キーを特定の回数押さなくてはならなかった。このときのミスの分布は、第5章で紹介したネズミと驚くほどよく似ていた（ネズミは the と繰り返していたわけではないが）。レバーを押しすぎたり押し足りなかったりといったミスは、「スカラー変動性」を示している。つまり、ミスの数や規模が、目標の数に比例して増えるのだ。目標の数が大きくなればなるほど、ミスも増えて大きくなる。ところが、人間の参加者が声を出して数を数えることを許されると、ミスのパターンが変わる。このときの変動性は、目標数の平均の平方根に比例していた（二項変動）[21]。

もっともな話である。the と繰り返すことで声に出して数えることを抑制されると、アキュムレータだけに頼ることになるから、スカラー変動性が生じる（第1章）。声に出して数えることを許されると、ミスは1つ数え損なったり、1つの物を2度数えてしまったりしたときに発生する。そして、目標の数が大きくなるにつれて、そうしたミスをする機会も増え、二項変動が生じる。

数詞は人間に、計数のミスを減らすだけでなく、ほかにもメリットを提供してくれる。数詞を使えば、2つのアキュムレータ値——たとえば、「33対34」——でどちらの集合が大きいかを比較するときよりも、正確に識別できる。2つ目に、数えた結果を長期にわたって記憶する優れた方法をくれる。ブレが生じやすいアキュムレータ値ではなく、正確な数を示す「34」という言葉なら、覚えていられるだろう。3つ目に、新たな数詞を生み出す適切なルールがあるから、必要に応じてどんなに大きな数でも数えられる。

言語学者のノーム・チョムスキーと同僚たちは主張している。人間には独自の「再帰的計算メカニズム」が備わっていて、そのおかげで無限に長い文章を繰り出す言語を使えるのだ[22]、と。たとえば、「彼女は体の内側からもぞもぞくすぐってくるクモをつかまえてくれる鳥を飲み込み、そしてハエをつかまえてくれるクモを飲み込んだのだけれど、彼女がどうしてハエを飲み込んだのか私にはわからない」のような長い文章がつくれる。また、このメカニズムがあるから、無限に大きな数——たとえば、Two hundred million（2億）four thousand（4千）five hundred（5百）and sixty three（63）のような数——をつくることもできるのだ。注目してほしいのは、英語の数詞構文の特殊性だ。andはhundred（百）の後にしかつかない。実は、数の構文には、ほかの数量の表現と比較しても多くの特殊性がある。too many（あまりにたくさんの）、very many（非常にたくさんの）、how many（どれくらいたくさんの）とは言えても、too six（あまりにも6）、very six（非常に6）、how six（どれくらい6）とは言えない。manyの例は英語の構文の通常ルールに則っているが、sixの例はそうではなく、ただ文法的に正しくないのだ。一方、exactly six（ちょうど6）、less than six（6未満）、almost six（ほぼ6）とは言えるが、exactly many（ちょうどたくさん）、less than many（たくさん未満）、almost many（ほぼたくさん）とは言えない。ここでも、数の構文と数でないものの構文の違いがわかるだろう。[23] また、なぜ3700をthirty-seven hundred（37百）と言ってもいいのに、3000をthirty hundred（30百）と言ってはいけないのだろう？　とはいえ、言葉を書き留めるためのシステムがあれば、数詞を使って数を永久に記録することはできる。

数詞は人間に大きなメリット——大きな集合を正確に数え、数えた結果を正確に記憶する方法——をくれるだけでなく、大きなデメリットも与える。数詞は「命数法」なので、10を基準にしたもの——ten（十）、twenty（二十）、thirty（三十）——や10の累乗——hundred（百）、thousand（千）、million（百万）——には、特別な名前がある。つまり、その数を表す言葉がなければ困った状態になる、ということだ。これは、古代ギリシャの数学者アルキメデスが直面したデメリットだった。アルキメデスは何粒の砂があれば宇宙を埋め尽くせるのかを計算したかったので、非常に大きな数が必要だった。当時のギリシャ語には10000（10^4）を表す「万《ミリアド》」という言葉しかなかった。そこでアルキメデスは、インダス文明よりも8000年以上早く、その発明がヨーロッパに普及するより1400年も早く、倍数や累乗を用いた記数法を発明し、この問題の解決方法を発見したとされる。

数詞は、計算を簡単にするわけではない。数詞が確立され、広く普及している文化でも、計算には使われない。ローマ人やギリシャ人、とくにインカ人は計算には計数盤を使っていたし（第3章）、中国人や日本人は算盤を使っていた。計数盤も算盤も命数法ではなく、「位取り記数法」なので、現代のインド・アラビア数字と同じように、1の位、10の位、100の位はそれぞれ別の列にある。インド・アラビア数字をヨーロッパに紹介した数学者フィボナッチ（1170年頃〜1240または50年頃）の偉大な著書、『算盤の書』（1202年）が極めて重要だったのは、そういう理由からだ。

記数法が脳の作業を効率化する

「優れた記数法は、あらゆる不要な作業から脳を解放することによって、脳がさらに高度な問題に集中できる自由を与え、実質的に、人類の精神力を高めている」[24]。数学者兼哲学者のアルフレッド・ノース・ホワイトヘッド（1861〜1947年）は、1911年にそう記した。

私たちにはおなじみの数字は、脳を不要な作業から解放するとてつもない進歩だったのだ。想像してみてほしい。数学の基礎知識がある古代ローマの市民が、ローマ数字を使って「325×47」を計算しようとする姿を。この例は、数字の古《いにしえ》からの素晴らしい歴史を語るグラハム・フレッグの著書から抜粋したものである。

「CCCXXV（325）にXLVII（47）を掛けてみよう……最初に遭遇する問題は、XLVIIを『X＋L＋V＋I＋I』に分解できないことだ。理由は、XL（40）は引き算（L《50》－X《10》）による表記だからだ。そこで、XLではなく（X《10》が4つの）XXXX（40）と書き換えて、CCCXXV（325）とXXXXVII（47）の積を計算しようと試みることもできる。その場合、最初の因数に含まれる各要素（CかXかV）に2つ目の因数の各要素（XかVかI）を掛けることになるが、この方法だと、掛け算を42（6×7）回行ったあとに、その結果を足し上げなくてはならない[25]」

道理でヨーロッパ中の商人たちが、息子を新しい数字を学べる場所に送り込んだはずである（娘が送り込まれたという記録はない）。イタリアでは、そうした場所は「筆算的算術学校《スコーレ・ダバコ》」と呼ばれ、「筆算的算術《マエストロ・ダバコ》の達人」が運営していた。かのレオナルド・ダ・ヴィンチは、フィレンツェのこうした学校に通ったという。こうした学校で有名な都市の1つは、ヴェネツィアだった。リアルト橋のそばの古い郵便局は、今では高級デパートに変わっているが、もともとは「フォンダコ・デイ・テデスキ（ドイツ人商館）」と呼ばれる、ドイツ人商人の息子たちが新しい数字や複式簿記を学ぶ場所だった[26]。

アーシュラ・K・ル＝グウィン（1929～2018年）が、「マスターズ」［訳注：『風の十二方位』（早川書房）に収載されている短篇」という幽玄な物語で描いた世界は、学寮の儀式や奥義を伝授された者たちだけが計算の能力を持ち、あらゆる会社が、日々の仕事面の問題解決を助けてくれる学寮の修士《マスター》を必要としている世界だった。ル＝グウィンが描く雨に濡れそぼつ灰色の世界では、異端者の修士が主人公に、無償で記号を使った計算方法を教えている。10進法の位取り記数法を生み出すために。「数は知識の核、知識の言語だ」と修士は言う[27]。

位取り記数法は、筆算に便利なだけではない。あなたも私も、第2章で紹介した偉大な計算者たちもみんな、記数法を暗算に使っている。明らかに、ローマ人やギリシャ人やヘブライ人のような命数法を使ってはいない。算盤の達人や算盤大会の参加者たちも、数字をやはり位取り方式の頭の中の算盤に移して、そこで計算を行っている。

第3章でお話ししたように、太古の昔や先史時代の人類は、計数の結果を、唱えていたかもしれない数詞とは別に、骨や石や洞窟の壁に刻んで記録していた。

教育こそ人間のアドバンテージ

私たちは持っているがほかの生物は持っていないものが、もう1つある。教育だ。教育のおかげで、位取り記数法のような発明が発明者から学習者へと拡散される。この手の教育が動物の世界で発生することは稀で、たとえ発生しても道具の使用や採餌に限られるようだ。

動物の訓練実験を、先生付きの一種の教育だと考えることもできる。通常、研究所での動物の訓練

——もしくはショーのための訓練——が時間と労力のかかるプロセスになるのは、ひとえに動物の被験者にとって自然な行動ではないからだ。たとえば、第4章で紹介した有名なチンパンジーのアイは、初めて数字（1と2）と絡めて集合の大きさを学んだときは、4時間に1821回も訓練試験をした。[28] カントロンとブラノンの「サルと大学生の基礎数学」の調査は、サルと人間の違いを証明した。サルは、「1＋1＝2」なのか「4」なのか「8」なのかといった問題に偶然を上回る確率で正解するまでに、500回の訓練試験を重ねた。[29] メクナーのラットを使った最初の調査は、「長期にわたる訓練を経て」ラットたちがレバーを目標の数だけ押せるようになった、と報告している。[30] メックとチャーチが行った、ラットに音の回数の識別を学ばせる標準的なアキュムレータの調査では、2日間の試験の前に15日間の訓練をしたという。非凡なオウムのアレックスは、30年間にわたって発話と数の訓練を受けたが、ほぼ毎日何かを練習していた。

ゼロの問題

私はこの問題を、なるべく避けようと努めてきた。1つ大きな問題がついてくるからだ。数学者のトビアス・ダンツィク（1884〜1956年）は、1930年に刊行された数学の歴史を語る古典的な著書『数は科学の言葉』（筑摩書房）の中で、「ゼロの発見は人類最大の成果の1つとして、常に注目され続けるだろう」と述べている。[31] これは苦難の末に獲得された成果で、初めて日の目を見たのは、西暦600年頃、インダス文明において優秀な数学者たち、いや、もしかしたら一人の極めて優秀な数学者がゼロの概念を発明したときだった。そして、フィボナッチの『算盤の書』（P334を参照）が刊行されてゼロがヨーロッパに導入されるまで、さらに600年かかった。実はマヤ人が、インダス文明の数学者たちより400年早く、ゼロの記号を発明していたことがわかっている。だが、エウクレイデスやアルキメデスを含む偉大なギリシャの数学者たちは、ゼロの記号を持たなかった。ならば間違いないだろう。偉大なギリシャの数学者たちですらゼロを知らず、その発見にこれほど長くかかったのなら、人間以外の動物がゼロの概念など持てるはずがない。

ところが、テュービンゲン大学のアンドレアス・ニーダーと同僚たちが2021年に発表した研究論文によると、カラスは、ゼロを物体のほかの数と区別することができる。カラスがゼロ個の物を、ただの数として扱っていることがわかったのだ。[32] それだけではなく、ニーダーたちは、カラスの脳のある領域に、ゼロ個の物に反応するニューロンを発見した。これらのニューロンは、ほかの数に反応する部位と同じ場所にあり、数に対するチューニングの仕方も同じようだった。つまり、ある特定の数に対して最大限に発火するが、近い数にもいくぶん反応する。「3のニューロン」は、2個や4個の物にも数学的に予測できる形で発火するのだ。だから、ゼロのニューロンは、物がない（画面上の点がない）ディスプレイ――空集合――に最も強く発火するが、点が1個のディスプレイにも少し発火し、点が2個、3個、4個のディスプレイにもほんのわずかに発火する。

人間以外の生き物がゼロ個の物に明確な反応を示すことを明らかにした調査は、これが初めてではない。京都大学霊長類研究所の松沢哲郎は、1～9の数字をランダムに並んだ点の数と正確に合わせることを学んだチンパンジーは、「0」の数字を点がないディスプレイと合わせることを学習できる、と示した。[33]

デューク大学のエリザベス・ブラノンの研究所は、未就学児[34]とアカゲザル[35]の両方にゼロの試験をした。彼らは、報酬をもらうために2つの集合の小さいほうを選ぶことを学んだあとは、試験でより大きな集合よりも空集合を選ぶ確率が高くなった。つまり、心の数直線上で、「ゼロのほうが小さい」と認識しているのだ。

また、創意に富む実験によって明かされたのは、ミツバチのようなニューロンが100万個未満のちっぽけな脳の生き物にも（私たちの脳のニューロンは860億個ある）、どうやらゼロの感覚があること。視覚科学者のエイドリアン・ダイアー率いるオーストラリアのチームは、昆虫でさえ数の順列に沿ってゼロを位置づける、と見事に証明した。[36] 彼らはまず、ハチが2つのディスプレイから物体の数が多いほうを選ぶよう訓練した。大きいほうの数を選べばおいしい蔗糖《しょとう》の報酬を与え、小さいほうの数を選べば、苦いキニーネ液（罰）を与えた。そして、ほかのハチたちも同じ方法で訓練したが、今度は物体の数が少ないほうのディスプレイを選ぶよう訓練した。その後、実験者は新しいディスプレイを用意したが、そこには物体がないディスプレイも含まれていた。数が大きいほうを選ぶよう訓練されたハチたちは、空集合を選ばなかったが、数が小さいほうを選ぶよう訓練されたハチたちは、空集合を選んだ。いずれの場合も、2つの数の差が大きければ大きいほど、ハチは正しい選択をする確率が高かった。ここでもやはり「ウェーバーの法則」が働いている。執筆者たちはこう結論づけている。「ハチたちは引き続き『〜未満』の概念に基づいて、数の順列の一番下にゼロという『数』を位置づけることができたのだ」と。

だから、おそらく驚くべきことではないのだろう。動物も人間も、無の状態と何かを区別できるし、おそらく動物にとっても人間にとっても、無の状態と1つの物体を区別するより、無の状態と多くの物体を区別するほうが簡単なのだ。無の状態を区別できないせいで、人はゼロを発明するのに何十万年もかかったわけではない。

ネアンデルタール人を含む石器時代の人間は、骨や石や洞窟の壁や、もう残ってはいないがおそらく小枝にも、タリー・システムを使って印を刻んだ。物を1つ数えるたびに骨に切り込みを入れたり、壁にオーカーで印をつけたりしていた。空集合に対しては、印をつけなかったのだろう。旧石器時代の狩人たちがその日に殺したシカの数を表現していたのだとしたら、そしてシカの空集合しか殺さなかったのだとしたら、タリーに印を追加することはない。

ゼロは空集合を表現するもの、というのは、ゼロに対する1つの考え方にすぎない。人間がゼロの記号を発明するのにあれほど長くかかった理由は、ゼロの記号がはるかに広範で徹底的な数の表現方法である「位取り記数法」の一部だからだ。ゼロの記号は、そのシステムの一部としてのみ、意味を成すものなのだ。太古の昔から言葉による計数は位取り方式ではなく、命数法だった。10の累乗にはそれぞれ、別個の言葉やフレーズがある――one zero（一零）、one zero zero（一零零）、one zero zero zero（一零零零）……などと表現するのではなく、ten（十）、hundred（百）、thousand（千）、ten thousand（万）、million（百万）という特別な名前がある。子どもたちは数詞を数字に変換する手続きを学ばなくてはならず、それには少し時間がかかる。実際、かなり複雑なので、子どもたちは間違った思い込みに陥る段階を経験する。たとえば、位取り記数法でa hundredが100だと学んだ子どもは、しばらくの間、a hundred and three（103）を「1003」と書いたり、a hundred and twenty-three（123）を「10023」と書いてしまったりする。100のゼロの部分に、and 以下の数字を上書きするルールを習得するのに時間がかかるのだ。

どうやら脳には、この手続きのための特別な場所があるようだ。ロンドンの国立神経学脳神経外科学病院の神経心理学者であるリサ・シポロティは、ある神経疾患患者（D・M）の検査をした。D・Mはしばらくの間、4桁、5桁、6桁の数を聞いて書き取るときに、退行しているように見えた。[37]彼のミスはすべて、ゼロを書き加えることで発生していた。たとえば、three thousand two hundred（3，200）と書くよう求められると、彼は3000，200と書いた。また、twenty-four thousand one hundred and five（24，105）と書くよう求められると、24000，105と書いた。しかし、常に数字を正しく読めてはいたし、2日後には自分のミスに気づき始め、何とか正しく書き始めた。

パドヴァ大学のイタリア人の同僚たちと共に発見したことがある。それは、22人の患者が脳の右半球の特定の領域（島皮質）を損傷していたのだが、そこがゼロを持つ数字の読み書きの問題に関係していたことだ。たとえば、彼らは70，002をseven thousand and two（7，002）と読み、ten thousand and fifty（10，050）を「100，050」と書き、one hundred thousand and three（100，003）を10003と書いていた。[38]

こうした患者は、ゼロの重要な特性を説明してくれている。すなわち、位取り記数法の発達における、ゼロの重要な役割を。位取り記数法のゼロの使い方を学ぶのは、子どもたちにとって難しいことだが、そもそも人間にとって難しいことだったのだ。『算盤の書』は、商人たちに計算の仕方や、ラクな帳簿のつけ方や帳簿の合わせ方を教えた。これが文字通り世界を変えたのだが、そこに至るまでに相当な時間がかかった。[39]

私たちが知らないこと

人間以外の種の数的能力についての調査で、ハンク・デイヴィスとラシェル・ペルスは、要約部分に「比較心理学の傍流から主流へ」という見出しをつけ、人間以外の種の数的能力の調査が今や非常に大きな調査領域となり、ますます多くの自然環境や研究所でますます多くの種が調査されている、と述べている。そして、こう結論づけた。動物たちは「数的な刺激に生まれながらに敏感なわけではないが、支えになる環境条件のもとでは、そうした出来事に反応できるようになる」明らかな証拠がある、[40]と。

動物群の中には、ほかの動物群よりも深く調査されているものもある。調査の大半は、人間と最も近しい種を対象としている。魚類は巻き返しているものの、追いつくのはまだまだ先になりそうだ。魚の中でも、調査されているのはわずかな種に限られる。グッピー（学名：Poecilia reticulata）は、ペットとしても数的認識の科学においても抜群の人気を誇る淡水魚だ。私自身の経験から言えば、グッピーは、数的選択の訓練をするのがゼブラフィッシュ（学名：Danio rerio）よりも簡単だ。ゼブラフィッシュは、認知能力のゲノム的基盤に関心のある科学者に広く用いられている。ゲノム配列が決定されているので、トランスジェニック系統［訳注：遺伝子を改変した生物で、どこを（どのように）改変したかで系統に分かれる］を比較的用意しやすく、個々の遺伝子の影響を調べられるからだ。ゼブラフィッシュの稚魚は透明なので、一部のトランスジェニック系統の脳の画像診断もできる。ちなみに、最大の飛躍が見られたのは、無脊椎動物の調査においてだ。

人間以外の種の数的能力の調査が盛んになってきたのに加えて、２０１７年に開催された有名な王立協会の会議以降は、もう１つの傾向が見られるようになった。それは、経済・メディアの影響・教育といった分野を含む人間に関する37件の重要な調査が、人間以外の動物の研究結果を参照していることである。

私は「あらゆる動物には、宇宙の言語を読む能力が必要だ」と主張しているが、おそらく１０００万種の生物のうち、調査されている種はごくわずかだ。しかも、動物に限られている。少なくとも一部の植物は数を数えられる、と言われているのに。チャールズ・ダーウィンはハエトリグサ（学名：Dionaea muscipula）を、「世界一素晴らしい植物」と呼んだ。ダーウィンは、お腹をすかせたこの植物が、ハエを引きつけるために内側に赤色の罠《わな》を仕かけること、その罠が2回連続で接触があったときにだけ閉じることを観察した。ドイツの植物科学者のライナー・ヘドリッヒとエルヴィン・ネーアーは、ハエトリグサの仕組みを調べた。ハエトリグサの罠の表面には髪の毛のようなタッチセンサー式の「機械式受容器」があり、そこが電気信号を発生させる。30秒ほどの間に電気信号が2度発生すると、罠が閉じ、虫はハエトリグサの消化液で分解吸収される。つまり、ハエトリグサは、少なくとも30秒間は接触を記憶し、「2度目の接触が生じた」と数える能力を持っているのだ。[41]

植物に加えて、地球上の1兆種の微生物（天の川銀河の星の数よりも多い）の中にも、数を数えられる生命体はいるのだろうか？　たとえば、細菌は数を数えられるのか？　これは、私がとくに知識のない分野だが、そこに関心を持ったのは、アンドレアス・ニーダーが著書『A Brain for Numbers（未邦訳：数を生み出す脳）』の中で、細菌の計数らしき事象を面白く描写していたからだ。[42] 細菌は大いに群れを成す生物で、繁殖の成功に欠かせない行動の中には、集団でしか行われないものもある。繁殖には集団でいることが重要だからだ。これは「クオラム・センシング」［訳注：細菌が同じ種の細菌の生息密度に応じて、分泌する化学物質の量を調整する現象］と呼ばれる。海洋細菌のビブリオ・フィシェリは、ホタルのような生物発光を促す「ルクス」という遺伝子を持っている。[43] この細菌は、同種の細菌が一定数そばにいるときにだけ発光するので、一斉に光を放つことが判明している。ビブリオ・フィシェリは、自分の存在を仲間に気づかせる分子を分泌するのだ。また、クオラム・センシングが治療に活用できる可能性があることもわかっている。有害な細菌の増殖を阻止できるからだ。[43] クオラム・センシングのメカニズムを抑制する「クオラム・クエンチング」によって、有害な細菌の増殖を阻止できるからだ。とはいえ、生物発光が起こるためには、ほかの細菌が少なくとも100万匹いなくてはならないらしいので、この単細胞生物がそこまで大きな数を数えられるとは考えにくい、と私は思う。いずれにせよ、ハエトリグサやビブリオ・フィシェリが私の2つ目の基準——算術演算に相当する計算ができる——を満たしているという証拠はまだ存在しない。この件については、私が間違っていたと証明される日を心待ちにしている。

欠けたパズルのもう1つのピースは、生態学だ。野生で計数と計算がどのように活用されているのかは、いまだにほとんど解明されていない。研究所のラットやネズミの数的能力については多くのことがわかっているが、その能力が日常生活でどのように活かされているのかは、ほとんど解明されていないのだ。

一方、アリやハチや爬虫類や鳥の現実世界でのナビゲーションに必要な計算については、多くのことがわかっている。ただし、実際の計算能力を徹底的に調査されているのは、アリとハチとシャコだけである。彼らが天空コンパスや地球の磁場を使ってどのように方向を割り出し、各方向への移動距離をどのように推定するのかは明らかにされている。サバクアリは自分の歩数を数え、ハチはランドマークを数え、おそらくこのナビゲーターたちはみんな、自分の運動覚とその持続時間を使って各方向への移動距離を計算――経路積分――している。そうして自分の現在地と、必要な場合は、最短ルートで巣に戻る方法を知るのだ。

こうした数的計算はナビゲーションに必要なものだが、人間の脳やほかの生物の脳が「数」をどのように認識しているのかについては、まだ不明な点がたくさんある。

ロイトマンと同僚たちは、サルの頭頂葉に、「(2~32という）広い数値の範囲で、古典的受容野においてとらえられた要素の総数」を（その数の大きさに応じて）段階的にコード化するニューロンを確認した。[44] さらに、視覚でとらえた数量によるニューロン活動の変調は、刺激の提示から100ミリ秒以内に急速に進み、注目や報酬の予測や、大きさ・密度・色といった特定の刺激とは無関係だった。こうしたニューロンの反応は、数的処理の計算モデルで前提とされている「アキュムレータ・ニューロン」の出力とよく似ている。大まかに言うと、ニューロンの反応は入力の量に比例するのだ。これはとくに不可解なことではないが、詳しく説明する必要はあるだろう。数のアキュムレータ・ニューロンは、特定の基数――たとえば「4」――をコード化するニューロンに入力信号を提供している可能性がある。このような特定の「数」に反応するようおおむねチューニングされている「ナンバー・ニューロン」については、ニーダーのような過去の研究で解説されている。[42] アキュムレータ・ニューロンとニーダーのニューロンがサルの脳内ですぐ近くにあるのは、おそらく偶然の一致ではない。

ニーダーが発見したような個々のニューロンが実際にどのように数をコード化しているのかについては、まだ解明されていない。現在のところ、私たちにはわからないのだ。

ニーダーのニューロンもアキュムレータ・ニューロンも、脳の「数」に対する反応には特別な何かがある、という前提に立っている。たとえば、私たちはこうしたニューロンを生まれながらに備えているようだが、そのニューロンは動物が世界を経験し始めるのを待ってから活動を始める。

「深層学習《ディープラーニング》」と呼ばれる、現代のAIと共に歩むもう1つのアプローチがある。これらは、現在トロント大学とグーグルに籍を置くジェフリー・ヒントンと同僚たちが開発したアルゴリズムを使って学習するニューラルネットワークだ。パドヴァ大学のマルコ・ゾルジの研究所は、「数」に関する特別な情報を与えずにネットワークに学習させることで、数的比較の課題をモデル化している。このアプローチは「教師なし学習」と呼ばれ、データの中の統計的規則性——今回の場合は、感覚入力——を使う学習の一種だ。これは、2つ、3つ、もしくはそれ以上の顔が同一人物のものかどうかを判断する顔認識ソフトに使用されるたぐいのモデルだ。問題は、このネットワークが2つ、3つ、もしくはそれ以上の点が映った画像を同類だと判断するのか、また、個数の異なる点の集合の大きいほうを選ぶ課題に使えるのか、ということだった。ゾルジと同僚たちは、この課題を2つのアプローチで複雑にした。1つ目は、点の大きさ、間隔、配置をさまざまに変えることで、課題を難しくするようなあらゆる視覚的特性を投入した。たとえば、より大きな面積を占めている、もしくは最も密度の高い点の集合の場合は、点の数を減らす、といった具合に。明らかになったのは、集合における要素の個数そのものを識別する課題がなくても、「数」は自発的にコード化されることである。2つ目に、彼らは40人のボランティアに、コンピューターと同じ課題をこなすよう求めた。その結果、ニューラルネットワークの学習結果が、人間のパフォーマンスを正確にモデル化できていることがわかった。また、人間と同様に、ニューラルネットワークは「数」そのものをその課題の遂行における最も重要な特徴量として見出した。つまり、コンピューターは、そうするようとくに訓練されていないにもかかわらず、画像データから自動的に「数」を抽出したのだ。[45] これは、ゾルジが最近私にくれたメールの中で「時代遅れのモデル化作業」と呼んだ、図1・図2で説明したモデルとはまったく違う。

この研究は独創的で素晴らしいのだが、「数」がニューラルネットワークのどこにあるのか、私にはよくわからない。

形而上学的ウサギの穴

現実世界や実験室でのナビゲーションに関する、間もなく発表される研究論文の中で、ガリステルは認知地図についての自らの立ち位置を次のように要約している。

「認知地図の仮説を取るなら、神経機構が活動する神経組織には数字の列がなくてはならない。しかし、一部の——実際には多くの、いやほとんどの——神経科学者が異議を唱えるだろう。神経組織の数字の列は、どんな見た目をしているのか？　また、その神経生物学のファンタジーの中で活動している神経機構とは、一体どんな見た目なのか？　神経組織に数字があると想像するなんて、矢印が並んでいると想像するのと同じくらい信じ難いことではないのだろうか？　と。いや、信じ難くなどない！　しかし、そう理解するためには、明確にしておかなくてはならないことがある。

私たちはコンピューター科学者が理解しているように数字の話をしているのであって、数学者や論理学者や哲学者が言う『プラトン数』〔訳注：プラトンが聖なる数とした12960000のこと。12960000＝216×60000と書けるが、216はピタゴラス数（3、4、5）を用いて$3^3+4^3+5^3=6^3=216$と書けるなど興味深い性質を持つ〕の話をしているのではない。私たちは、数字とはそもそも何なのかといった哲学的な悩みにはまって、不思議の国のアリスではないけれど、形而上学的ウサギの穴に転がり込んではならないのだ。（この話をしていて気づいたが、実際のところ神経科学者の大半や認知科学者の多くをウサギの穴から遠ざけておくことは極めて難しい）」

ガリステルはこう言っているが、私たちは科学者として、時にはそのウサギの穴に転がり込まなくてはならない。問われるのは、どうやってそこから這い出るかだ。問題は――それについて私は、哲学者のマーカス・ジャキントに従っているが――「数は目に見えないし、聞こえないし、触れないし、味もしないし、においもしない。信号を発したり反射させたりもしない。何の痕跡も残さない」[46]ことである。哲学の世界では、物でも存在でも「すべての対象」は、抽象的か具体的かのどちらかだとされる。そして第1章で述べた通り、数とは抽象的なものだ。3という数は本当に、3つの物から成るどんな集合をも表せる。つまり、3とはある集合の特性であり、なおかつ抽象的な特性なのだ。だから認識論［訳注：認識・知識の起源、本質、範囲などについて探究する哲学の一部門］の問題に突き当たる。抽象的対象とはこの世の物体ではないから、私たちを含むどのようなものとも因果関係を持てない、とされている。これは少なくともプラトン（紀元前428年頃～348年頃）の時代から認識されていることだ。プラトンは、人間にはそうした物を認識する特殊な直観があり、そうした物は現実世界や私たちの思考の世界にではなく、数学的対象を含む抽象的対象の「第3の世界」に存在している、と主張していた。プラトンは自著『メノン』（岩波書店）において、彼の師のソクラテス（紀元前470年頃～399年）が、無学な奴隷の少年を使って、この直観は前世の記憶の一種だと証明しようと試みるさまを描いている。少年はソクラテスの巧みな質問のあと、今世で一度も学んだことのない幾何学の事実を思い出すのだ。

さて、数をはじめとした抽象的対象へのこうした「想起説」［訳注：魂が肉体に宿る前に天上界で見たイデアを地上界で想起し、真の知識を得るというプラトンの説］的な考えはばかげていると思うかもしれない。だが、そういう意味では多くの数学者はプラトン哲学派なのだ。彼らは素数の新たな特性を思い出した話はしないが、素数を含む抽象的対象の世界で数学的真実を発見した話をしている。まるで新大陸か酸素元素の新たな特性でも発見したかのように。20世紀最大の論理学者の一人、クルト・ゲーデル（1906～1978年）は、この手の数学者の最たる（失礼！）例である。

だから、たとえば、素数が無数に存在するというエウクレイデスの証明（『ユークリッド原論・第9巻・命題20』）は、素数の無限性の発見だったと言えるだろう。彼は明らかに、世界中の物を数えることで、それを発見したわけではない。

しかし、3が3つの物から成るあらゆる集合の特性だとしても、3が世の中と何の因果関係も持たないのなら、どうやってそれを知ることができるのだろう？ ジャキントの主張は、知識の因果説［訳注：ある信念が知識かどうかは、その信念が適切な因果関係によって引き起こされたかどうかで決まる、とする立場］を再考する必要がある、というものだ。私たちは実際、抽象的なものを数多く知っている。それどころか、私たちが知っているものの大半は、その例を経験することで知った抽象的なもので、経験には因果的な性質が備わっている。本書の読者のみなさんは英語のアルファベットの文字をご存じだが、誰もが「A」を抽象的な形で知っている。その大きさや色やフォント、大文字か小文字か、印刷されているか手書きかにかかわらず、Aだと認識できるからだ。人間の読解《リーディング》の理論には、「書記素（grapheme）」と呼ばれる「A」の表示方法がある。これは、Aという音素［訳注：ある言語で、意味の相違をもたらす最小の音の単位］を表すあらゆる文字のカテゴリーだ。同じことが話し言葉にも言える。私たちは「ネコ」という言葉を知っている。話し手が男でも女でも、高い声でも低い声でも、なまりや声の大きさが違っていても関係ない。同じように、「ハッピーバースデー」のメロディを知っている。歌っていようが、バンジョーで奏でていようが、フル・オーケストラで演奏していようが関係ない。実のところ、そうした対象をどのように知るようになったのかは、哲学というより認知科学上の複雑な問題だ。

「数」は、ジャキントによると、物質的な知覚し得る世界の特性である。私も第1章でいくつか例を挙げた。これらは、現実世界の現実的な特性なのだ。もし数が変われば――たとえば、私たちに3本の腕と3つの目があったなら――物事は大きく変わるだろう。

この考えの別バージョンを、マサチューセッツ工科大学の物理学者、マックス・テグマークが著書『数学的な宇宙　究極の実在の姿を求めて』（講談社）で提唱している。[47] テグマークは、物理的宇宙は数学によって説明されるだけでなく、数学そのものだ、と主張している。彼にとっては数学的存在と物理的存在はイコールであり、数学的に存在するすべての構造は、物理的にも存在している。だから、「万物は数である」と言ったとされる、ピタゴラスに戻るのだ。ただし、ほかの人たちがすでに指摘しているように、この立ち位置には明らかな問題がある。自然数の構造は無限性を伴うが、宇宙には無限に多くのものがあるわけではない。数学的構造に絞るのが解決策かもしれない。

とにかくジャキントは、「私たちは抽象的な『数』を、その例を経験することで知っている」と主張することで、認識論の問題を解決しようとしている。

しかし、ちょっと待ってほしい。これで話が終わりのはずがない。脳は自らが経験する集合の「数」を特定する準備ができているに違いないのだ。脳は「この2つの集合の『数』は同じだ」とか「違っている」と認識できるに違いない。そのためには、脳はアキュムレータ・システムかそれに相当する何かを備えていなければならないし、セレクターを含むシステム全体が、さまざまな例を一般化できなくてはならない。それが抽象性の基盤である。

第1章で主張したように、抽象性は0か100かではなく、さまざまな度合いで働いている。人間はどんな種類の物の集合でも一般化できるが、ほかの種は環境への適応に役立つ1〜数種類の物の集合だけを一般化できるのかもしれない。そのシステムは自動的かつ強制的に働いている。3つのりんごの集合があるなら、3が自動的に脳に刻まれ、その記録は消せない。その動物はこの情報をどうにかするかもしれないし、しないかもしれない。それを判断するのは、脳のほかのシステムなのだ。

脳は、空白の石板として——白紙状態で——この世に出てくるわけではない。算数を学ぶスターターキットには、遠い祖先かそう遠くない祖先から受け継いだ、何らかの内蔵メカニズムが備わっているに違いないのだ。

「数」を記録する内蔵メカニズムを動物が祖先から受け継いでいる、という考えは、実は自然界では当たり前のことの1つだ。生物が生まれながらに環境内の物や出来事を数という観点で認識していることを、私たちは知っている。第2章では、生後間もない赤ん坊が「数」に反応するさまを紹介した。孵ったばかりの鳥のヒナ（第6章）やグッピー（第8章）も、何の訓練も大した経験もなしに、環境内の「数」に反応する。

また、こうした内蔵メカニズムが環境内のあらゆる物や出来事を識別し、認識するのに欠かせないことも、私たちは知っている。2つの物の色が同じなのか違っているのか判断するためには、祖先から受け継いだ内蔵型の色覚システムが稼動していなくてはならない。色覚異常の人は、その判断がつかないだろう。こうした目と脳にあるメカニズム（実は、網膜の色感受性錐体は脳の一部だ）は十分に解明されているし、色覚システムの構築に関わる遺伝子のことでさえ、十分に解明されている。

動物の色覚は、私たちとは異なっている可能性がある。周知の通り、ウシは赤色が見えない。雄牛が闘牛士のマントに突撃するのは、マントが動いているからだ。イヌとネコは、私たちよりもずっと色覚が乏しい。イヌは2種類の錐体色素——長／中波長光（赤／緑）に敏感なものと、短波長光（青）に敏感なもの——を持つが、人間の網膜には3種類の錐体色素（赤、緑、青）がある。つまりイヌは、人間の色覚障害者の多くがそうであるように赤と緑を識別できない。[48]松沢によると、チンパンジーのアイは人間とよく似た色覚を備えていたが、[28]それはほかの霊長類にも当てはまるようだ。ハチも優れた色覚を持っており、実のところ彼らには、私たちに見えない色が見えている。ハチは若干雲で覆われた状況でも、（私たちには見えない）空の紫外線を使って太陽方位角を突き止める（第9章）。シャコは（やはり私たちには見えない）太陽の偏光を見て、食物源まで行って戻ってくるルートを考える（第9章）。

同じように、私たちは音の高低を認識する内蔵システムを備えている。このシステムを持たない人は、「先天性失音楽症」を抱えている。これは、音程の認識や記憶の障害による、一生にわたる音楽処理の障害である。この障害は、疑問文で語尾が上がるような話し言葉の音程を聞いたり、イントネーションの違いを認識したりするのにも影響を及ぼす。[49]先天性失音楽症の人たちが、ある曲のさまざまなバージョンを聞き分けるのはほぼ不可能だ。

すでに話したように、ごく少数――5パーセントほど――ながら、かなり小さな集合の「数」でさえ認識するのが難しく、日常的な計算を学ぶのにも苦労する、「算数障害」と呼ばれる問題を抱えている人たちがいる。[50]この障害の遺伝的基盤はまだ解明されていないが、双子の調査によると、すべてではないが多くの場合、遺伝性のものだと判明している。算数障害からわかるのは、残りの95パーセントの人は、集合の「数」を認識する効率のよいシステムを備えていること、そしてそれが私たちの算数能力の発達の基盤を成していることだ。このシステムがなければ、通常のやり方で算数を学ぶのは難しい。算数障害が色覚異常と同じように、治療介入の効果がなく、障害を補う戦略を取るほかないのか、もしくは、早期の適切な介入で治療可能なのかどうかはまだわからない。私の現在の研究の大半は、2つの問

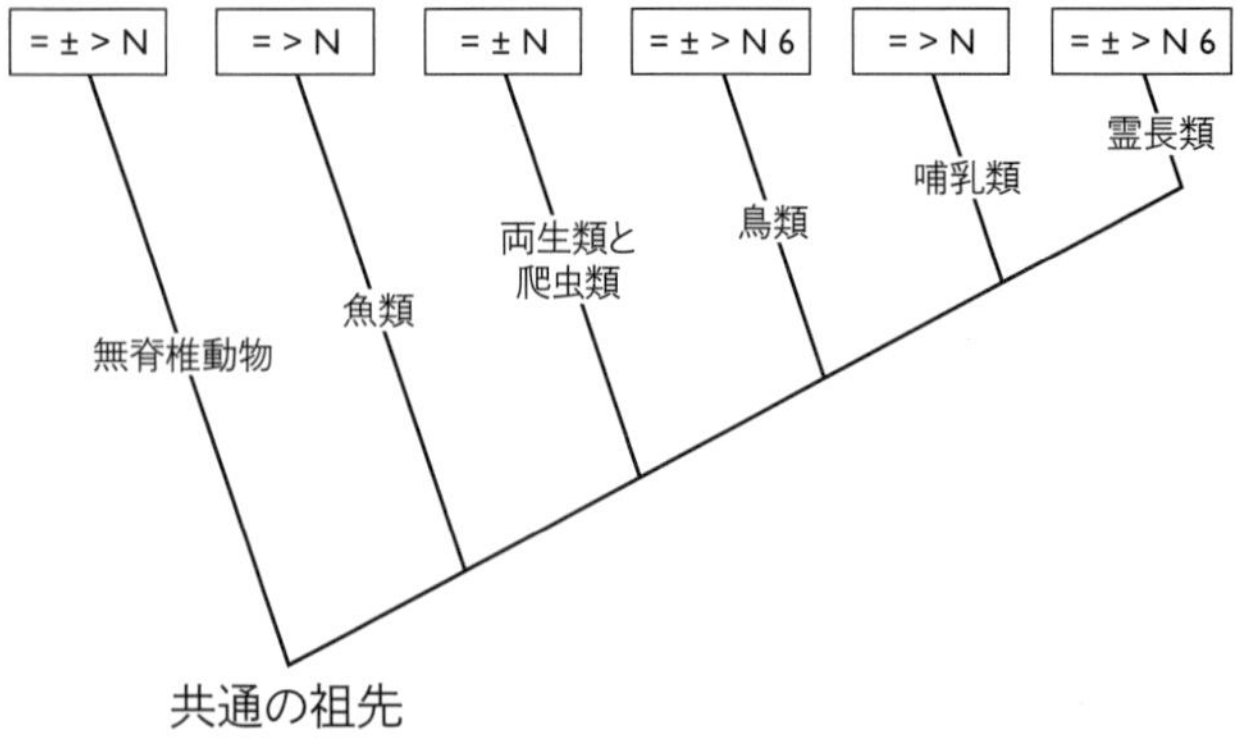

図3　本書で説明した証拠に基づく、計数の進化。下記の記号は、適切に管理された調査において達成された課題を示している：
=　数の見本合わせができる
±　足し算や引き算ができる
>　大きいほう（または、小さいほう）を選べる
N　ナビゲーションの計算ができる
6　数字を使える

題に向けられている。算数障害の遺伝的基盤と、小学校に上がる算数障害の子どもへの最善の治療介入である。

計数の目的は食物とセックスと生存と……？

多くの科学者は「人間以外の種にも数的能力がある」という主張に懐疑的だが、進化生物学者のジョージ・ロマーニズ（1848～1894年）や植物学者のウィリアム・ローダー・リンゼイ（1829～1880年）のようなダーウィンの信奉者や同僚たちは、「下等動物」は「数を数える能力」を祖先から受け継いでいる、と確信していた。[51]

本書で私が用いている計数の定義を前提に、図3に計数にまつわる各動物群の証拠をまとめた。動物群の分類は、おおむね分類学的分類に沿っているが、本来は別分類である両生類と爬虫類をひ

動物群	セックス	食物	死
無脊椎動物	X	X	?
魚類	X	X	X
両生類と爬虫類	X	X	?
鳥類	X	X	X
哺乳類	?	X	X
霊長類	?	X	X

表1　調査で判明した、計数が果たす役割の動物分類別の証拠。「セックス」とは、計数が繁殖の成功を助けているという意味だ。「食物」とは、計数が採餌の成功を助けているという意味。「死」とは、計数が生存を助けているという意味だ。「X」は、種がその目的のために計数を行う証拠が、本書で説明されたことを示している。「?」は、その目的のために計数が果たしている役割がまだ確認されていないことを示している。もちろん、役割のカテゴリーは重複し合っている。動物は食物とセックスのために移動し、採餌が移動を後押ししている。死を回避するからセックスと繁殖ができる。ある動物群に属するすべての種が、表にある目的のために数を数えている、と判明しているわけではない。

とまとめにした。すべての動物群は共通の祖先から分かれたので、この共通の祖先が何であれ、彼らも数を数えられた可能性があるし、その必要があったはずだ、と私は思う。どんな動物も繁栄したいなら、大なり小なり宇宙の言語を理解しなくてはならないからだ。もちろん、この系図の中には例外――数を数えられない動物――が含まれている可能性もあるが、調査の対象になった動物は研究所の中で、たいてい厳しい訓練のあとにだが、少なくとも若干の計数能力を示した。

わかっている範囲内で、計数能力が野生で自発的にどのように活用されているかを説明してきた。また、計数能力がいかに個々の動物の採餌、死の回避、繁殖に役立っているかもお話しした。

表1は、各動物群の生活において計数がどんな役割を果たしているか、簡潔かつかなり大雑把にまとめたものだ。計数が採餌に役立つと判明している理由の1つは、研究所の実験や野外での研究所形式の実験の大半で、食物が刺激

や報酬として利用されてきたからだ。また、この表にナビゲーションを加えなかったのには、2つの理由がある。1つは、ほぼすべての動物は、食物かセックスか死の回避のためにナビゲーションを使っていること。もう1つは、動物がナビゲーションのためにどのように地図や羅針盤を使うのかについては、多くのことがわかっているが、彼らが経路積分に必要な数的計算を、実際にどのように行っているのかが解明されている、という確信が持てないからだ。

6億年前のカンブリア爆発から今日の数的知識へ。最古の節足動物から位取り記数法へ。大きいほうの群れを選ぶ魚から最適な金利を選ぶ投資家へ。こうした計数の進化は、絶え間なく続く歴史プロセスの一部だ。ほかの動物の調査やヒト属最古のメンバーによって明かされたことがある。それは、数を数えるのに数詞は要らないこと。そして、計算するのに位取り記数法すら必要ないことだ。ただし、かのロック氏が述べたように、それらがあれば「うまく数を数えられる」[52]。

おわりに

現代科学は団体競技《チームスポーツ》だ。チームに誰がいるかはいくぶん運に左右されるから、私はチーム運にはとりわけ恵まれてきたと思う。長年の間のいくつもの偶然の出会いがなければ、この本を書き終えるどころか、書こうとすら思わなかっただろう。

イタリアのラヴェッロでの会議で、パドヴァ大学の心理学者・精神科医・神経科学者であるカルロ・セメンザと出会ったのも、その1つだ。この出会いが長年の共同研究につながった。最初は言語障害について、その後、数学的認知とその障害について、共に研究することになった。

当時教え子だったリサ・シポロティにきっかけをもらわなければ、私はおそらく数的能力について真剣に考え始めたりはしなかっただろう。リサはカルロの優秀な教え子の一人だったが、「ロンドン大学で、失語症の研究で博士号を取りたい」と渡英してきた。だが到着後に、（すでによく研究されている）失語症ではなく、「ほとんど研究されていない障害に取り組みたい」と考えを改めた。そういうわけで、私たちは、当時世界のどの地域でもほぼ研究されていなかった、「数学の神経心理学」に取り組むことにした。カルロと彼のオーストリア人の教え子、マーガリト・ヒットメアと共に、ロンドンの国立神経学脳神経外科学病院の草分け的な神経心理学者、エリザベス・ウォリントンとチームを結成し、ＥＣ（欧州共同体）の助成金をもらって、「後天性の数学障害」を詳しく調べたのだ。この研究によって、今日まで長年続く、パドヴァ大学とロンドン大学との絆が生まれた。

神経疾患の患者を調べてわかったのは、まず、数的処理を主に司る脳の領域は、頭頂葉のごく小さな部分にあること。そして、大人の脳の数的処理を行うネットワークはほかの認知プロセスから独立しているように思われること（これは新発見ではなく、１９２０年代のより詳細な研究にまとめられている）。だが、さらに興味深いのは、大人の脳は異なるパーツに分かれているように思われ、それぞれのパーツが、脳へのダメージの影響を別々に受ける場合があること。これは大人の脳の話だが、私は思いめぐらし始めた。脳はどのようにこうしたパーツを発達させ、なぜこうした特定の領域を発達させるのだろう、と。私たちは、環境内の数的情報を引き出すように構成された脳を、祖先から受け継いでいるのだろうか？　もしそうだとしたら、そのルーツは、進化の歴史をどの程度さかのぼるのだろう？　こうした遺伝が、色覚異常のように、道を誤ることはあるのだろうか？

１９８９年にリサが英国へ来て私と研究を始めた頃は、数の認識にまつわる研究は、高い壁を張り巡らせた別々の縄張りの中で行われていた。数学障害の神経心理学、成人の認知心理学、子どもの発育、動物研究、数学教育、数学哲学、初期の脳撮像《イメージング》、といったふうに。それぞれの縄張りの研究者たちが互いに口をきくことはほとんどなかったが、私を含むひと握りの者たちは考えていた。「互いに話をすれば、この分野全体が前進するだろう」と。その後もう１つ、幸運が重なった。イタリアのトリエステにある国際高等研究学校（ＳＩＳＳＡ）にいた友人のティム・シャリスが、１９９４年、トリエステで

1週間の研究会を開く資金を調達したのだ。そこで初めて、私たちは大勢の世界トップクラスの科学者と若干名のトップクラスの学生を集めて、互いに話す機会を設けることができた。私はこの研究会のおかげで、「ニューロマス」という欧州の6つの研究所のネットワークと、さらには8つの研究所を結ぶ2つ目のネットワーク「ナンブラ」を立ち上げ、何とか資金の調達にも成功し、みんなで協力し合って専門分野の垣根を越えた取り組みを推進してきた。トリエステの会議やこうしたネットワークを通して、驚くほどたくさんの素晴らしい科学者と出会い、議論し、協力し合うことができている。認知神経科学者のスタニスラス・ドゥアンヌもトリエステ会議の出席者で、この分野全体を方向づける重要人物の一人だが、彼の貢献は私自身の考えの基盤になっている。一流のシンポジウムは哲学者なしには成立しないが、幸い、UCLの同僚であるマーカス・ジャキントが優れた数学哲学者で、私たち、とくに私を哲学の面で正道から外れないよう導いてくれた。

当時学生としてトリエステにいたが、トリエステ会議の正式なメンバーではなかったのが、マルコ・ゾルジだ。彼は私の研究所でしばらくの間、ニューラル・ネットワークを用いて読解を、のちには基本的な計算プロセスをモデル化する画期的な研究に従事していた。現在はパドヴァ大学の教授として、世界で最も革新的な数学的認知の研究所の1つを運営している。

心理学者のランディ・ガリステルとロシェル・ゲルマンも、会議に出席していた。私たちはそこで友達になり、以来、世界のさまざまな場所で、何度も楽しい時間を過ごしている。朝食からスタートし、人間やほかの動物の数学能力の本質について、3人で議論することもよくある。そうした問題に対するランディとロシェルの取り組みは、本書でご紹介してきたように、私に大きな影響を及ぼしている。

ランディと、イタリアのトレント大学で優れた動物実験を行うジョルジオ・ヴァロルティガラと私は、2017年、王立協会で素晴らしい会議を開催した。テーマは「数的能力の起源」で、考古学から昆虫に至るまで実にさまざまな視点でこのテーマに取り組んでいる、目を見はるような科学者グループを招くことができた。数に没頭する4日間——いや、5日間になった。前日に認知神経科学者のオフィーリア・デロワが、ロンドン大学哲学研究所で数学哲学の国際的なシンポジウムを開催したからだ。数に没頭する5日間……まさに天国だった。ある意味、本書は、こうした会議の内容を一般の読者に提供する試みでもある。

パドヴァ大学の心理学者であるクリスティアン・アグリロは学生だった当時、私に魚の数的能力に最初に興味を抱かせた人物だ。私は今、ゼブラフィッシュの数的能力の遺伝的特徴にまつわるプロジェクトで、分子遺伝学の教授キャロライン・ブレナンやジョルジオと共同研究に取り組んでいる。また、「ニューロマス」ネットワークの夏期講習会で出会った動物心理学者の松沢哲郎は、私を京都大学霊長類研究所に招いて、感動的なチンパンジーの研究を見学させてくれた。

私の取り組み全体の基盤となっているのは、発達心理学者ボブ・リーヴと行った研究だ。これは主流派のオーストラリア人と先住民族の数的能力の初期の発達についての研究である。

私の研究は、長年にわたって多くの団体や財団の支援を受けてきた。英国の助成団体「リーヴァーヒューム・トラスト」は、アボリジナルの子どもたちの研究や、現在ブレナンとヴァロルティガラと共同で行っている魚の研究を支援してくれている。「オーストラリア研究会議（ARC）」には、リーヴと取り組んでいる数学的発達に関する長期的な研究を支援してもらっている。また、英国の医療系公益団体

「ウェルカム・トラスト」は、子どもや成人、神経疾患患者に対する多くの研究を支えてくれている。

私の著作権代理人であるサイエンス・ファクトリー社のピーター・タラックにも、お礼を述べなくてはならない。長年報われなかったこのプロジェクトを、彼が何とか軌道に乗せてくれた。

10代の頃にバートランド・ラッセルの本を読んで以来、私は数学基礎論、とくに「ゲーデルの不完全性定理」に興味を持っているが、そんな頃、幸運なことに、数学と哲学を学んでいたダイアナ・ローリラードと出会った。1967年、彼女が主催した「たき火の夜」のパーティーに呼ばれもしないのに押しかけたおかげである。警察の手入れで一瞬邪魔をされたが、ダイアナも「ゲーデルの不完全性定理」に興味を持っていることはわかった。もう1つ幸運だったのは、ダイアナが今日に至るまで私の研究にも私にも興味を失わずにいてくれること。今では一緒に、科学的証拠をいかに教育の場で実用化するかに取り組んでいる。ダイアナは、私の考えに根気よく耳を傾け、正してもくれる。だから、本書のミスは、彼女の厳重なチェックをも逃れたということである。

謝辞

友人のランディ・ガリステルは、すでにご存じのように、本書に記したことの大半に刺激やひらめきを与えてくれた。そして、とくに動物のナビゲーション問題で、私が科学の正道から外れないよう骨折ってくれた。また、いくつかの章を注意深く読み、訂正してくれた。それでも、最終原稿についてはきっと多くの点で異論があることだろう。だから、朝食やランチやディナーを取りながら、意見の相違を吐露し合う機会を楽しみにしている。ボブ・リーヴはすべての章に目を通して素晴らしいアドバイスをくれたので、従う努力をしたつもりだ。フィオナ・レイノルズはいくつかの章の文章のミスを直してくれた。ドーラ・バイロとローザ・ルガニは、鳥についての章に専門知識を提供してくれた。ゲイリー・ローズは、両生類と爬虫類の章を丁寧に読んでくれた。ラース・チットカは、無脊椎動物、とくに彼の専門分野であるハチについての証拠を明らかにしてくれた。ロシェル・ゲルマンは、人間の発達について賢明な助言をくれた。クリスティアン・アグリロは私が魚に興味を持つきっかけをくれたし、キャロライン・ブレナンと彼女のチームは、ゼブラフィッシュのプロジェクトで私と快く共同研究をしてくれた。サビン・ハイランドとジェフリー・キルターは、慣れないインカやマヤの計数と格闘する私に、ことのほか忍耐強くつき合ってくれた。サシャ（・アレクサンドラ）・アイヘンヴァルトは、アマゾンの言語に混乱する私を助けてくれた。ラース・チットカ、フランチェスコ・デリコ、アンジェロ・ビサザ、ランディ・ガリステル、サラ・ベンソン＝アムラムは、彼らがいかに「動物の数の認識」問題に没頭しているかを示すメールを引用させてくれた。

　この本の端緒となったのは、私がランディやジョルジオ・ヴァロルティガラと共に企画した、2017年にロンドンで開催された王立協会の会議だった。そのテーマは私にとっても『ニューヨーク・タイムズ』紙にとっても極めて興味深いものだったので、一般の読者にもぜひ触れてもらいたい、と考えたのだ。資金と事務的なサポートを惜しみなく提供してくれた王立協会には、今も感謝でいっぱいである。参加者の多くが「こんな素晴らしい会議に出たのは初めてだ」と言ってくれたが、ただの社交辞令でなかったことを祈る。

　この本は、私の著作権代理人であるサイエンス・ファクトリー社のピーター・タラック、そしてもちろん、「よい本になる」と信じてくれたに違いない出版者であるクエルカス社のリチャード・ミルナーの支援と助言なしには誕生しなかった。

　最後に、私のパートナーであり、賢者の中の賢者であるダイアナ・ローリラードと、動物の計数にまつわる最新の発見にわくわくする私を、広い心で面白がってくれる私たちの娘、エイミーとアナに、いつものように感謝を捧げたい。

訳者あとがき

『魚は数をかぞえられるか？』――なんとも奇抜なタイトルである。答えが知りたくなって、ついページをめくり始めた人もいるだろう。こんな素朴な疑問に研究者生命を賭すような頭のおかしな（本人談）学生が数名いたおかげで、水中世界にも数が存在することが明らかになった。魚は「寄らば大樹の陰」とばかりに、数が多いほうの群れに加わって、捕食者から身を守ることができるのだ。

数を数えられるのは、むろん魚だけではない。本書によると、ヒヒの群れは進行方向を多数決で決め、百獣の王ライオンはむやみに血を流すのではなく、敵と味方の数を数えて、戦うか逃げるかを決める。さらに驚くのは、自分の歩数を何千歩も数えるアリや、素数周期を把握できるセミまでいること。そもそも羅針盤も地図も持たない渡り鳥やウミガメが、何千キロも移動して元の場所に戻れるのは、グーグルマップばりの経路計算をしているからだ、と著者は言う。

びっくりではないだろうか？　「数学ができるのは人間だけ」と私たちはうぬぼれているが、どうやら哺乳類から昆虫に至るまで、地球上の生きとし生けるものは、生まれながらに数的な能力を備えているらしいのだ。それは太古の昔に、あらゆる種の共通の祖先がすでに持っていた能力に違いない、と著者はにらんでいる。そしてそのメカニズムが、あらゆる生物の脳内に受け継がれている、と。そう考えると、ペットの犬も部屋の隅に巣を張るクモも、なんだか賢く見えてくる。

「万物は数でできている」とピタゴラスは語り、「宇宙は、数学という言語で書かれている」とガリレオは言った。だから、「この世界で生き延びて繁栄するためには、宇宙の言語を読めなくてはならない」と著者は主張する。本書は、動物たちの数的能力を科学的にひもとくだけでなく、人がいつからどのように数を記録し、おなじみの数字や記数法の発明に至り、世界を発展させてきたのかも垣間見せてくれる。ネアンデルタール人（もしかしたら、さらに古い北京原人）の時代から人は数を数えて記録していた、とか、3桁×2桁の計算に、古代ローマ市民は80回以上のプロセスを踏まなくてはいけなかった、などという話にはわくわくさせられる。

この本には、「へぇー！」と目を見張るような数にまつわるトリビアが詰まっていて、読むと誰かに教えたくなるだろう。数学のみならず心理学や人類学や考古学、神経科学、哲学といった幅広い分野にまたがる少々難しい本ではあるが、知的好奇心が満たされ、数が苦手な人は、動物の話だけを読んでも十分に楽しめるだろう。

最後に、原稿の査読をしてくださったクオンツ（編集注：金融工学を駆使する専門職）でありＣＦＡ協会認定証券アナリストの冨島佑允先生、丁寧にサポートしてくださった校閲者のみなさまと担当編集者の青木由美子さんに心より感謝申し上げます。

２０２２年秋　　長澤あかね

amusia. *Journal of the Acoustical Society of America* 130, 4089-4096 (2011).
50：Butterworth, B. *Dyscalculia: From Science to Education* (Routledge, 2019).
51：Rilling, M. in *The Development of Numerical Competence: Animal and Human Models Comparative Cognition and Neuroscience* (eds. S.T. Boysen & E.J. Capaldi) (LEA, 1993).
52：Locke, J. *An Essay Concerning Human Understanding*, ed. J.W. Yolton (J.M. Dent, 1961; originally published 1690).

29：Cantlon, J.F. & Brannon, E.M. Basic math in monkeys and college students. *PLOS Biology* 5, e328（2007）.
30：Mechner, F. Probability relations within response sequence maintained under ratio reinforcement. *Journal of the Experimental Analysis of Behavior* 1, 109-121（1958）.
31：Dantzig, T. *Number: The Language of Science*, fourth ed.（Allen & Unwin, 1962）.
32：Kirschhock, M.E., Ditz, H.M. & Nieder, A. Behavioral and neuronal representation of numerosity zero in the crow. *Journal of Neuroscience* 41, 4889-4896（2021）.
33：Biro, D. & Matsuzawa, T. Use of numerical symbols by the chimpanzee（*Pan troglodytes*）: Cardinals, ordinals, and the introduction of zero. *Animal Cognition* 4, 193-199（2021）.
34：Merritt, D.J. & Brannon, E.M. Nothing to it: Precursors to a zero concept in preschoolers. *Behavioural Processes* 93, 91-97（2013）.
35：Merritt, D.J., Rugani, R. & Brannon, E.M. Empty sets as part of the numerical continuum: Conceptual precursors to the zero concept in rhesus monkeys. *Journal of Experimental Psychology: General* 138, 258-269（2009）.
36：Howard, S.R., Avarguès-Weber, A., Garcia, J.E., Greentree, A.D. & Dyer, A.G. Numerical ordering of zero in honey bees. *Science* 360, 1124（2018）.
37：Cipolotti, L., Butterworth, B. & Warrington, E.K. From 'One thousand nine hundred and forty-five' to *1000,945*. *Neuropsychologia* 32, 503-509（1994）.
38：Benavides-Varela, S. et al. Zero in the brain: A voxel-based lesionsymptom mapping study in right hemisphere damaged patients. *Cortex* 77, 38-53（2015）.
39：Devlin, K.J. *Finding Fibonacci*（Princeton University Press, 2017）.
40：Davis, H. & Pérusse, R. Numerical competence in animals: Definitional issues, current evidence and a new research agenda. *Behavioral and Brain Sciences* 11, 561-579（1988）.
41：Hedrich, R. & Neher, E. Venus flytrap: How an excitable, carnivorous plant works. *Trends in Plant Science* 23, 220-234（2018）.
42：Nieder, A. *A Brain for Numbers: The Biology of the Number Instinct*（MIT Press, 2019）.
43：Whiteley, M., Diggle, S.P. & Greenberg, E.P. Progress in and promise of bacterial quorum sensing research. *Nature* 551, 313-320（2017）.
44：Roitman, J.D., Brannon, E.M. & Platt, M.L. Monotonic coding of numerosity in macaque lateral intraparietal area. *PLOS Biology* 5, e208（2007）.
45：Testolin, A., Dolfi, S., Rochus, M. & Zorzi, M. Visual sense of number vs sense of magnitude in humans and machines. *Scientific Reports* 10, 10045, doi:10.1038/s41598-020-66838-5（2020）.
46：Giaquinto, M. Philosophy of number. In: Cohen Kadosh, R. & Dowker, A., eds. *The Oxford Handbook of Numerical Cognition*（Oxford University Press, 2015）.
47：Tegmark, M. *Our Mathematical Universe: My Quest for the Ultimate Nature of Reality*（Vintage, 2014）.
48：Siniscalchi, M., d'Ingeo, S., Fornelli, S. & Quaranta, A. Are dogs red-green colour blind? *Royal Society Open Science* 4, 170869, doi:10.1098/rsos.170869（2017）.
49：Tillmann, B. et al. Fine-grained pitch processing of music and speech in congenital

association cortex of the cat. *Science* 168, 271 (1970).
7：Dehaene, S. & Changeux, J.-P. Development of elementary numerical abilities: neuronal model. *Journal of Cognitive Neuroscience* 5, 390-407 (1993).
8：Zorzi, M., Stoianov, I. & Umilta, C. in *Handbook of Mathematical Cognition* (ed. J.I.D. Campbell), 67-84 (Psychology Press, 2005).
9：Nieder, A., Freedman, D.J. & Miller, E.K. Representation of the quantity of visual items in the primate prefrontal cortex. *Science* 297, 1708-1711 (2002).
10：Verguts, T. & Fias, W. Representation of number in animals and humans: A neural model. *Journal of Cognitive Neuroscience* 16, 1493-1504 (2004).
11：Leslie, A.M., Gelman, R. & Gallistel, C.R. The generative basis of natural number concepts. *Trends in Cognitive Sciences* 12, 213-218 (2008).
12：Stoianov, I., Zorzi, M. & Umiltà, C. The role of semantic and symbolic representations in arithmetic processing: Insights from simulated dyscalculia in a connectionist model. *Cortex* 40, 194-196 (2004).
13：Butterworth, B., Varma, S. & Laurillard, D. Dyscalculia: From brain to education. *Science* 332, 1049-1053 (2011).
14：Bisazza, A. et al. Collective enhancement of numerical acuity by meritocratic leadership in fish. *Scientific Reports* 4 (2014).
15：Tolman, E.C. Cognitive maps in rats and men. *Psychological Review* 55, 189-208 (1948).
16：O'Keefe, J. & Nadel, L. *The Hippocampus as a Cognitive Map* (Oxford University Press, 1978).
17：Derdikman, D. & Moser, E.I. in *Space, Time and Number in the Brain* (eds. S. Dehaene & E.M. Brannon), 41-57 (Academic Press, 2011).
18：Dehaene, S., Brannon, E. *Space, Time and Number in the Brain: Searching for the Foundations of Mathematical Thought* (Oxford University Press, 2011).
19：Auel, J. M. *The Clan of the Cave Bear* (Hodder & Stoughton, 1980).
20：Russell, B. *Introduction to Mathematical Philosophy* (Allen & Unwin, 1956; originally published in 1919).
21：Cordes, S., Gelman, R., Gallistel, C.R. & Whalen, J. Variability signatures distinguish verbal from nonverbal counting for both large and small numbers. *Psychonomic Bulletin & Review* 8, 698-707 (2001).
22：Hauser, M.D., Chomsky, N. & Fitch, W.T. The faculty of language: What is it, who has it, and how did it evolve? *Science* 298, 1569-1579 (2002).
23：Hurford, J.R. *The Linguistic Theory of Numerals* (Cambridge University Press, 1975).
24：Whitehead, A.N. *An Introduction to Mathematics* (Oxford University Press, 1948; originally published in 1911).
25：Flegg, G. *Numbers through the Ages* (Macmillan, 1989).
26：Swetz, F.J. *Capitalism and Arithmetic: The New Math of the 15th Century* (Open Court, 1987).
27：Le Guin, U.K. *The Wind's Twelve Quarters* (Harper & Row, 1975).
28：Matsuzawa, T. Use of numbers by a chimpanzee. *Nature* 315, 57-59 (1985).

395 (2017).
27：Eberhard, W.G. & Wcislo, W.T. in *Advances in Insect Physiology* 40 (ed. J. Casas), 155-214 (Academic Press, 2011).
28：Rodríguez, R.L., Briceño, R.D., Briceño-Aguilar, E. & Höbel, G. *Nephila clavipes* spiders (Araneae: *Nephilidae*) keep track of captured prey counts: Testing for a sense of numerosity in an orb-weaver. *Animal Cognition* 18, 307-314 (2015).
29：Davis, H. & Pérusse, R. Numerical competence in animals: Definitional issues, current evidence and a new research agenda. *Behavioral and Brain Sciences* 11, 561-579 (1988).
30：Pollard, S.D. Robert Jackson's career understanding spider minds. *New Zealand Journal of Zoology* 43, 4-9 (2016).
31：Cross, F.R. & Jackson, R.R. Specialised use of working memory by *Portia africana*, a spider-eating salticid. *Animal Cognition* 17, 435-444 (2014).
32：Nelson, X.J. & Jackson, R.R. The role of numerical competence in a specialized predatory strategy of an araneophagic spider. *Animal Cognition* 15, 699-710 (2012).
33：Vasas, V. & Chittka, L. Insect-inspired sequential inspection strategy enables an artificial network of four neurons to estimate numerosity. *iScience* 11, 85-92 (2019).
34：MaBouDi, H. et al. Bumblebees use sequential scanning of countable items in visual patterns to solve numerosity tasks. *Integrative and Comparative Biology* 60, 929-942 (2020).
35：Hochner, B. An Embodied View of Octopus Neurobiology. *Current Biology,* 2012;22 (20):R887-R892.
36：Yang, T.-I. & Chiao, C.-C. Number sense and state-dependent valuation in cuttlefish. *Proceedings of the Royal Society B: Biological Sciences* 283, 20161379 (2016).
37：Patel, R.N. & Cronin, T.W. Mantis shrimp navigate home using celestial and idiothetic path integration. *Current Biology* 30, 1981-1987.e1983 (2020). Patel, R.N. & Cronin, T.W. Landmark navigation in a mantis shrimp. *Proceedings of the Royal Society B: Biological Sciences* 287, 2020.1898 (2020).
38：Bisazza, A. & Gatto, E. Continuous versus discrete quantity discrimination in dune snail (Mollusca: *Gastropoda*) seeking thermal refuges. *Scientific Reports* 11, 3757 (2021).

第10章

1：Gallistel, C.R. Animal cognition: The representation of space, time and number. *Annual Review of Psychology* 40, 155-189 (1989).
2：Giaquinto, M. in *The Oxford Handbook of Numerical Cognition* (eds. R. Cohen Kadosh & A. Dowker), 17-31 (Oxford University Press, 2015).
3：Koehler, O. „Zähl"-Versuche an einem Kolkraben und Vergleichsversuche an Menschen. *Zeitschrift für Tierpsychologie* 5, 575-712 (1943).
4：Santens, S., Roggeman, C., Fias, W. & Verguts, T. Number processing pathways in human parietal cortex. *Cerebral Cortex* 20, 77-88 (2010).
5：Roitman, J.D., Brannon, E.M. & Platt, M.L. Monotonic coding of numerosity in macaque lateral intraparietal area. *PLOS Biology*, doi:10.1371/journal.pbio.0050208 (2007).
6：Thompson, R.F., Mayers, K.S., Robertson, R.T. & Patterson, C.J. Number coding in

164 (1995).
8 : Dacke, M., & Srinivasan, M. Evidence for counting in insects. *Animal Cognition*, 2008;11 (7):683-9.
9 : Collett, T.S. Path integration: How details of the honeybee waggle dance and the foraging strategies of desert ants might help in understanding its mechanisms. *Journal of Experimental Biology* 222, jeb205187 (2019).
10 : Couvillon, M.J., Schürch, R. & Ratnieks, F.L.W. Waggle dance distances as integrative indicators of seasonal foraging challenges. *PLOS ONE* (2014).
11 : Seid, M., Seid, M.A., Castillo, A. & Wcislo, W.T. The allometry of brain miniaturization in ants. *Brain, Behavior and Evolution* 77, 5-13 (2011).
12 : Papi, F. Animal navigation at the end of the century: A retrospect and a look forward. *Italian Journal of Zoology* 68, 171-180 (2001).
13 : Huber, R. & Knaden, M. Egocentric and geocentric navigation during extremely long foraging paths of desert ants. *Journal of Comparative Physiology A* 201, 609-616 (2015).
14 : Wittlinger, M., Wehner, R. & Wolf, H. The ant odometer: Stepping on stilts and stumps. *Science* 312, 1965 (2006).
15 : Wittlinger, M., Wehner, R. & Wolf, H. The desert ant odometer: A stride integrator that accounts for stride length and walking speed. *Journal of Experimental Biology* 210, 198 (2007).
16 : D'Ettorre, P., Meunier, P., Simonelli, P. & Call, J. Quantitative cognition in carpenter ants. *Behavioral Ecology and Sociobiology* 75, 86 (2021).
17 : Cammaerts, M.-C., Cammaerts, R. Influence of Shape, Color, Size and Relative Position of Elements on Their Counting by an Ant. *International Journal of Biology*, 12, 13-25 (2020).
18 : Gross, H. et al. Number-based visual generalisation in the honey-bee. *PLOS ONE* 4, e4263 (2009).
19 : Howard, S.R., Avarguès-Weber, A., Garcia, J.E., Greentree, A.D. & Dyer, A.G. Numerical cognition in honeybees enables addition and subtraction. *Science Advances* 5, eaav0961 (2019).
20 : Bortot, M. et al. Honeybees use absolute rather than relative numerosity in number discrimination. *Biology Letters* 15, 2019.0138 (2019).
21 : Howard, S.R., Avarguès-Weber, A., Garcia, J.E., Greentree, A.D. & Dyer, A.G. Numerical ordering of zero in honey bees. *Science* 360, 1124 (2018).
22 : Bortot, M., Stancher, M. & Vallortigara, G. Transfer from number to size reveals abstract coding of magnitude in honeybees. *iScience* (2020).
23 : Carazo, P., Fernández-Perea, R., Font, E. Quantity Estimation Based on Numerical Cues in the Mealworm Beetle (*Tenebrio molitor*). *Frontiers in Psychology*, 2012;3.
24 : Gould, S.J. *Ever since Darwin: Reflections in Natural History*. New York: W W Norton & Co (1977).
25 : Karban, R., Black, C.A. & Weinbaum, S.A. How 17-year cicadas keep track of time. *Ecology Letters* 3, 253-256 (2000).
26 : Japyassú, H.F. & Laland, K.N. Extended spider cognition. *Animal Cognition* 20, 375-

9：Dadda, M., Piffer, L., Agrillo, C. & Bisazza, A. Spontaneous number representation in mosquitofish. *Cognition* 112, 343-348（2009）.
10：Bisazza, A. et al. Collective enhancement of numerical acuity by meritocratic leadership in fish. *Scientific Reports* 4, doi:10.1038/srep04560（2014）.
11：Miletto Petrazzini, M.E., Agrillo, C., Izard, V. & Bisazza, A. Relative versus absolute numerical representation in fish: Can guppies represent 'fourness'? *Animal Cognition* 18, 1007-1017（2015）.
12：Agrillo, C., Dadda, M., Serena, G. & Bisazza, A. Use of number by fish. *PLOS ONE* 4, doi:10.1371/journal.pone.0004786（2009）.
13：Bahrami, B., Didino, D., Frith, C., Butterworth, B. & Rees, G. Collective enumeration. *Journal of Experimental Psychology: Human Perception and Performance* 39, 338-347, doi:10.1037/a0029717（2013）.
14：Butterworth, B. *Dyscalculia: From Science to Education*（Routledge, 2019）.
15：Ward, A.J.W. et al. Initiators, leaders, and recruitment mechanisms in the collective movements of damselfish. *The American Naturalist* 181, 748-760, doi:10.1086/670242（2013）.
16：Glasauer, S.M.K. & Neuhauss, S.C.F. Whole-genome duplication in teleost fishes and its evolutionary consequences. *Molecular Genetics and Genomics* 289, 1045-1060, doi:10.1007/s00438-014-0889-2（2014）.
17：Wang, S. et al. Evolutionary and expression analyses show co-option of khdrbs genes for origin of vertebrate brain. *Frontiers in Genetics* 8, 225（2018）.
18：Messina, A., Potrich, D., Schiona, I., Sovrano, V.A., Fraser, S.E., Brennan, C.H., et al. Neurons in the Dorso-Central Division of Zebrafish Pallium Respond to Change in Visual Numerosity. *Cerebral Cortex* https://doi.org/10.1093/cercor/bhab218（2021）.
19：Thorpe, W.H. *Learning and Instinct in Animals*（Methuen, 1963）.

第9章

1：Polilov, A.A. & Makarova, A.A. The scaling and allometry of organ size associated with miniaturization in insects: A case study for *Coleoptera* and *Hymenoptera*. *Scientific Reports* 7（2017）.
2：Eberhard, W.G. & Wcislo, W.T. Plenty of room at the bottom. *American Scientist* 100, 226-233（2012）.
3：von Frisch, K. *The Dance Language and Orientation of Bees*（Harvard University Press, 1967）.
4：Papi, F. Animal navigation at the end of the century: A retrospect and a look forward. *Italian Journal of Zoology* 68, 171-180（2001）.
5：Stone, T. et al. An anatomically constrained model for path integration in the bee brain. *Current Biology* 27, 3069-3085.e3011（2017）.
6：Skorupski, P., MaBouDi, H., Galpayage Dona, H.S. & Chittka, L. Counting insects. *Philosophical Transactions of the Royal Society B: Biological Sciences* 373（2018）.
7：Chittka, L., & Geiger, K. Can honey bees count landmarks? *Animal Behaviour* 49, 159-

8 : Angier, N. in *New York Times* (2018).
9 : Gerhardt, H.C., Roberts, J.D., Bee, M.A. & Schwartz, J.J. Call matching in the quacking frog (*Crinia georgiana*). *Behavioral Ecology and Sociobiology* 48, 243-251 (2000).
10 : Balestrieri, A., Gazzola, A., Pellitteri-Rosa, D. & Vallortigara, G. Discrimination of group numerousness under predation risk in anuran tadpoles. *Animal Cognition* 22, 223-230 (2019).
11 : Stancher, G., Rugani, R., Regolin, L. & Vallortigara, G. Numerical discrimination by frogs (*Bombina orientalis*). *Animal Cognition* 18, 219-229 (2015).
12 : MacLean, P.D. *The Triune Brain in Evolution: Role in Paleocerebral Functions* (Plenum Press, 1990).
13 : Davis, H. & Pérusse, R. Numerical competence in animals: Definitional issues, current evidence and a new research agenda. *Behavioral and Brain Sciences* 11, 561-579 (1988).
14 : Miletto Petrazzini, M.E., Bertolucci, C. & Foà, A. Quantity discrimination in trained lizards (*Podarcis sicula*). *Frontiers in Psychology* 9, 274 (2018).
15 : Gazzola, A., Vallortigara, G. & Pellitteri-Rosa, D. Continuous and discrete quantity discrimination in tortoises. *Biology Letters* 14, 2018.0649 (2018).
16 : Darwin, C. Perception in the lower animals. *Nature* 7, 360 (1873).
17 : Gould, James L. Animal navigation: Memories of home. *Current Biology* 25, R104-R106 (2015).
18 : Brothers, J.R. & Lohmann, Kenneth J. Evidence for geomagnetic imprinting and magnetic navigation in the natal homing of sea turtles. *Current Biology* 25, 392-396 (2015).

第8章

1 : Agrillo, C. & Bisazza, A. Understanding the origin of number sense: A review of fish studies. *Philosophical Transactions of the Royal Society B: Biological Sciences* 373 (2018).
2 : Thorpe, W.H. *Learning and Instinct in Animals*, 2nd ed. (Methuen, 1963).
3 : Tinbergen, N. The Curious behavior of the stickleback. *Scientific American* 187, 22-27 (1952).
4 : Agrillo, C., Dadda, M., Serena, G. & Bisazza, A. Do fish count? Spontaneous discrimination of quantity in female mosquitofish. *Animal Cognition* 11, 495-503 (2008).
5 : Hager, M.C. & Helfman, G.S. Safety in numbers: shoal size choice by minnows under predatory threat. *Behavioral Ecology and Sociobiology* 29, 271-276 (1991).
6 : Frommen, J.G., Hiermes, M. & Bakker, T.C.M. Disentangling the effects of group size and density on shoaling decisions of three-spined sticklebacks (*Gasterosteus aculeatus*). *Behavioral Ecology and Sociobiology* 63, 1141-1148 (2009).
7 : Agrillo, C., Piffer, L., Bisazza, A. & Butterworth, B. Evidence for two numerical systems that are similar in humans and guppies. *PLOS ONE* 7, e31923, doi:10.1371/journal.pone.0031923 (2012).
8 : Vetter, P., Butterworth, B. & Bahrami, B. A candidate for the attentional bottleneck: Set-size specific modulation of the right TPJ during attentive enumeration. *Journal of Cognitive Neuroscience* 23, 728-736, doi:10.1162/jocn.2010.21472 (2010).

Behavioral Ecology 27, 865-875 (2016).
22：Armstrong, C. et al. Homing pigeons respond to time-compensated solar cues even in sight of the loft. *PLOS ONE* 8, e63130 (2013).
23：Padget, O. et al. Shearwaters know the direction and distance home but fail to encode intervening obstacles after free-ranging foraging trips. *Proceedings of the National Academy of Sciences* 116, 21629 (2019).
24：Thorup, K. et al. Evidence for a navigational map stretching across the continental US in a migratory songbird. *Proceedings of the National Academy of Sciences* 104, 18115 (2007).
25：https://sites.google.com/site/michaelhammondhistoryofscience/project/chip-log
26：Collett, T.S. Path integration: how details of the honeybee waggle dance and the foraging strategies of desert ants might help in understanding its mechanisms. *Journal of Experimental Biology* 222, jeb205187 (2019).
27：Gallistel, C.R. Finding numbers in the brain. *Philosophical Transactions of the Royal Society B: Biological Sciences* 373, 2017.0119 (2018).
28：Gallistel, C.R. in *The Sailing Mind: Studies in Brain and Mind* (ed. Roberto Casati) (forthcoming).
29：Olkowicz, S. et al. Birds have primate-like numbers of neurons in the forebrain. *Proceedings of the National Academy of Sciences* 113, 7255-7260 (2016).
30：O'Keefe, J. & Dostrovsky, J. The hippocampus as a spatial map: Preliminary evidence from unit activity in the freely-moving rat. *Brain Research* 34, 171-175 (1971).
31：Wirthlin, M. et al. Parrot genomes and the evolution of heightened longevity and cognition. *Current Biology* 28, 4001-4008.e7 (2018).
32：Lovell, P.V., Huizinga, N.A., Friedrich, S.R., Wirthlin, M. & Mello, C.V. The constitutive differential transcriptome of a brain circuit for vocal learning. *BMC Genomics* 19, 231 (2018).

第7章

1：Naumann, R. et al. The reptilian brain. *Current Biology* 25, R317-R321 (2015).
2：Northcutt, R.G. Understanding vertebrate brain evolution. *Integrative and Comparative Biology* 42, 743-756 (2002).
3：Uller, C., Jaeger, R., Guidry, G. & Martin, C. Salamanders (*Plethodon cinereus*) go for more: Rudiments of number in an amphibian. *Animal Cognition* 6, 105-112 (2003).
4：Hauser, M.D., Carey, S. & Hauser, L.B. Spontaneous number representation in semi-free-ranging rhesus monkeys. *Proceedings of the Royal Society B* 267, 829-833 (2000).
5：Miletto Petrazzini, M.E. et al. Quantitative abilities in a reptile (*Podarcis sicula*). *Biology Letters* 13, 2016.0899 (2017).
6：Klump, G.M. & Gerhardt, H.C. Use of non-arbitrary acoustic criteria in mate choice by female gray tree frogs. *Nature* 326, 286-288 (1987).
7：Rose, G.J. The numerical abilities of anurans and their neural correlates: Insights from neuroethological studies of acoustic communication. *Philosophical Transactions of the Royal Society B: Biological Sciences* 373 (2018).

permanence in grey parrot (*Psittacus erithacus*). *Journal of Comparative Psychology* 111, 63-75 (1997).

2 : Pepperberg, I.M. Acquisition of the same/different concept by an African Grey parrot (*Psittacus erithacus*): Learning with respect to categories of color, shape, and material. *Animal Learning & Behavior* 15, 423-432 (1987).

3 : Pepperberg, I.M. Numerical competence in an African gray parrot (*Psittacus erithacus*). *Journal of Comparative Psychology* 108, 36-44 (1994).

4 : Pepperberg, I.M. Grey parrot (*Psittacus erithacus*) numerical abilities: Addition and further experiments on a zero-like concept. *Journal of Comparative Psychology* 120, 1-11 (2006).

5 : Pepperberg, I.M. & Carey, S. Grey parrot number acquisition: The inference of cardinal value from ordinal position on the numeral list. *Cognition* 125, 219-232 (2012).

6 : Sarnecka, B.W. & Gelman, S.A. Six does not just mean a lot: preschoolers see number words as specific. *Cognition* 92, 329-352 (2004).

7 : Pepperberg, I.M. in *Mathematical Cognition and Learning*, Vol. 1 (eds. D.C. Geary, D.B. Berch & K. Mann Koepke), 67-89 (Elsevier, 2015).

8 : Koehler, O. The ability of birds to count. *Bulletin of Animal Behaviour* 9, 41-45 (1950).

9 : Koehler, O. „Zähl"-Versuche an einem Kolkraben und Vergleichsversuche an Menschen. *Zeitschrift für Tierpsychologie* 5, 575-712 (1943).

10 : Thorpe, W.H. *Learning and Instinct in Animals*, second edn (Methuen, 1963).

11 : Ditz, H.M. & Nieder, A. Neurons selective to the number of visual items in the corvid songbird endbrain. *Proceedings of the National Academy of Sciences* 112, 7827-7832 (2015).

12 : Scarf, D., Hayne, H. & Colombo, M. Pigeons on par with primates in numerical competence. *Science* 334, 1664 (2011).

13 : Rugani, R. Towards numerical cognition's origin: Insights from day-old domestic chicks. *Philosophical Transactions of the Royal Society B: Biological Sciences* 373, 2016.0509 (2018).

14 : Rugani, R., Fontanari, L., Simoni, E., Regolin, L. & Vallortigara, G. Arithmetic in newborn chicks. *Proceedings of the Royal Society B* 276, 2451-2460 (2009).

15 : Rilling, M. in *The Development of Numerical Competence: Animal and Human Models Comparative Cognition and Neuroscience* (eds. S.T. Boysen & E.J. Capaldi) (LEA, 1993).

16 : Lyon, B. Egg recognition and counting reduce costs of avian conspecific brood parasitism. *Nature* 422, 495-499 (2003).

17 : White, D.J., Ho, L. & Freed-Brown, G. Counting chicks before they hatch: Female cowbirds can time readiness of a host nest for parasitism. *Psychological Science* 20, 1140-1145 (2009).

18 : Searcy, W.A. & Nowicki, S. Birdsong learning, avian cognition and the evolution of language. *Animal Behaviour* 151, 217-227 (2019).

19 : Nottebohm, F. The neural basis of birdsong. *PLOS Biology* 3, e164 (2005).

20 : Gill, R.E. et al. Hemispheric-scale wind selection facilitates bar-tailed godwit circum-migration of the Pacific. *Animal Behaviour* 90, 117130 (2014).

21 : Åkesson, S. & Bianco, G. Assessing vector navigation in long-distance migrating birds.

5：Benson-Amram, S., Heinen, V.K., Dryer, S.L. & Holekamp, K.E. Numerical assessment and individual call discrimination by wild spotted hyaenas, *Crocuta crocuta*. *Animal Behaviour* 82, 743-752（2011）.
6：Mechner, F. Probability relations within response sequences under ratio reinforcement. *Journal of the Experimental Analysis of Behavior* 1, 109-122（1958）.
7：Meck, W.H. & Church, R.M. A mode control model of counting and timing processes. *Journal of Experimental Psychology: Animal Behavior Processes* 9, 320-334（1983）.
8：Panteleeva, S., Reznikova, Z. & Vygonyailova, O. Quantity judgments in the context of risk/reward decision making in striped field mice: first 'count', then hunt. *Frontiers in Psychology* 4, 53（2013）.
9：Çavdaroğlu, B. & Balcı, F. Mice can count and optimize count-based decisions. *Psychonomic Bulletin & Review* 23, 1-6（2015）.
10：Mortensen, H.S. et al. Quantitative relationships in delphinid neocortex. *Front Neuroanat* 8, 132（2014）.
11：Fields, R.D. Of whales and men. *Scientific American*, https://blogs.scientificamerican.com/news-blog/are-whales-smarter-than-we-are/（2008）.
12：Fox, K.C.R., Muthukrishna, M. & Shultz, S. The social and cultural roots of whale and dolphin brains. *Nature Ecology & Evolution* 1, 1699-1705（2017）.
13：Pryor, K. & Lindbergh, J. A dolphin-human fishing cooperative in Brazil. *Marine Mammal Science* 6, 77-82（1990）.
14：Garrigue, C., Clapham, P.J., Geyer, Y., Kennedy, A.S. & Zerbini, A.N. Satellite tracking reveals novel migratory patterns and the importance of seamounts for endangered South Pacific humpback whales. *Royal Society Open Science* 2, 150489（2015）.
15：Patzke, N. et al. In contrast to many other mammals, cetaceans have relatively small hippocampi that appear to lack adult neurogenesis. *Brain Structure and Function* 220, 361-383（2015）.
16：Abramson, J.Z., Hernández-Lloreda, V., Call, J. & Colmenare, F. Relative quantity judgments in the beluga whale（*Delphinapterus leucas*）and the bottlenose dolphin（*Tursiops truncatus*）. *Behavioural Processes* 96, 11-19.
17：Kilian, A., Yaman, S., Von Fersen, L. & Güntürkün, O. A bottlenose dolphin discriminates visual stimuli differing in numerosity. *Learning and Behavior* 31, 133-142（2003）.
18：Davis, H. & Bradford, S. A. Counting behavior by rats in a simulated natural environment. *Ethology* 73, 265-280（1986）.
19：Suzuki, K. & Kobayashi, T. Numerical competence in rats（*Rattus norvegicus*）: Davis and Bradford（1986）extended. *Journal of Comparative Psychology* 114, 73-85（2000）.
20：Thompson, R.F., Mayers, K.S., Robertson, R.T. & Patterson, C.J. Number Coding in association cortex of the cat. *Science* 168, 271-273（1970）.

第6章

1：Pepperberg, I.M., Willner, M.R. & Gravitz, L.B. Development of Piagetian object

science.aaa5099 (2015).
31：Santens, S., Roggeman, C., Fias, W. & Verguts, T. Number processing pathways in human parietal cortex. *Cerebral Cortex* 20, 77-88, doi:10.1093/cercor/bhp080 (2010).
32：Castelli, F., Glaser, D.E. & Butterworth, B. Discrete and analogue quantity processing in the parietal lobe: A functional MRI study. *Proceedings of the National Academy of Sciences of the United States of America* 103, 4693-4698 (2006).
33：Piazza, M., Mechelli, A., Price, C.J. & Butterworth, B. Exact and approximate judgements of visual and auditory numerosity: An fMRI study. *Brain Research* 1106, 177-188 (2006).
34：Roitman, J.D., Brannon, E.M. & Platt, M.L. Monotonic coding of numerosity in macaque lateral intraparietal area. *PLOS Biology*, doi:10.1371/journal.pbio.0050208 (2007).
35：Della Puppa, A. et al. Right parietal cortex and calculation processing: Intraoperative functional mapping of multiplication and addition in patients affected by a brain tumor. *Journal of Neurosurgery* 119, 1107-1111, doi:10.3171/2013.6.JNS122445 (2013).
36：Nieder, A., Freedman, D.J. & Miller, E.K. Representation of the quantity of visual items in the primate prefrontal cortex. *Science* 297, 1708-1711 (2002).
37：Nieder, A., Diester, I. & Tudusciuc, O. Temporal and spatial enumeration processes in the primate parietal cortex. *Science* 313, 1431-1435 (2006).
38：Nieder, A. *A Brain for Numbers: The Biology of the Number Instinct* (MIT Press, 2019).
39：Semenza, C., Salillas, E., De Pallegrin, S. & Della Puppa, A. Balancing the two Hemispheres in simple calculation: Evidence from direct cortical electrostimulation. *Cerebral Cortex* 27, 4806-4814, doi:10.1093/cercor/bhw277 (2017).
40：Salillas, E. et al. A MEG study on the processing of time and quantity: Parietal overlap but functional divergence. *Frontiers in Psychology* 10, 139 (2019).
41：Zhao, H. et al. Arithmetic learning modifies the functional connectivity of the fronto-parietal network. *Cortex* 111, 51-62, https://doi.org/10.1016/j.cortex.2018.07.016 (2019).
42：Matejko, A.A. & Ansari, D. Drawing connections between white matter and numerical and mathematical cognition: A literature review. *Neuroscience & Biobehavioral Reviews* 48, 35-52, http://dx.doi.org/10.1016/j.neubiorev.2014.11.006 (2015).

第5章

1：Grinnell, J., Packer, C. & Pusey, A.E. Cooperation in male lions: Kinship, reciprocity or mutualism? *Animal Behaviour* 49, 95-105 (1995).
2：McComb, K., Packer, C. & Pusey, A. Roaring and numerical assessment in contests between groups of female lions, *Panthera leo*. *Animal Behaviour* 47, 379-387 (1994).
3：McComb, K. Female choice for high roaring rates in red deer, *Cervus elaphus*. *Animal Behaviour* 41, 79-88 (1991).
4：Benson-Amram, S., Gilfillan, G. & McComb, K. Numerical assessment in the wild: Insights from social carnivores. *Philosophical Transactions of the Royal Society B: Biological Sciences* 373 (2018).

15：Sawamura, H., Shima, K. & Tanji, J. Numerical representation for action in the parietal cortex of the monkey. *Nature* 415, 918-922（2002).
16：Davis, H. & Pérusse, R. Numerical competence in animals: Definitional issues, current evidence and a new research agenda. *Behavioral and Brain Sciences* 11, 561-579（1988).
17：Davis, H. & Memmott, J. Counting behavior in animals: A critical evaluation. *Psychological Bulletin* 92, 547-571, https://doi.org/10.1037/0033-2909.92.3.547（1982).
18：Cantlon, J.F. & Brannon, E.M. How much does number matter to a monkey（*Macaca mulatta*）? *Journal of Experimental Psychology: Animal Behavior Processes* 33, 32-41, https://doi.org/10.1037/0097-7403.33.1.32（2007).
19：Cantlon, J.F. & Brannon, E.M. Shared system for ordering small and large numbers in monkeys and humans. *Psychological Science* 17, 401-406, doi:10.1111/j.1467-9280.2006.01719.x（2006).
20：Cantlon, J.F. & Brannon, E.M. Basic math in monkeys and college students. *PLOS Biology* 5, e328, doi:10.1371/journal.pbio.0050328（2007).
21：Livingstone, M.S. et al. Symbol addition by monkeys provides evidence for normalized quantity coding. *Proceedings of the National Academy of Sciences* 111, 6822, doi:10.1073/pnas.1404208111（2014).
22：Hauser, M.D., Carey, S. & Hauser, L.B. Spontaneous number representation in semi-free-ranging rhesus monkeys. *Proceedings of the Royal Society B* 267, 829-833（2000).
23：Jordan, K.E., Brannon, E.M., Logothetis, N.K. & Ghazanfar, A.A. Monkeys match the number of voices they hear to the number of faces they see. *Current Biology* 15, 1034-1038（2005).
24：Jordan, K.E. & Brannon, E.M. The multisensory representation of number in infancy. *Proceedings of the National Academy of Sciences of the United States of America* 103, 3486-3489（2006).
25：Flombaum, J.I., Jungea, J.A. & Hauser, M.D. Rhesus monkeys（*Macaca mulatta*）spontaneously compute addition operations over large numbers. *Cognition* 97, 315-325（2005).
26：Brotcorne, F. et al. Intergroup variation in robbing and bartering by long-tailed macaques at Uluwatu Temple（Bali, Indonesia). *Primates* 58, 505-516, doi:10.1007/s10329-017-0611-1（2017).
27：Leca, J.-B., Gunst, N., Gardiner, M. & Nengah Wandia, I. Acquisition of object-robbing and object/food-bartering behaviours: A culturally maintained token economy in freeranging long-tailed macaques. *Philosophical Transactions of the Royal Society B* 376:20190677, https://doi.org/10.1098/rstb.2019.0677（2021).
28：Ratcliffe, R. Bali's thieving monkeys can spot high-value items to ransom. *Guardian*（2021).
29：Cantlon, J.F., Piantadosi, S.T., Ferrigno, S., Hughes, K.D. & Barnard, A.M. The origins of counting algorithms. *Psychological Science* 26, 853-865, doi:10.1177/0956797615572907（2015).
30：Strandburg-Peshkin, A., Farine, D.R., Couzin, I.D. & Crofoot, M.C. Shared decision-making drives collective movement in wild baboons. *Science* 348, 1358, doi:10.1126/

25：Lewis-Williams, D. *Conceiving God: The Cognitive Origin and Evolution of Religion*（Thames & Hudson, 2011）.

26：Pagel, M. & Meade, A. The deep history of the number words. *Philosophical Transactions of the Royal Society B: Biological Sciences* 373（2018）.

27：Bowern, C. & Zentz, J. Diversity in the numeral systems of Australian languages. *Anthropological Linguistics* 54, 133-160（2012）.

28：Dixon, R.M.W. *The Languages of Australia*（Cambridge University Press, 1980）.

29：Kendon, A. *Sign Languages of Aboriginal Australia: Cultural, Semiotic and Communicative Perspectives*（Cambridge University Press, 1988）.

第4章

1：Matsuzawa, T. The Ai project: Historical and ecological context. *Animal Cognition* 6, 199-211, doi:10.1007/s10071-003-0199-2（2003）.

2：Fouts, R. & Mills, S. *Next of Kin*（Michael Joseph, 1997）.

3：Tomonaga, M. & Matsuzawa, T. Enumeration of briefly presented items by the chimpanzee（*Pan troglodytes*）and humans（*Homo sapiens*）. *Animal Learning and Behavior* 30, 143-157（2002）.

4：Inoue, S. & Matsuzawa, T. Working memory of numerals in chimpanzees. *Current Biology* 17, R1004-R1006（2007）.

5：Matsuzawa, T. in *Cognitive Development in Chimpanzees*（eds. T. Matsuzawa, M. Tomonaga & M. Tanaka）, 3-33（Springer Tokyo, 2006）.

6：Menzel, E.W. Chimpanzee spatial memory organization. *Science* 182, 943, doi:10.1126/science.182.4115.943（1973）.

7：Boesch, C. Teaching among wild chimpanzees. *Animal Behaviour* 41, 530-532（1991）.

8：Biro, D., Sousa, C. & Matsuzawa, T. in *Cognitive Development in Chimpanzees*（eds. T. Matsuzawa, M. Tomonaga & M. Tanaka）476-508（Springer, 2006）.

9：Hanus, D. & Call, J. Discrete quantity judgments in the great apes（*Pan paniscus, Pan troglodytes, Gorilla gorilla, Pongo pygmaeus*）: The effect of presenting whole sets versus item-by-item. *Journal of Comparative Psychology* 121, 241-249（2007）.

10：Martin, C.F., Biro, D. & Matsuzawa, T. Chimpanzees spontaneously take turns in a shared serial ordering task. *Scientific Reports* 7, 14307, doi:10.1038/s41598-017-14393-x（2017）.

11：Boesch, C. Symbolic communication in wild chimpanzees? *Human Evolution* 6, 81-89, doi:10.1007/BF02435610（1991）.

12：Wilson, M.L., Hauser, M.D. & Wrangham, R.W. Does participation in intergroup conflict depend on numerical assessment, range location, or rank for wild chimpanzees? *Animal Behavior* 61, 1203-1216（2001）.

13：Boysen, S.T. in *The Development of Numerical Competence: Animal and Human Models Comparative Cognition and Neuroscience*（eds. S.T. Boysen & E.J. Capaldi）（LEA, 1993）.

14：Brannon, E.M. & Terrace, H.S. Ordering of the numerosities 1 to 9 by monkeys. *Science* 282, 746-749（1998）.

2：Friberg, J. Three thousand years of sexagesimal numbers in Mesopotamian mathematical texts. *Archive for History of Exact Sciences* 73, 183-216（2019）.
3：Mattessich, R. Recent insights into Mesopotamian accounting of the 3rd millennium BCE-successor to token accounting. *Accounting Historians Journal* 25, 1-27（1998）.
4：Ifrah, G. *The Universal History of Numbers. From Prehistory to the Invention of the Computer*（Harvill Press, 1998）.
5：Vega, G. *The Royal Commentaries of the Incas(Comentarios reales de los Incas)*（1609; Ediciones el Lector, 2008）.
6：Ascher, M. & Ascher, R. *Code of the Quipu: A Study in Media, Mathematics, and Culture*（University of Michigan Press, 1981）.
7：Hyland, S., Ware, G.A. & Clarke, M. Knot direction in a khipu/ alphabetic text from the Central Andes. *Latin American Antiquity* 25, 189-197（2014）.
8：Hyland, S. Ply, Markedness, and redundancy: New evidence for how Andean khipus encoded information. *American Anthropologist* 116, 643-648（2014）.
9：Quilter, J. et al. Traces of a lost language and number system discovered on the north coast of Peru. *American Anthropologist* 112, 357-369（2010）.
10：Sharer, R.J. *The Ancient Maya. Fifth Edition*（Stanford University Press, 1994）.
11：https://mayaarchaeologist.co.uk/2016/12/28/maya-numbers/
12：D'Errico, F. et al. From number sense to number symbols: An archaeological perspective. *Philosophical Transactions of the Royal Society B: Biological Sciences* 373（2018）.
13：Flegg, G.（Macmillan in association with the Open University, London, 1989）.
14：Powell, A., Shennan, S. & Thomas, M.G. Late Pleistocene demography and the appearance of modern human behavior. *Science* 324, 1298（2009）.
15：D'Errico, F. et al. From number sense to number symbols. An archaeological perspective. *Philosophical Transactions of the Royal Society B: Biological Sciences* 373（2018）.
16：D'Errico, F. Technology, motion and the meaning of epipalaeolithic art. *Current Anthropology* 33, 94-109（1992）.
17：Henshilwood, C.S., d'Errico, F. & Watts, I. Engraved ochres from the Middle Stone Age levels at Blombos Cave, South Africa. *Journal of Human Evolution* 57, 27-47（2009）.
18：D'Errico, F. et al. The technology of the earliest European cave paintings: El Castillo Cave, Spain. *Journal of Archaeological Science* 70, 48-65（2016）.
19：Chauvet, J.-M., Deschamps, E.B. & Hillaire, C. *Chauvet Cave: The Discovery of the World's Oldest Paintings*（Thames & Hudson, 1996）.
20：Clottes, J. *Les Cavernes de Niaux*（Editions du Seuil, 1995）.
21：https://www.youtube.com/watch?v=R1R8yrEGAgw
22：Hoffmann, D.L. et al. U-Th dating of carbonate crusts reveals Neanderthal origin of Iberian cave art. *Science* 359, 91（2018）.
23：Hardy, B.L. et al. Direct evidence of Neanderthal fibre technology and its cognitive and behavioral implications. *Scientific Reports* 10, 4889（2020）.
24：Joordens, J.C.A. et al. *Homo erectus* at Trinil on Java used shells for tool production and engraving. *Nature* 518, 228-231（2015）.

origins of learning abilities and disabilities in the early school years. *Monograph of the Society for Research in Child Development* 72, 1-144 (2007).

57：Tosto, M.G. et al. Why do we differ in number sense? Evidence from a genetically sensitive investigation. *Intelligence* 43, 35-46 (2014).

58：Bishop, D.V.M. & Snowling, M. Developmental dyslexia and specific language impairment: Same or different? *Psychological Bulletin* 130, 858-886 (2004). Paulesu, E. et al. Dyslexia: Cultural diversity and biological unity. *Science* 291, 2165 (2001). Stein, J. & Walsh, V. To see but not to read: The magnocellular theory of dyslexia. *Trends in Neurosciences* 20, 147-152 (1997). Zorzi, M. et al. Extra-large letter spacing improves reading in dyslexia. *Proceedings of the National Academy of Sciences* 109, 11455-11459 (2012).

59：Butterworth, B. *Dyscalculia: From Science to Education* (Routledge, 2019). Butterworth, B., Varma, S. & Laurillard, D. Dyscalculia: From brain to education. *Science* 332, 1049-1053 (2011). Piazza, M. et al. Developmental trajectory of number acuity reveals a severe impairment in developmental dyscalculia. *Cognition* 116, 33-41 (2010).

60：Ranpura et al., under review.

61：Gautam, P., Nuñez, S.C., Narr, K.L., Kan, E.C. & Sowell, E.R. Effects of prenatal alcohol exposure on the development of white matter volume and change in executive function. *NeuroImage: Clinical* 5, 19-27 (2014). Kopera-Frye, K., Dehaene, S. & Streissguth, A.P. Impairments of number processing induced by prenatal alcohol exposure. *Neuropsychologia* 34, 1187-1196 (1996).

62：Isaacs, E.B., Edmonds, C.J., Lucas, A. & Gadian, D.G. Calculation difficulties in children of very low birthweight: A neural correlate. *Brain* 124, 1701-1707 (2001).

63：Butterworth, B. et al. Language and the origins of number skills: Karyotypic differences in Turner's syndrome. *Brain & Language* 69, 486-488 (1999). Bruandet, M., Molko, N., Cohen, L. & Dehaene, S. A cognitive characterization of dyscalculia in Turner syndrome. *Neuropsychologia* 42, 288-298 (2004). Molko, N. et al. Functional and structural alterations of the intraparietal sulcus in a develop-mental dyscalculia of genetic origin. *Neuron* 40, 847-858 (2003).

64：Semenza, C. et al. Genetics and mathematics: FMR1 premutation female carriers. *Neuropsychologia* 50, 3757-3763 (2012).

65：Baron-Cohen, S. et al. A genome wide association study of mathematical ability reveals an association at chromosome 3q29, a locus associated with autism and learning difficulties: A preliminary study. *PLOS ONE* 9, e96374, doi:10.1371/journal.pone.0096374 (2014). Pettigrew, K.A. et al. Lack of replication for the myosin-18B association with mathematical ability in independent cohorts. *Genes, Brain and Behavior* 14, 369-376 (2015).

第3章

1：Friberg, J. Numbers and measures in the earliest written records. *Scientific American* 250, 110-119 (1984).

Psychophysics of number representation. *Psychological Science* 10, 130-137 (1999).
41：Cordes, S., Gelman, R., Gallistel, C.R. & Whalen, J. Variability signatures distinguish verbal from nonverbal counting for both large and small numbers. *Psychonomic Bulletin & Review* 8, 698-707 (2001).
42：Hartnett, P. & Gelman, R. Early understandings of numbers: Paths or barriers to the construction of new understandings? *Learning and Instruction* 8, 341-374 (1998).
43：Cheung, P., Rubenson, M. & Barner, D. To infinity and beyond: Children generalize the successor function to all possible numbers years after learning to count. *Cognitive Psychology* 92, 22-36 (2017).
44：Sarnecka, B.W. & Gelman, S.A. Six does not just mean a lot: preschoolers see number words as specific. *Cognition* 92, 329-352 (2004).
45：Cipolotti, L., Butterworth, B. & Denes, G. A specific deficit for numbers in a case of dense acalculia. *Brain* 114, 2619-2637 (1991).
46：Warrington, E.K. & James, M. Tachistoscopic number estimation in patients with unilateral lesions. *Journal of Neurology, Neurosurgery and Psychiatry* 30, 468-474 (1967).
47：Vetter, P., Butterworth, B. & Bahrami, B. A candidate for the attentional bottleneck: Set-size Specific modulation of the right TPJ during attentive enumeration. *Journal of Cognitive Neuroscience* 23, 728-736 (2010).
48：Arsalidou, M. & Taylor, M.J. Is 2+2=4? Meta-analyses of brain areas needed for numbers and calculations. *NeuroImage* 54, 2382-2393 (2011). Piazza, M., Mechelli, A., Butterworth, B. & Price, C.J. Are subitizing and counting implemented as separate or functionally overlapping processes? *NeuroImage* 15, 435-446 (2002).
49：Castelli, F., Glaser, D.E. & Butterworth, B. Discrete and analogue quantity processing in the parietal lobe: A functional MRI study. *Proceedings of the National Academy of Sciences of the United States of America* 103, 4693-4698 (2006).
50：Piazza, M., Mechelli, A., Price, C.J. & Butterworth, B. Exact and approximate judgements of visual and auditory numerosity: An fMRI study. *Brain Research* 1106, 177-188 (2006).
51：Santens, S., Roggeman, C., Fias, W. & Verguts, T. Number processing pathways in human parietal cortex. *Cerebral Cortex* 20, 77-88 (2010).
52：Line drawings from https://neupsykey.com/2-landmarks/
53：Pesenti, M. et al. Mental calculation expertise in a prodigy is sustained by right prefrontal and medial-temporal areas. *Nature Neuroscience* 4, 103-107 (2001). Butterworth, B. What makes a prodigy? *Nature Neuroscience* 4, 11-12 (2001).
54：Aydin, K. et al. Increased gray matter density in the parietal cortex of mathematicians: A Voxel-Based Morphometry study. *American Journal of Neuroradiology* 28, 1859-1864 (2007). Amalric, M. & Dehaene, S. Origins of the brain networks for advanced mathematics in expert mathematicians. *Proceedings of the National Academy of Sciences* 113, 4909-4917 (2016).
55：Alarcon, M., Defries, J., Gillis Light, J. & Pennington, B. A twin study of mathematics disability. *Journal of Learning Disabilities* 30, 617-623 (1997).
56：Kovas, Y., Haworth, C.M., Dale, P.S. & Plomin, R. The genetic and environmental

20 : Bowern, C. & Zentz, J. Diversity in the numeral systems of Australian languages. *Anthropological Linguistics* 54, 133-160 (2012).
21 : Seidenberg, A. Ritual origin of counting. *Archive for the History of Exact Sciences* 2, 1-40 (1962).
22 : Locke, J. *An Essay Concerning Human Understanding*, ed. J.W. Yolton (J.M. Dent, 1961; originally published 1690). Book II, Chapter XVI.
23 : Aikhenvald, A.Y. *Languages of the Amazon* (Oxford University Press, 2011).
24 : Pica, P., Lemer, C., Izard, V. & Dehaene, S. Exact and approximate calculation in an Amazonian indigene group with a reduced number lexicon. *Science* 306, 499-503 (2004).
25 : Hale, K. in *Linguistics and Anthropology: In Honor of C.F. Voegelin* (eds. M.D. Kinklade, K. Hale & O. Werner) (Peter de Ridder Press, 1975).
26 : Wassmann, J. & Dasen, P.R. Yupno number system and counting. *Journal of Cross-Cultural Psychology* 25, 78-94 (1994).
27 : Kendon, A. *Sign Languages of Aboriginal Australia: Cultural, Semiotic and Communicative Perspectives* (Cambridge University Press, 1988).
28 : Epps, P., Bowern, C., Hansen, C., Hill, J. & Zentz, J. On numeral complexity in hunter-gatherer languages. *Linguistic Typology* 16, 41-109 (2012).
29 : Butterworth, B., Reeve, R., Reynolds, F. & Lloyd, D. Numerical thought with and without words: Evidence from indigenous Australian children. *Proceedings of the National Academy of Sciences of the USA* 105, 13179-13184 (2008).
30 : Raghubar, K.P., Barnes, M.A. & Hecht, S.A. Working memory and mathematics: A review of developmental, individual difference, and cognitive approaches. *Learning and Individual Differences* 20, 110-122 (2010).
31 : Reeve, R., Reynolds, F., Paul, J. & Butterworth, B. Culture-Independent prerequisites for early arithmetic. *Psychological Science* 29, 1383-1392 (2018).
32 : Kearins, J. Visual spatial memory of Australian Aboriginal children of desert regions. *Cognitive Psychology* 13, 434-460 (1981).
33 : Diamond, J. *Guns, Germs and Steel: The Fates of Human Societies* (Jonathan Cape, 1997).
34 : Cantlon, J., Fink, R., Safford, K. & Brannon, E.M. Heterogeneity impairs numerical matching but not numerical ordering in preschool children. *Developmental Science* 10, 431-440 (2007).
35 : Wynn, K. Addition and subtraction by human infants. *Nature* 358, 749-751 (1992).
36 : McCrink, K. & Wynn, K. Large-Number addition and subtraction by 9-month-old infants. *Psychological Science* 15, 776-781 (2004).
37 : Jordan, K.E. & Brannon, E.M. The multisensory representation of number in infancy. *Proceedings of the National Academy of Sciences of the United States of America* 103, 3486-3489 (2006).
38 : Izard, V., Sann, C., Spelke, E.S. & Streri, A. Newborn infants perceive abstract numbers. *Proceedings of the National Academy of Sciences* 106, 10382-10385 (2009).
39 : Burr, D.C. & Ross, J. A visual sense of number. *Current Biology* 18, 425-428 (2008).
40 : Whalen, J., Gallistel, C.R. & Gelman, R. Nonverbal counting in humans: The

Research Council Center for Education, Division of Behavioral and Social Sciences and Education, 2009).
34：OECD. *The high cost of low educational performance: The long-run economic impact of improving PISA outcomes* (2010).

第2章

1：Butterworth, B. in *The Cambridge Handbook of Expertise and Expert Performance* (eds. K.A. Ericsson, R.R. Hoffmann, A. Kozbelt & A.M. Williams), 616-633 (Cambridge University Press, 2018).
2：Smith, S.B. *The Great Mental Calculators: The Psychology, Methods, and Lives of Calculating Prodigies* (Columbia University Press, 1983).
3：Hunter, I.M.L. An exceptional talent for calculative thinking. *British Journal of Psychology* 53 (1962).
4：Hardy, G.H. *A Mathematician's Apology* (1940; Cambridge University Press, 1969).
5：https://www.youtube.com/watch?v=JawF0cv50Lk
6：https://www.youtube.com/watch?v=_vGMsVirYKs
7：Binet, A. *Psychologie des grands calculateurs et joueurs d'échecs* (Hachette, 1894).
8：Horwitz, W.A., Deming, W.E. & Winter, R.F. A further account of the idiot savants: Experts with the calendar. *American Journal of Psychiatry* 126, 160-163 (1969).
9：Scripture, E.W. Arithmetical prodigies. *American Journal of Psychology* 4, 1-59 (1891).
10：Bahrami, B. et al. Unconscious numerical priming despite interocular suppression. *Psychological Science* 21, 224-233 (2010).
11：Konkoly, K.R. et al. Real-time dialogue between experimenters and dreamers during REM sleep. *Current Biology*, doi:10.1016/j.cub.2021.01.026.
12：Fuson, K.C. *Children's Counting and Concepts of Number* (Springer, 1988).
13：Fuson, K.C. & Kwon, Y. in *Pathways to Number: Children's Developing Numerical Abilities* (eds. J. Bideaud, C. Meljac & J.P. Fisher) (LEA, 1992).
14：Gelman, R. & Gallistel, C.R. *The Child's Understanding of Number* (Harvard University Press, 1978; 1986 edn).
15：Miura, I.T., Kim, C.C., Chang, C.-M. & Okamoto, Y. Effects of Language characteristics on children's cognitive representation of number: Cross-National comparisons. *Child Development* 59, 1445-1450 (1988).
16：Miura, I.T., Okamoto, Y., Kim, C.C., Steere, M. & Fayol, M. First graders' cognitive representation of number and understanding of place value: Cross-national comparisons: France, Japan, Korea, Sweden, and the United States. *Journal of Educational Psychology* 85, 24-30 (1993).
17：Piaget, J. *The Child's Conception of Number* (Routledge & Kegan Paul, 1952).
18：Carey, S. Where our number concepts come from. *Journal of Philosophy* 106, 220-254 (2009).
19：Núñez, R.E. Is there really an evolved capacity for number? *Trends in Cognitive Sciences* 21, 409-424 (2017).

Dehaene & Elizabeth M. Brannon), 207-224 (Academic Press, 2011).
17 : Brannon, E.M., Wusthoff, C.J., Gallistel, C.R. & Gibbon, J. Numerical subtraction in the pigeon: Evidence for a linear subjective number scale. *Psychological Science* 12, 238-243 (2001).
18 : Karolis, V., Iuculano, T. & Butterworth, B. Mapping numerical magnitudes along the right lines: Differentiating between scale and bias. *Journal of Experimental Psychology: General* 140, 693-706 (2011).
19 : Izard, V. & Dehaene, S. Calibrating the mental number line. *Cognition* 106, 1221-1247 (2008). Siegler, R.S. & Opfer, J.E. The development of numerical estimation: Evidence for multiple representations of numerical quantity. *Psychological Science* 14, 237-243 (2003).
20 : Hollingworth, H.L. The central tendency of judgment. *Journal of Philosophy, Psychology, and Scientific Methods* 7, 461-469 (1910).
21 : Davis, H. in *The Development of Numerical Competence: Animal and Human Models* (eds. S.T. Boysen & E.J. Capaldi) (LEA, 1993).
22 : Koehler, O. The ability of birds to count. *Bulletin of Animal Behaviour* 9, 41-45(1950).
23 : Bahrami, B. et al. Unconscious numerical priming despite interocular suppression. *Psychological Science* 21, 224-233 (2010). Dehaene, S. et al. Imaging unconscious semantic priming. *Nature* 395, 597-600 (1998). Koechlin, E., Naccache, L., Block, E. & Dehaene, S. Primed numbers: Exploring the modularity of numerical representations with masked and unmasked semantic priming. *Journal of Experimental Psychology: Human Perception and Performance* 25, 1882-1905 (1999). Naccache, L. & Dehaene, S. Cerebral correlates of unconscious semantic priming. *Médecine Sciences* 15, 515-518 (1999).
24 : Parsons, S. & Bynner, J. *Does numeracy matter more?* (National Research and Development Centre for Adult Literacy and Numeracy, Institute of Education, 2005).
25 : Gross, J., Hudson, C. & Price, D. *The long term costs of numeracy difficulties* (Every Child a Chance Trust, KPMG, London, 2009).
26 : Bynner, J. & Parsons, S. *Does numeracy matter?* (The Basic Skills Agency, 1997).
27 : Bevan, A. & Butterworth, B. *The responses to maths disabilities in the classroom* (2007). http://www.mathematicalbrain.com/pdf/2002BEVANBB.PDF
28 : Franklin, J. Counting on the recovery: The role for numeracy skills in 'levelling up' the UK (2021). https://www.probonoeconomics.com/news/press-release-covid-job-losses-disproportionately-impact-people-with-low-numeracy-skills
29 : Smith, S.G. et al. The associations between objective numeracy and colorectal cancer screening knowledge, attitudes and defensive processing in a deprived community sample. *Journal of Health Psychology* 21, 1665-1675 (2014).
30 : Butterworth, B. *Dyscalculia: From science to education* (Routledge, 2019).
31 : Beddington, J. et al, editors. *Foresight Mental Capital and Wellbeing Project: Final Project Report* (Government Office for Science, 2008).
32 : Cockcroft, W.H. *Mathematics Counts: Report of the Committee of Inquiry into the Teaching of Mathematics in Schools under the Chairmanship of Dr W H Cockcroft* (HMSO, 1982).
33 : *Mathematics learning in early childhood: paths toward excellence and equity* (National

原注

第 1 章

1：Richardson, N. We're not talking to you, we're talking to Saturn. *London Review of Books* 42, 23-26（2020）.

2：Giaquinto, M. Philosophy of number, in *The Oxford Handbook of Numerical Cognition*（eds. R. Cohen Kadosh & A. Dowker）, 17-31（Oxford University Press, 2015）.

3：Gallistel, C.R. Animal cognition: The representation of space, time and number. *Annual Review of Psychology* 40, 155-189（1989）.

4：Gelman, R. & Gallistel, C.R. *The Child's Understanding of Number*（Harvard University Press, 1986; originally published 1978）.

5：Locke, J. *An Essay Concerning Human Understanding*, ed. J.W. Yolton（J.M. Dent, 1961; originally published 1690）. Book II, Chapter XVI.

6：Kahneman, D., Treisman, A. & Gibbs, B.J. The reviewing of object-files: Object specific integration of information. *Cognitive Psychology* 24, 174-219（1992）.

7：Meck, W.H. & Church, R.M. A mode control model of counting and timing processes. *Journal of Experimental Psychology: Animal Behavior Processes* 9, 320-334（1983）. Meck, W.H., Church, R.M. & Gibbon, J. Temporal integration in duration and number discrimination. *Journal of Experimental Psychology: Animal Behavior Processes* 11, 591-597（1985）.

8：Dehaene, S. & Changeux, J.-P. Development of elementary numerical abilities: A neuronal model. *Journal of Cognitive Neuroscience* 5, 390-407（1993）.

9：Whalen, J., Gallistel, C.R. & Gelman, R. Nonverbal counting in humans: The psychophysics of number representation. *Psychological Science* 10, 130-137（1999）.

10：Feigenson, L., Dehaene, S. & Spelke, E. Core systems of number. *Trends in Cognitive Sciences* 8, 307-314（2004）. Carey, S. Where our number concepts come from. *Journal of Philosophy* 106, 220-254（2009）.

11：Mandler, G. & Shebo, B.J. Subitizing: An analysis of its component processes. *Journal of Experimental Psychology: General* 11, 1-22（1982）.

12：Balakrishnan, J.D., & Ashby, F.G. Subitizing: Magical numbers or mere superstition? *Psychological Review* 54, 80-90（1992）.

13：Cantlon, J.F. & Brannon, E.M. Shared system for ordering small and large numbers in monkeys and humans. *Psychological Science* 17, 401-406（2006）.

14：Piazza, M., Mechelli, A., Butterworth, B. & Price, C.J. Are subitizing and counting implemented as separate or functionally overlapping processes? *NeuroImage* 15, 435-446（2002）.

15：Cai, Y. et al. Topographic numerosity maps cover subitizing and estimation ranges. *Nature Communications* 12, 3374（2021）.

16：Brannon, E.M. & Merritt, D.J. in *Space, Time and Number in the Brain*（eds. Stanislas

O., 'A bottlenose dolphin discriminates visual stimuli differing in numerosity', *Learning and Behavior*; 図3 Jeff Edwards after Thompson, R.F., Mayers, K.S., Robertson, R.T. & Patterson, C.J., 'Number Coding in association cortex of the cat', *Science*

第6章

図1 Jeff Edwards after Koehler, O., 'The ability of birds to count', Bulletin of Animal Behaviour 9 (1950); 図2 Ditz, H.M. & Nieder, A., 'Neurons selective to the number of visual items in the corvid songbird endbrain', *Proceedings of the National Academy of Sciences*

第7章

図1 Jeff Edwards after Balestrieri, A., Gazzola, A., Pellitteri-Rosa, D. & Vallortigara, G., 'Discrimination of group numerousness under predation risk in anuran tadpoles', *Animal Cognition*; 図2 Miletto Petrazzini, M.E., Bertolucci, C. & Foà, A., 'Quantity discrimination in trained lizards (*Podarcis sicula*)', *Frontiers in Psychology*

第8章

図1 Jeff Edwards after Agrillo, C., Piffer, L., Bisazza, A. & Butterworth, B., 'Evidence for two numerical systems that are similar in humans and guppies', *PLoS ONE*; 図2 Jeff Edwards after Dadda, M., Piffer, L., Agrillo, C. & Bisazza, A., 'Spontaneous number representation in mosquitofish', *Cognition*; 図3 Jeff Edwards after Bisazza, A. et al., 'Collective enhancement of numerical acuity by meritocratic leadership in fish', *Scientific Reports*; 図4 Jeff Edwards after Agrillo, C., Dadda, M., Serena, G. & Bisazza, A., 'Use of number by fish', *PLoS ONE*

第9章

図1 Jeff Edwards; 図2 Jeff Edwards after Agrillo, C., Dadda, M., Serena, G. & Bisazza, A., 'Use of number by fish', *PLoS ONE*; 図3A Jeff Edwards after Gross, H. et al., 'Number-based visual generalisation in the honeybee', *PLoS ONE*; 図4 Bortot, M. et al., 'Honeybees use absolute rather than relative numerosity in number discrimination', *Biology Letters*

第10章

図1・図2 Zorzi, M., Stoianov, I. & Umilta, C., in *Handbook of Mathematical Cognition* (ed. J.I.D. Campbell, Psychology Press, 2005); 図3・表1 Brian Butterworth

図版クレジット・出典

第１章

図1 Panther Media GmbH / Alamy Stock Photo; 図2 Jeff Edwards; 図3 Jeff Edwards after Koehler, O., 'The ability of birds to count', Bulletin of Animal Behaviour 9 (1950); 図4 Brian Butterworth

第２章

図1 Brian Butterworth; 図2 Jeff Edwards after Cantlon, J., Fink, R., Safford, K. & Brannon, E.M., 'Heterogeneity impairs numerical matching but not numerical ordering in preschool children', *Developmental Science* 10 (2007); 図3 Brian Butterworth; 図4 Jeff Edwards

第３章

図1 Jeff Edwards after Friberg, J., 'Numbers and measures in the earliest written records', *Scientific American* 250 (1984); 図2 Jeff Edwards after Friberg, J., 'Three thousand years of sexagesimal numbers in Mesopotamian mathematical texts', *Archive for History of Exact Sciences* 73 (2019); 図3A Public domain; 図3B Jeff Edwards after Ascher, M. & Ascher, R., *Code of the Quipu: A Study in Media, Mathematics, and Culture* (University of Michigan Press, 1981); 図4 Public domain; 図5 Public domain; 図6 Jeff Edwards after Henshilwood, C.S., D'Errico, F. & Watts, I., 'Engraved ochres from the Middle Stone Age levels at Blombos Cave, South Africa', *Journal of Human Evolution* 57; 図7 Jeff Edwards after Clottes, J., *Les Cavernes de Niaux* (Editions du Seuil, 1995); 図9 Joordens, J.C.A. et al., 'Homo erectus at Trinil on Java used shells for tool production and engraving', *Nature*

第４章

図1A Jeff Edwards after Brannon, E.M. & Terrace, H.S.,'Ordering of the numerosities 1 to 9 by monkeys', *Science*; 図2A・B Jeff Edwards after Cantlon, J.F. & Brannon, E.M., 'How much does number matter to a monkey (*Macaca mulatta*)?', *Journal of Experimental Psychology: Animal Behavior Processes*; 図3 Jeff Edwards after Cantlon, J.F., Piantadosi, S.T., Ferrigno, S., Hughes, K.D. & Barnard, A.M., 'The origins of counting algorithms', *Psychological Science*; 図4 Jeff Edwards after Sawamura, H., Shima, K. & Tanji, J., 'Numerical representation for action in the parietal cortex of the monkey', *Nature*

第５章

図1 Jeff Edwards; 図2 Jeff Edwards after Kilian, A., Yaman, S., Von Fersen L. & Güntürkün,

プロフィール

著者　ブライアン・バターワース
ロンドン大学認知神経科学研究所名誉教授。世界各国の研究者と共同で、神経心理学および数学能力の遺伝についての研究を行っている。生物の数学的認知能力については、さまざまな動物と人間を包括したアプローチを試みている。また、ディスレクシア（失読症）の研究でも知られる。ブリティッシュ・アカデミー（イギリス学士院）フェロー。主な著書に『なぜ数学が「得意な人」と「苦手な人」がいるのか』（主婦の友社）、『What Counts』（未邦訳）など。ロンドン在住。

訳者　長澤あかね
奈良県生まれ、横浜在住。関西学院大学社会学部卒業。広告会社に勤務したのち、通訳を経て翻訳者に。訳書に『メンタルが強い人がやめた13の習慣』（講談社）、『マルチ・ポテンシャライト――好きなことを次々と仕事にして、一生食っていく方法』（PHP研究所）、『米海軍特殊部隊伝説の指揮官に学ぶ究極のリーダーシップ』（CCCメディアハウス）、『不自然な死因――イギリス法医学者が見てきた死と人生』『25年後のセックス・アンド・ザ・シティ』（ともに大和書房）などがある。

魚《さかな》は数《かず》をかぞえられるか？
生《い》きものたちが教《おし》えてくれる「数学脳《すうがくのう》」の仕組《しく》みと進化《しんか》

2022年11月8日　第1刷発行

著者……………………ブライアン・バターワース
訳者……………………長澤《ながさわ》あかね

協力……………………冨島佑允《ゆうすけ》（著者エージェント：アップルシード・エージェンシー）
装幀……………………永井亜矢子（陽々舎）
装画……………………亀山鶴子
本文レイアウト………山中 央

KODANSHA

発行者…………………鈴木章一
発行所…………………株式会社講談社
東京都文京区音羽2丁目12－21［郵便番号］112－8001
電話［編集］03－5395－3522
［販売］03－5395－4415
［業務］03－5395－3615

印刷所…………………株式会社新藤慶昌堂
製本所…………………株式会社国宝社

ISBN978-4-06-527981-6